原始冷杉林（摩天岭北坡）

原始落叶阔叶林（小范条峪红花嶒以上区域）

陕西省新纪录和保护区新纪录植物

陕西新纪录——尿罐草

新变种——秦岭芽胞耳蕨

耳羽岩蕨

大叶假冷蕨

过山蕨

陕西蛾眉蕨

上毛凤丫蕨

绶草（国家二级保护植物）

砖头坝红豆杉古树（国家一级保护植物）

粗榧

岩栎

青杄

华山松

大花斑叶兰

杜鹃兰

绿花杓兰

山溪鲵

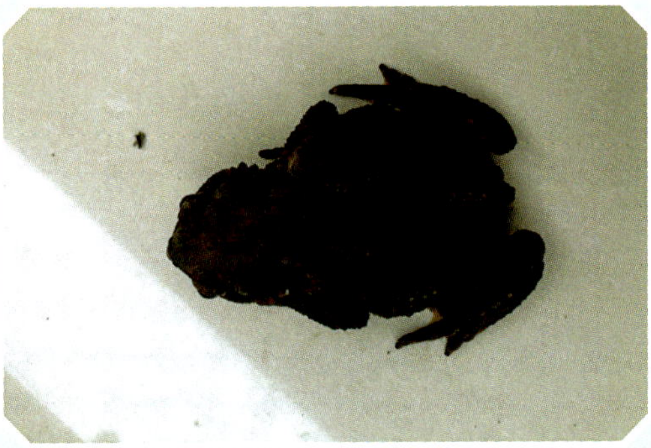
华西蟾蜍

菜花烙铁头

紫灰锦蛇

红腹锦鸡雄体

红腹角雉

勺鸡

冠鱼狗

大熊猫

金丝猴

林麝

羚牛群

中华鬣羚

中华斑羚

黑熊

青鼬

羚牛群

青鼬群

黑熊群

豪猪群

毛冠鹿群

小麂群

野猪群（一）

野猪群（二）

监测样线

监测样地

开展样线监测

布设红外相机

砖头坝保护站

小川子保护站

保护区界碑

保护区界桩

瀑布、跌水景观

瀑布（小范条峪）

跌水（范条峪）

跌水（小范条峪）

跌水（三道沟）

跌水一（古墓坪）

跌水二（古墓坪）

跌水（碾子坪）

水潭（郭家坝）

苔藓一（砖头坝）

苔藓二（砖头坝）

苔藓一（易家湾）

苔藓二（易家湾）

苔藓一（古墓坪）

苔藓二（古墓坪）

苔藓三（古墓坪）

苔藓四（古墓坪）

社区新村范条峪（一）

社区新村范条峪（二）

社区桑园坝小学

社区卫生室

社区垃圾收集站

社区水厂

太白庙遗迹

松坪子庙遗迹

陕西桑园国家级自然保护区综合科学考察报告

文菀玉　龚明昊　蒋建国　王　勇　颜文博　**编著**

西北农林科技大学出版社

图书在版编目（CIP）数据

陕西桑园国家级自然保护区综合科学考察报告 / 文菀玉, 龚明昊, 蒋建国编著. -- 杨凌：西北农林科技大学出版社, 2022.4

ISBN 978-7-5683-1094-9

Ⅰ. ①陕… Ⅱ. ①文… ②龚… ③蒋… Ⅲ. ①自然保护区—科学考察—考察报告—留坝县 Ⅳ. ①S759.992.414

中国版本图书馆CIP数据核字(2022)第057347号

陕西桑园国家级自然保护区综合科学考察报告

SHAANXI SANGYUAN GUOJIAJI ZIRAN BAOHUQU ZONGHE KEXUE KAOCHA BAOGAO

文菀玉　龚明昊　蒋建国　王　勇　颜文博　**编著**

出版发行	西北农林科技大学出版社		
地　　址	陕西杨凌杨武路3号	邮　编：	712100
电　　话	总编室：029-87093195	发行部：	029-87093302
电子邮箱	press0809@163.com		
印　　刷	西安日报社印务中心		
版　　次	2022年4月第1版		
印　　次	2022年5月第1次印刷		
开　　本	787 mm × 1 092 mm　1/16		
印　　张	17　　插页：10		
字　　数	382千字		

ISBN 978-7-5683-1094-9

定价：128.00元

《陕西桑园国家级自然保护区科学考察报告》编委会

主　　任　廖赞凤

副 主 任　蒋建国

编　　著　文菀玉　龚明昊　蒋建国　王　勇　颜文博

统　　稿　文菀玉　龚明昊

编写人员（按姓氏汉语拼音排序）

崔荣亭　龚明昊　巩会生　黄俊杰　蒋建国　李东升
李惠鑫　刘　刚　马佳雯　齐宏运　宋　玉　王　勇
王宇航　王子星　文菀玉　谢　磊　徐　攀　熊　伟
颜文博　杨志娇　曾治高　张晓峰　周世明

中国林业科学研究院湿地研究所

龚明昊　研究员
刘　刚　副研究员
文菀玉　助理研究员 博士
李惠鑫　助理研究员 博士
王宇航　助理研究员 博士
齐宏运　研究生
李　超　研究生
杨志娇　研究生
马佳雯　研究生

中国科学院动物研究所

曾治高　副研究员

陕西理工大学

王　勇　副教授
颜文博　副教授
宋　玉　副教授
王子星　研究生
李东升　研究生

大熊猫国家公园陕西省管理局

张晓峰　高级工程师

佛坪自然保护区管理局

巩会生　高级工程师

长安大学

廖小凤　工程师

桑园自然保护区管理局

蒋建国　副局长
周世明　高级工程师
崔荣亭　办公室
黄俊杰　保护科
谢　磊　保护科
徐　攀　科研科
尹　凡　科研科
熊　伟　保护科
陈　菊　保护科
余世安　保护科
陈晓春　保护科

前 言

Preface

陕西桑园自然保护区位于秦岭中段南坡，汉中市留坝县境内，保护区总面积13 806 hm^2，是以大熊猫及其栖息地为主要保护对象的野生动物类型自然保护区，为秦岭大熊猫核心种群最西分布地，境内大熊猫的生存状况关系秦岭大熊猫种群空间格局的稳定。保护区于2002年8月成立为省级自然保护区，2009年9月晋升为国家级保护区，2020年被纳入大熊猫国家公园陕西管理局长青分局管辖。

2006年保护区开展了第一次综合科学考察，建立了保护区自然资源及生物多样性信息的基础。定期对自然保护区进行系统、全面的综合科学考察是掌握保护对象生存状况、了解自然资源及生态系统动态的主要手段，也是评估保护成效的基础。受陕西桑园国家级自然保护区管理局委托，2020年中国林业科学研究院湿地研究所承担了保护区升级以来的新一轮科学考察任务，以此更新保护区本底信息，了解主要干扰和威胁因子，评估保护与管理的缺失，为后续管理、巡护、科研、监测、宣教等提供科学依据和参考。

科学考察工作于2020年7月启动，中国林科院与桑园保护区管理局共同组建项目团队开展相关野外工作和数据分析，同时邀请了中国科学院动物研究所、陕西理工大学、佛坪自然保护区的专家参与，主要通过样线、样方和设置红外相机等方式开展调查，还对常见鸟类和蝶类进行了连续专项监测，在后期的数据分析、成果整理中还吸纳了保护区及周边地区动植物与自然环境新近的研究成果。本次科考侧重对已有科考的薄弱环节进行补充和完善，对保护区地质、地貌、水系组成和气候动态等进行了详细调查和研究，根据新的动植物分类系统和保护等级更新了保护区动植物物种区系、植被群落和保护物种名录，对大熊猫等主要保护对象进行重点研究与分析，开展了鸟类和蝶类的专项监测，完善了保护区旅游资源、社区信息，并对已有保护管理及成效进行了评估。

本次科考表明：保护区共有野生高等维管束植物144科522属1084种，其中石松类和蕨类植物21科33属52种，裸子植物5科、12属、20种，被子植物118科、477属、1012种，较已有记录增加6属、11种，其中1种为陕西省省级新记录（尿罐草），1新命名变种（秦岭芽胞耳蕨）；保护区内有国家保护植物13种，其中国家I级保护植物1种，国家II级保护植物12种。本次科考表明保护区有脊椎动物380种，其中，鱼类17种，两栖类动物14种，爬行动物31种，鸟类235种，兽类83种，较已有记录增加131种；有国家保护动物68种，国家I级保护动物13种，国家II级保护动物55种；有我国特有种80种。另外，保护区有大型真菌2亚门、33科、77种，增加9种；

有昆虫18目、162科、1362种，增加9种，均为蝶类。调查发现除了物种数量显著增加外，大熊猫种群形成了包括幼仔在内的7只种群，确保了秦岭西部大熊猫种群空间格局的稳定；此外，科考组还对保护区羚牛、林麝等11个物种的种群状况及分布的异质性进行了专项研究和分析，形成了保护区常见鸟类和蝶类专项调查报告。

本次调查表明，保护区境内大熊猫种群增长，羚牛等物种保持较大规模种群量，水獭等物种重新出现，摩天岭区域冷杉、青杆等原始林及顶级群落得到较好保护，松坪子、古墓坪区域典型植被群落演替日趋稳定、成熟，森林生态系统的服务功能持续加强；保护区出境水质常年保持Ⅰ类水水质，可持续为周边地区提供优质蜜源、水源、大气、优质景观等生态产品，保护区在优良生态环境维持、水源涵养、水土保持、气候调节等方面的生态服务功能不断提升。

本次考察充实了保护区在自然资源和生物多样性方面的最新信息，丰富和完善了保护区本底信息及数据库，基本掌握了生态系统的演替状况、主要保护对象的种群变化，了解了保护区在资源管护、基础建设、能力提升等方面的成效和问题，提出了后续加强建设与管理的建议。本项目在实施过程中得到了留坝县自然资源局、气象局、旅游局、财政局等部门的大力支持；同时，本次科考还得到了陕西省林业和草原局自然保护地与野生动植物保护处及相关同行专家的指导，在此一并表示衷心感谢。

综合科学考察项目组

2021年9月

目 录

Contents

》》第一章《《

自然环境

陕西桑园自然保护区（以下简称保护区）位于秦岭中段南坡、汉中市留坝县江口镇境内，是秦岭大熊猫种群最西的分布地。保护区属于秦岭南坡中山亚区，最高海拔 2 603 m、最低海拔约 1 140 m，地貌复杂、景观多样，山体中上部的地形比较平缓，中下部较为陡峭，岩崖、断层较多；保护区地层为典型的南秦岭地质构造，发育有志留纪、泥盆纪、二叠纪、三叠纪 4 个地层年代，三叠纪是保护区地层类型的主体，花岗岩、中二长花岗岩、粗粒二长花岗岩，是保护区分布最多的岩石；保护区的土壤共有 2 个土类、6 个亚类、19 个土属，以黄棕壤为主；保护区地处亚热带山地暖温带湿润季风气候区，冬长夏短，春秋近半，近年来年均气温保持稳定状态，最高年均温度为 2013 年的 12.4℃，最大年降水量出现在 2011 年，为 1 078.7 mm；保护区有两个水系，分别为太白河水系和滑水河水系，以太白河水系为主，流域面积占保护区总面积的 89%，滑水河水系流域面积占保护区总面积的 11%，暴雨洪水多集中于 7 月、8 月、9 月三个月，有双高峰特点；保护区水体质量优良，常年保持 I 类水质。

第一节　地理位置

陕西桑园自然保护区位于秦岭中段南坡，汉中市留坝县江口镇境内，地理坐标介于东经 107º05' ～ 107º21'，北纬 33º39' ～ 33º50'，东与太白县的牛尾河省级自然保护区接壤，西与留坝县江口镇的范条峪村、小川子村以及元树村、铁矿村交界，北与太白县的二郎坝乡毗邻，东南与陕西省摩天岭国家级自然保护区和洋县华阳镇相连，距离留坝县城 49 km。保护区总面积 13 806 hm^2，是以大熊猫及其栖息地为主要保护对象的野生动物类型自然保护区，为秦岭大熊猫核心种群最西的分布地（附图 1）。

第二节　地　貌

桑园自然保护区位于留坝县东北部，按照地貌分区，保护区属于秦岭南坡中山亚区，区内海拔落差较大，地貌类型比较复杂，境内山峦重叠，岭谷交错，河谷割切程度不同，景观多样。保护区南部、东部以与洋县、太白的分界山脊为边界，地貌特征呈现南部东西走向、东部西南—东北走向的景观格局（附图 2）。除保护区东部平顶关有一山坳经松坪子往东海拔逐渐下降至松坪子河形成一景观豁口外，保护区东北部、东部有乌木梁、团包梁、平顶关、五木梁、摩天岭等主要山峰连贯形成三面环状的岭脊，海拔从岭脊往内逐渐降低，这些山峰既是保护区分界线，也是保护区的景观屏障，使保护区地势呈外高内低的“新月”形。就景观特征而言，保护区总体均处于开放状态，山脊线内外均没有天然屏障隔离外来干扰和人为活动，使得对境外人为活动及干扰的管理主要依靠保护区工作人员，管理难度较大。

境内最高峰为摩天岭，位于保护区西南部，海拔 2 603 m；其次是乌木梁，位于保护区东北部，海拔 2 500 m；五木梁位于保护区中南部，海拔 2 300 m，是保护区第三高峰；最低点为砖头坝，海拔约 1 140 m。南部从西向东，沿铁矿沟—摩天岭—五木梁一线呈现低—高—低的地貌特征；东部从五木梁往北，经平顶关豁口后翻越缭线沟山脊，过古墓坪河谷后止于乌木梁顶，呈现高—低—高—低—高的地貌格局（图 1-1a,1b；附图 3）。

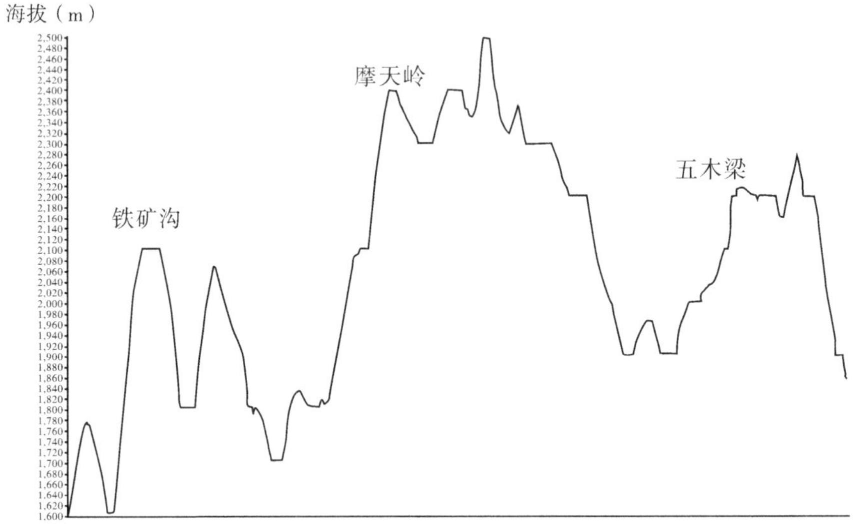

图 1-1a 保护区南部地貌特征（铁矿沟—摩天岭—五木梁剖面图）

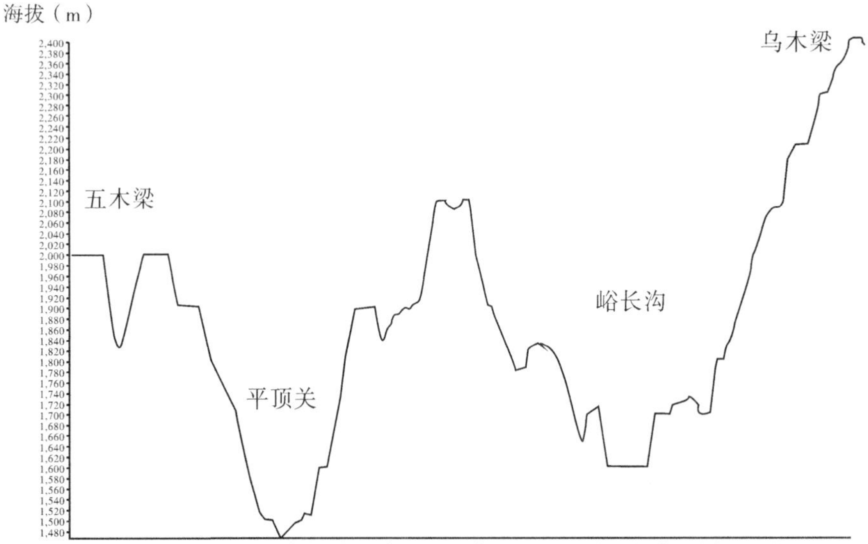

图 1-1b 保护区东部地貌特征（五木梁—平顶关—乌木梁剖面图）

松坪子区域为一地势向东下降的开放景观，该区域面积 1 517 hm^2，占保护区总面积的 11%；保护区其余区域均为向内的闭合景观，最外岭脊既是保护区的边界，也是保护区的自然景观屏障。总体上，山体中上部的地形比较平缓，中下部较为陡峭，部分地段为岩崖，沟底比较平缓，形成串珠状的小坪、川坝。保护区最大的断层（崖）位于红花嶒，由此形成留坝县最大的瀑布；另外还有三道沟、易家湾等地也分布有高程 30 ～ 100 m 之间的陡崖。保护区中下部沟谷发育，切割较深，地形陡峻，坡度多在 40° 以上，属侵蚀、剥蚀中山地貌。保护区海拔高差相对较小。基于保护区海拔区间分析，海拔 1 500 m 以下区域面积 2 308 hm^2，占保护区面积的 16.7%；海拔 1 500 ～ 2 000 m 是保护区面积的主体，面积 8 094 hm^2，占保护区面积的 58.6%；海拔 2 000 m 以上区域 3 404 hm^2，占保护区面积的 24.7%，主要分布于保护区南部摩天岭区域。

第三节 地质构造

一、南秦岭构造带

桑园保护区位于南秦岭中部，地质构造属于南秦岭构造带。秦岭造山带北以洛南—栾川断裂与华北板块相邻，南以勉略断裂带（缝合带）与扬子板块分界，中间则以商丹断裂带（缝合带）将其分为南秦岭与北秦岭。秦岭造山带经历了俯冲、碰撞、陆内造山作用 3 个主要阶段。自中三叠世勉略洋闭合以来，秦岭造山带转入陆内构造演化阶段，开始了复杂而漫长的陆内造山过程。

南秦岭构造带位于商丹缝合带与勉略缝合带之间，是秦岭造山带中组成与结构较复杂的构造带。自秦岭造山带转入陆内构造演化阶段后，南秦岭构造带遭受了强烈的变形变质改造，形成中、浅构造层次，在局部形成深层次的不同构造变形组合。中、晚三叠世勉略洋的俯冲和华南与华北板块的碰撞在带内形成多级次南北向逆冲推覆构造变形，碰撞后的陆内变形形成近东西向的左行走滑韧性剪切带和脆性剪切变形，自西向东不同位置早期都表现为韧性变形，晚期脆性变形叠加特征。

二、留坝县地质构造

桑园自然保护区所在的留坝县在大地构造位置上，地处秦岭初皱系。以马道东西向断裂为界，横跨两个二级构造单元，北属秦岭印支初皱带，南跨华力西初皱带。印支初皱带在境内居主体，细分为 3 个三级构造单元，由北至南依次是：玉皇山—桑园坝初皱束；紫柏山—摩天岭初皱束；闸口石—铁佛殿初皱束。对桑园保护区而言，对其地质构造有直接影响的是位于江口镇南侧的江口断裂，该断裂对泥盆系进行了分割，长约 23 km。它们是在晚远古代地台的基础上演化而来的渐变地槽初皱带，具有多旋回发展特点，曾经历了加里东、华力西及印支 3 个旋回，且由南至北，由老至新，逐步演化发展。加里东旋回由碳硅质、碳酸盐岩、泥碎屑岩组成，寒武纪发育具一定的中酸性火山活动。马道以北的广大地区，加里东运动使之一度隆起，致使奥陶纪沉积缺失。

随后发育的华力西、印支旋回，以泥盆—三叠纪泥碎屑岩、碳酸盐岩沉积为主，三叠纪的印支运动不仅形成了秦岭印支初皱带，同时结束了秦岭地槽系的生命，形成了一些线状初皱和不同类型、不同规模的断裂，并伴有强烈的酸性岩浆归入活动和区域变质作用。

三、桑园自然保护区地质构造

保护区地层为典型的南秦岭地质构造，发育有志留纪、泥盆纪、二叠纪、三叠纪4个地层年代，地质结构相对较为简单。志留纪是保护区地质时代最古老的地层，仅分布于保护区西南小川子附近，分布区占比较小；泥盆纪是发育最为齐全的地层类型，有中期、晚期两个类型分布，保护区东北部从郭家坝—碾子坪—古墓坪—乌木梁区域均为该类型地层，不同时代组合的分布区占保护区总面积的31%；二叠纪主要分布在砖头坝—梨子坝—平顶关—松坪子一带，但砖头坝区域的侵入岩与松坪子区域不同；三叠纪是保护区地层类型的主体，其分布面积占保护区面积的50%，分布于保护区南部至摩天岭、五木梁山脊边界线，其中由于侵入岩不同，以五木梁—三道沟—小范条峪—小川子—元树沟一线以北的低海拔地区为分界线，两侧的侵入岩不同（表1-1，附图4）。

保护区的侵入岩有花岗岩、中二长花岗岩、粗粒二长花岗岩、石英闪长岩、角闪石岩5种岩石，其中花岗岩、中二长花岗岩、粗粒二长花岗岩为酸性岩，是保护区分布最多的岩石。在保护区南部三叠纪地层分布区的高海拔区域，摩天台—铁矿沟方向以粗粒二长花岗岩为主，在五木梁—三道沟—小范条峪—小川子—元树沟一线以北的低海拔地区以中二长花岗岩为主，在古墓坪周边以花岗岩为主；石英闪长岩为中性岩类，分布于砖头坝—松坪子一带。

表1-1 保护区地质斑块、地质时代及岩石分布统计表

斑块	地质时代	岩石类型	面积（hm^2）	比例（%）
1	T 三叠纪	中二长花岗岩	3652.8	26.5%
2	D3 泥盆纪晚期		451.6	3.3%
3	D2-3 泥盆纪中晚期	花岗岩	728.1	5.3%
4	D2 泥盆纪中期		768.0	5.6%
5	D3 泥盆纪晚期		166.0	1.2%
6	D3 泥盆纪晚期		103.6	0.8%
7	S2-3 志留纪中晚期		609.8	4.4%
8	D2 泥盆纪中期		473.7	3.4%
9	T 三叠纪	粗粒二长花岗岩	3239.5	23.5%
10	P 二叠纪	石英闪长岩	1447.6	10.5%
11	D3 泥盆纪晚期		1593.2	11.5%
12	P 二叠纪	角闪石岩	572.2	4.1%

第四节　气　候

桑园自然保护区地处亚热带山地暖温带湿润季风气候区，气候特点是：冬长夏短，春秋近半，降温快于升温，冬冷夏凉，日照时间短，气候温凉湿润，垂直差异明显。由于保护区内及周边地区没有气象站或气象测报点，因此以同样处于中部中山区的县气象站（海拔 1 032 m）的观测资料予以说明。

一、气温

秦岭是暖温带和北亚热带气候的分界线，属于北亚热带山地暖温带湿润季风气候，保护区平均气温 11.9℃，极端最高气温 37.6℃，极端最低气温 -15.6℃。春季和夏季平均气温分别为 12.6℃和 21.5℃。月平均气温在 10℃以上的月份是 4 ～ 10 月份，平均气温年较差 22.1℃，且春温（12.6℃）略高于秋温（11.9℃）。保护区冬季时间最长，约 144 d，夏季时间最短，约 40 d，春季长于秋季，且随海拔高度的升高，夏季缩短，冬季延长。平均每年 7 月上旬入夏，11 月上旬入冬，且海拔越高，入夏的时间越晚，入冬的时间越早。

根据对保护区 10 年来温度的监测，2010 年以来年均温度为 11.9℃，起伏变化不大，最高年均温度为 2013 年的 12.4℃，最低年均温度为 2012 年的 11.4℃；年最高温度值为 2017 年的 37.6℃，最低温度为 2016 年的 -15.6℃（图 1-2）。

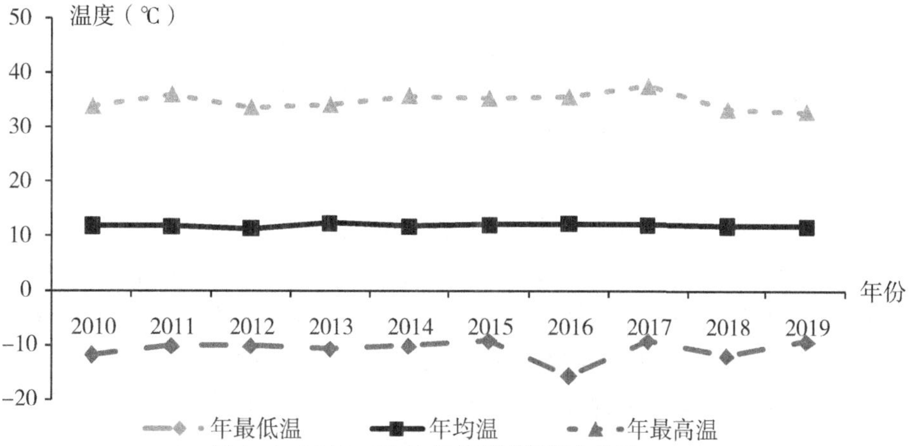

图 1-2　2010—2019 年保护区气温变化图

二、无霜期

保护区近十年（2010 年到 2019 年）无霜期日数范围为 184 ～ 241 d，无霜期最高日数出现在 2016 年，最低日数出现在 2018 年。平均初霜日出现在 10 月下旬和 11 月初，终霜日出现在 4 月下旬。无霜期随海拔增加而缩短。平均初、终霜附近出现霜冻对植物影响不大，过早或过晚的霜冻可造成较大危害。保护区虽然夏季温度较高，积温充足，但冬季的低温和春季的回寒却限制了某些植物的生长，降低了积温的有效性。

三、日照

保护区内坡向不同，太阳辐射差异较大。南坡夏半年可照时间随坡度的增大而减小，且当坡度较小时，可照时间随太阳赤纬的增加而增大，当坡度较大时，随太阳赤纬的增加而减小，南坡冬半年可照时间与水平面相同，而与坡度无关。北坡夏半年可照时间与水平面相同，冬半年可照时间比水平面少，坡度越大，减少越多。

2010 年以来，年际间变化差异不大，如下图所示，2013 年的年日照时数突然增加后又回归到年均日照时数附近。年日照时数最多为 2013 年的 1846.4 h，年日照时数最少为 2019 年的 1445.4 h（图 1-3）。

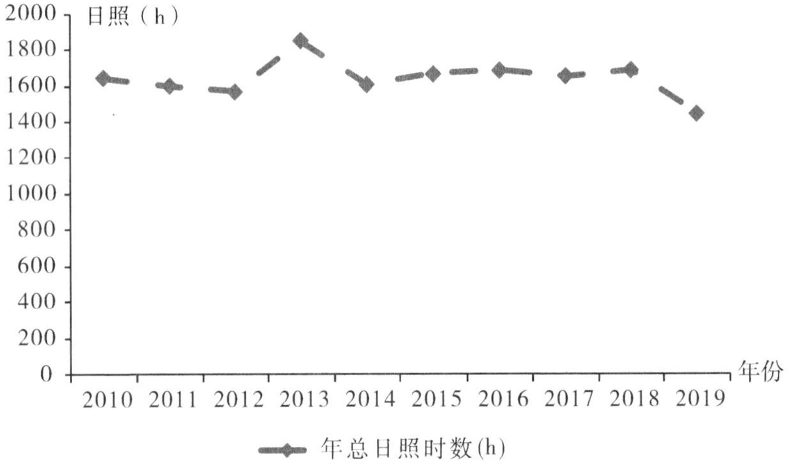

图 1-3　2010—2019 年保护区日照时数变化图

留坝县多年平均日照时数为 1638.6 h。十年的四季日照时数均值不一样，春夏日照时数明显高于秋冬。春季日照时数均值为 500.4 h，最多与最少日照时数分别为 2011 年 566.7 h、2016 年 434.1 h；夏季日照时数与春季一般，其日照时数均值为 502.3 h，但最多与最少日照时数出现年份不一样，分别为 2016 年 588 h、2010 年 374.3 h；秋季日照时数明显减少，均值为 290.3 h，最多与最少日照时数分别为 2010 年 380.8 h、2010 年 207.7 h；冬季日照时数有所增加，但还是明显低于春季和夏季，均值为 345.6 h，最多与最少日照时数分别为 2010 年 422 h 和 2012 年 237.7 h（表 1-2）。

日照受地形的影响，同时受纬度、海拔高度、山脉走向、坡度大小及气候的影响也很大。高寒山区，多云雾，日照偏少；河谷地带，东西向日照多，南北向日照少；宽谷日照多，窄谷日照少；山坡地带，南坡日照多，北坡日照少。

表 1-2　留坝县十年各月平均日照情况统计表（2010—2019 年）

季节	月份	平均日照（h）	标准差 STDEV	年际变异系数 CV
春季	3	145.8	27.4	0.2
	4	182.9	26.5	0.1
	5	171.8	24.4	0.1
	小计	500.4		

续表

季节	月份	平均日照（h）	标准差 STDEV	年际变异系数 CV
夏季	6	161.9	32.3	0.2
	7	163.8	46.7	0.3
	8	176.5	31.3	0.2
	小计	502.3		
秋季	9	86.1	23.4	0.3
	10	101.0	33.1	0.3
	11	103.2	38.0	0.4
	小计	290.3		
冬季	12	130.6	33.7	0.3
	1	113.9	37.6	0.3
	2	101.1	36.6	0.4
	小计	345.6		

四、降水

保护区内年降水量在 10 年内的变化范围为 638.2 ～ 1078.7 mm，年内分配不均匀，如图 1-4，主要集中于 6 ～ 9 月，占全年降水量的 66.58%，以 7 月为最多； 12 月至翌年 2 月，降水量较少，占全年降水量的 2.57%，以 12 月为最少。由于夏季保护区处于夏季风的迎风坡，暖湿气流在上升时形成降水较多，冬季主要是西风带天气系统形成降水，低层大气中很少有海洋潮湿气流移来，空气中水汽含量很少，因而降水量少。夏季秦岭南坡是迎风坡，暖湿气流北上，由于地形的强迫抬升作用，在南坡形成了比较充沛的降水。降水量最初随海拔高度的升高而增大，到达一定高度后，转为随高度的升高而减小。保护区雨季与生长季基本一致，春初 3 月的雨量不多，从 4 月开始降水量增长，5 月、6 月增长显著。由于夏季辐射很大，蒸发力很强，因而常出现干旱，表现在 8 月的降水量相较于 7 月和 9 月会减少（图 1-4）。

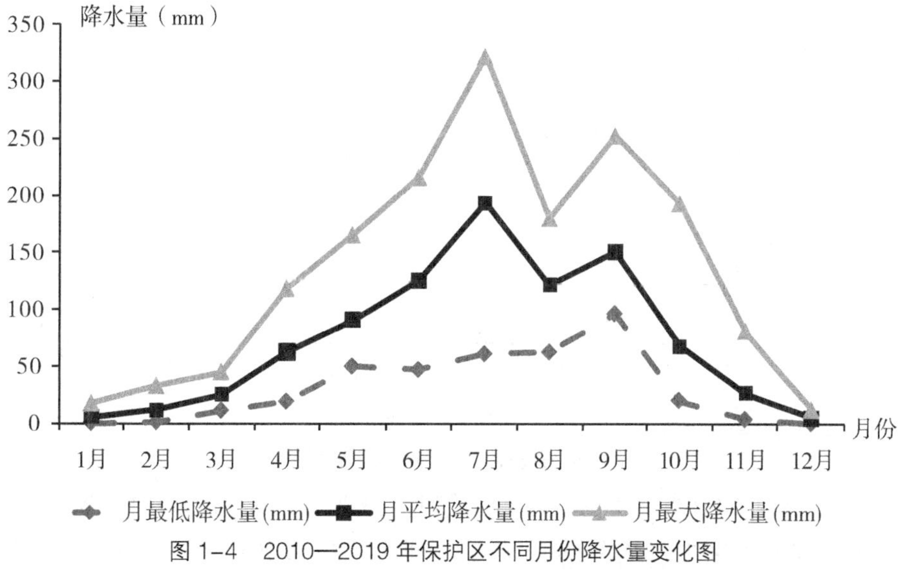

图 1-4　2010—2019 年保护区不同月份降水量变化图

2010 年以来，不同年份降水量有所变化，如图 1-4 所示，10 年的年均降水量为 890.22 mm，最大年降水量出现在 2011 年，为 1 078.7 mm，最小年降水量为 2016 年的 638.2 mm（图 1-5）。

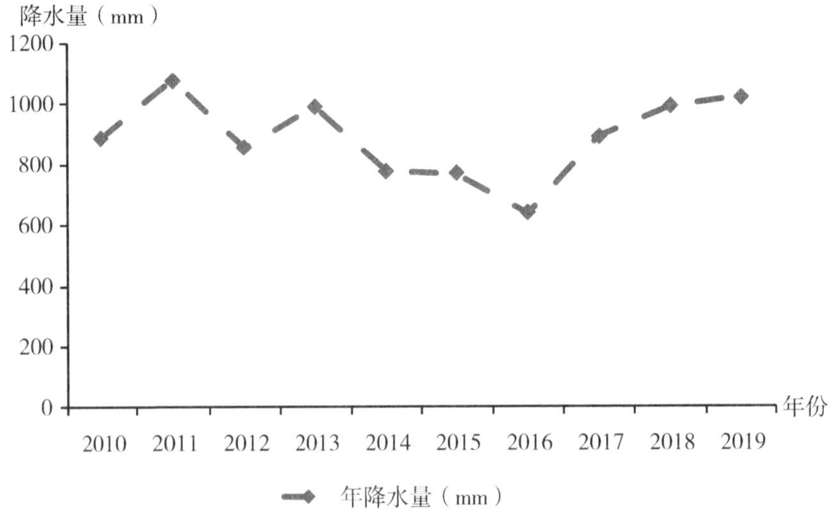

图 1-5　2010—2019 年保护区年降水量变化图

五、空气相对湿度

气温和绝对湿度是决定相对湿度的条件。保护区冬季温度最低，水汽含量少；夏季温度高，水汽含量多。保护区附近空气相对湿度基本都在 54% 以上，其中 7 ～ 10 月份最高，在 80% 以上。从各月分布来看，以 5 ～ 11 月空气相对湿度较大，基本都在 70% 以上；12 月到次年 4 月相对湿度较小。空气相对湿度的分布规律与降水量的年内分配一致（图 1-6）。

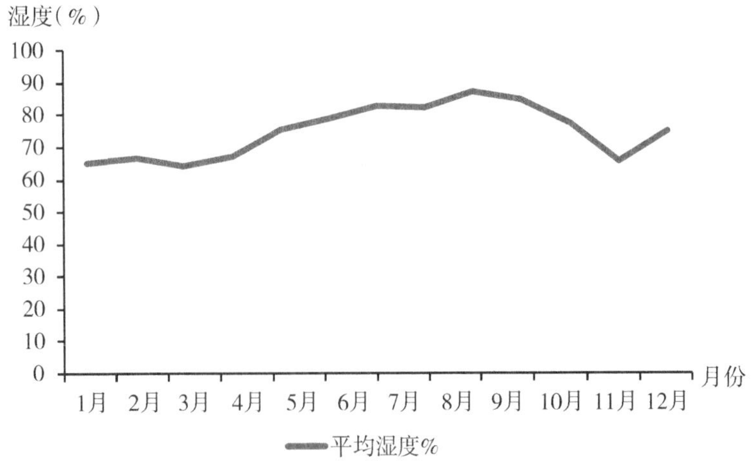

图 1-6　保护区 10 年月平均湿度变化

空气相对湿度的分布规律在不同年份呈现不一致。2010 年以来，10 年平均湿度为 74.8%，最大平均湿度为 2019 年的 78%，最小平均湿度为 2013 年的 72%（图 1-7）。

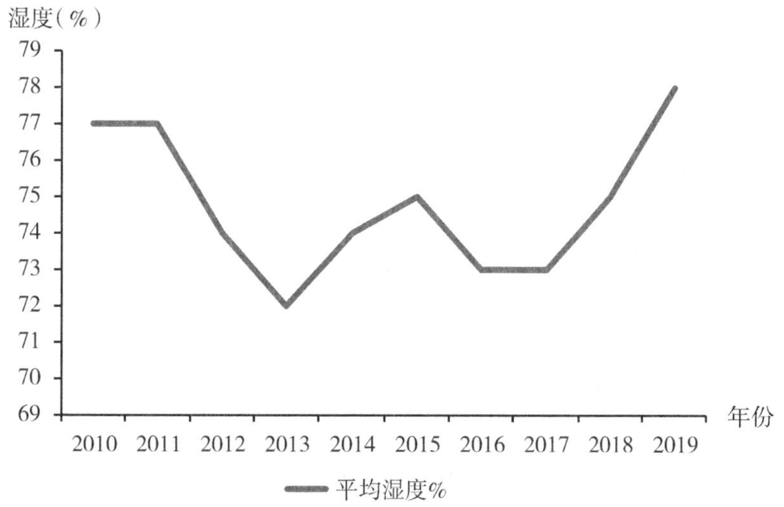

图 1-7　2010—2019 年保护区年平均湿度变化

六、保护区近 10 年来气候变化情况

根据对保护区主要气候指标的监测，保护区年均气温保持稳定状态，年最高温和年最低温相对来说变化较大，2015 年和 2018 年出现了较大的下降（表 1-3）；日照时数变化较大，2013 年明显增加；降雨起伏变化明显，总体维持在 800 ～ 1 000 mm 之间；湿度变化较大，2013 年为保护区湿度最小的年度，2016 年和 2017 年湿度也较小，其余均较大。

表 1-3　桑园保护区 10 年来主要气候指标变化表

时间	年均温（℃）	年最高温（℃）	年最低温（℃）	年降水量（mm）	平均湿度（%）	年总日照时数 (h)	无霜期日数（d）
2010	11.88333	33.8	−11.8	887.7	77	1644	216
2011	11.58333	36	−10.2	1078.7	77	1599.3	199
2012	11.44167	33.6	−10.2	856.5	74	1566.3	204
2013	12.40833	34.1	−10.7	991.2	72	1845.4	220
2014	11.8	35.8	−10.2	775.3	74	1605.3	223
2015	12.08333	35.3	−9.2	769.6	75	1662.5	224
2016	12.29167	35.6	−15.6	638.2	73	1681.9	241
2017	12.10833	37.6	−9.2	891.2	73	1650.9	235
2018	11.85833	33.2	−12	993	75	1683.5	184
2019	11.76667	32.8	−9.3	1020.8	78	1445.4	229
平均值	11.9225	22.53	0.41	890.22	74.8	1638.45	217
最大值	12.40833	23.7	1.9	1078.7	78	1845.4	241
最小值	11.44167	21.7	−2.2	638.2	72	1445.4	184

第五节　水　系

桑园自然保护区有两个水系，分别为太白河水系和湑水河水系，以太白河水系为主。太白河水系属褒河上游太白河的上源河段及支流，流域面积约 12 289 hm^2，占保护区总面积的 89%；湑水河水系流域为保护区平顶关以东的松坪子区域，该区域的地表径流都汇入松坪子河，经太白县的牛尾河保护区汇入湑水河，这是桑园自然保护区中唯一一块属于湑水河水系的区域，流域面积约 1 517 hm^2，占保护区总面积的 11%（图 1–8; 附图 5）。保护区水系由元树沟、大观状沟、小观状沟、小川子、峪长沟、梨子坝沟、范条峪等河流组成，保护区的水系从界山发育向下，分布呈树枝形。其中峪长沟、梨子坝沟、范条峪三条沟谷的河水汇流成范条峪河，在桑园坝（桑园中心站）处流入太白河，其中梨子坝沟有洞子沟支流，范条峪沟有大范条峪和小范条峪支流；保护区西部还有小川子、大观状沟、小观状沟、元树沟、铁矿沟三条沟谷的河水分别汇入桑园坝至江口段的太白河。保护区所有河流中峪长沟最长，流量最大，流域水文环境也最丰富；其余河流在保护区内都较短，流量季节性变化明显，海拔落差较大，水流湍急，梨子坝沟和松坪子河流域地形变化相对较小，水流也较为平缓。保护区为以上全部河流的源头和水源地。

太白河发源于太白县，从太白县流入留坝县江口镇桑园坝石场沟，在此并入保护区流出的范条峪河后途经江口镇进入留坝县境内，然后汇入褒河，在留坝县境内全长 22.5 km，流域面积 377.5 km^2。褒河发源于秦岭南坡，流经凤县、太白、留坝、汉台 3

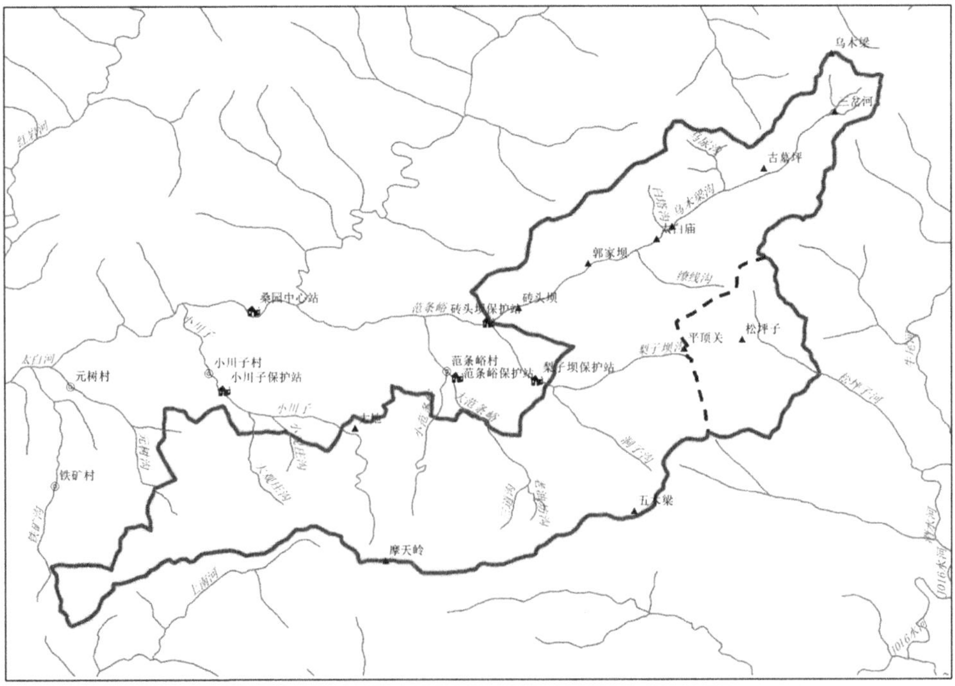

图 1–8　保护区水系构成图

县 1 区，注入汉江。褒河和湑水河都是汉江北侧的重要支流，而汉江流域又是南水北调的源头——丹江口水库的重要水源地。因此，桑园自然保护区以其重要的地理位置，在涵养水源、保持水土、防风固沙、改善区域生态环境等方面发挥着不可替代的重要作用。

一、径流

保护区河流径流量主要来源于降水、地下水和冬季降雪补给。径流的年内分配不均，降水补给形成的径流量占多年平均年径流量的 80% 以上，年最大流量多发生在 7 月至 9 月，冬季 12 月至 3 月为枯水期。径流量年内分配不均，主要集中在夏汛 7 月份至 10 月份，占全年水量的 70% 左右，一般以秋季最高，通常占年径流量的 34% ～ 40%，7 月径流量一般低于 9 月，而大于 8 月，具有双峰的特点（表 1–4）；4 月、5 月、6 月、11 月份径流量占年平均径流量的 20% 左右；冬季 12 月份至翌年 3 月份径流量占年平均径流量的 10% 左右，最小月径流量出现在 2 月。

表 1–4　保护区主要河流及汇入河流径流概况

断面	河名	断面名称	峰现时间	洪峰流量（m^3/s）	洪峰水位（m）	洪水总量（m^3）	水势
1	范条峪河	桑园坝村九元坝组	2020–8–15 15:00:00	18.2	1050.09	88.783	涨
2	太白河	徐家坝村徐家坝组	2020–8–15 13:00:00	564.6	985.98	2314.126	落
3	太白河	桑园坝村桑园坝组	2020–8–15 12:00:00	552.5	1012.77	2212.858	落
1	范条峪河	桑园坝村九元坝组	2020–10–14 16:00:00	0.5	1049.63	1.816	落
2	太白河	徐家坝村徐家坝组	2020–10–14 16:00:00	2.4	983.75	7.816	落
3	太白河	桑园坝村桑园坝组	2020–10–14 16:00:00	1.8	1010.1	5.921	落

二、暴雨洪水

由于保护区地处我国东南湿润地区和西北干旱地区的过渡带，属大陆性季风气候，夏秋两季季风影响明显，受西伸太平洋副热带高压和河西走廊切变云系、四川盆地热带低压气旋涡流云系的控制和共同影响，形成夏季气候热且降雨多的特征。暴雨洪水多集中于 7 月、8 月、9 月三个月，受其空中云系影响，流域内强对流天气暴雨时有发生，一般有雷暴雨和霖暴雨两种。雷暴雨笼罩面积小、强度大、历时短，经常造成局部洪涝灾害；而霖暴雨笼罩面积大，降雨强度相对较小，历时长，往往造成大面积的洪水灾害。

三、水质

保护区境内无人居住，没有任何生产活动，无任何污染。境内良好的森林植被和生态系统确保了保护区丰富的水源涵养，同时也具有强大的水土保持能力，使保护区可以为周边和下游提供优质、充沛的水资源。根据保护区的水质监测数据，保护区水体常年保持清澈，为可直接饮用水，从未检出大肠菌群，菌落数极低；水质 pH 值长期稳定在 7.4 左右，为弱碱性；溶解氧、化学需氧量（COD）、氨氮、铅、汞、铬、锌、铜、硒、砷、镉、氰化物、氟化物、挥发酚等地表水环境质量标准基本项目指标达到 I 类水质标准（表 1–5）；硝酸盐、氯化物、铁和锰等指标远低于集中式生活饮用水地表水源地补充项目标准限值，而且三氯甲烷、四氯化碳、甲醛等指标同样远低于集中式生活饮用水地表水源地特定项目标准限值，因此该区域的水为优质饮用水。保护区的管理确保了外来污染不进入水体，水质常年保持 I 类水质，口感较好，多年以来，附近社区直接从保护区范条峪、小川子等河流接入水源作为生活用水。

表 1–5　保护区小川子河流水质检测结果

序号	分析项目	计量单位	检测结果	GB 5749–2006 标准限值
1	总大肠菌群	MPN/100 mL	未检出	不得检出
2	耐热大肠菌群	MPN/100 mL	未检出	不得检出
3	大肠埃希氏菌	MPN/100 mL	未检出	不得检出
4	菌落总数	CFU/ mL	5	500
5	砷	mg/L	0.001ND	500
6	镉	mg/L	0.004ND	0.05
7	铬（六价）	mg/L	0.004ND	0.05
8	铅	mg/L	0.00007ND	0.001
9	汞	mg/L	0.0001ND	0.001
10	硒	mg/L	0.00009ND	0.01
11	氰化物	mg/L	0.002ND	0.05
12	氟化物	mg/L	0.3	1.2
13	硝酸盐（以 N 计）	mg/L	0.9	20
14	三氯甲烷	mg/L	0.0002ND	0.06
15	四氯化碳	mg/L	0.0001ND	0.002
16	溴酸盐（使用臭氧时）	mg/L	—	0.01
17	甲醛	mg/L	—	0.9
18	亚氯酸盐	mg/L	0.04ND	0.7
19	氯酸盐（使用复合二氧化氯消毒时）	mg/L	—	0.7
20	色度	度	5ND	20
21	浑浊度	NTU	1ND	3（水源与净水技术条件限制为 5）

续表

序号	分析项目	计量单位	检测结果	GB 5749–2006 标准限值
22	臭和味	—	无	无异臭、异味
23	肉眼可见物	—	无	无
24	pH	—	7.41	6.5 ～ 9.5
25	铝	mg/L	0.040ND	0.2
26	铁	mg/L	0.0045ND	0.5
27	锰	mg/L	0.0005ND	0.3
28	铜	mg/L	0.009ND	1.0
29	锌	mg/L	0.001ND	1.0
30	氯化物	mg/L	2.0	300
31	硫酸盐	mg/L	2.0	300
32	溶解性总固体	mg/L	64	1500
33	总硬度（以 $CaCO_3$ 计）	mg/L	47	550
34	耗氧量（CODMn 法，以 O_2 计）	mg/L	1.34	5
35	挥发酚（以苯酚计）	mg/L	0.002ND	0.002
36	阴离子合成洗涤剂	mg/L	0.05ND	0.3
37	氨氮（以 N 计）	mg/L	0.09	0.5
38	游离余氯	mg/L	—	—
39	氯胺（一氯胺）	mg/L	—	—
40	臭氧	mg/L	—	—
41	二氧化氯	mg/L	0.034	—

第六节　土　壤

一、土壤类型

土壤是母质在气候、植被、地形以及时间等自然因素影响下所形成的历史自然体，但自有人类从事农业生产后，土壤也是人类劳动的产物。土壤的形成和发展与其所处的环境因素有着密切的联系，因此土壤分类反映了土壤发生、发展和分布的规律，以及土壤肥力特征、特性等。

根据留坝县的土壤调查资料，桑园自然保护区的土壤共有 2 个土类、6 个亚类、19 个土属。其分类系统见表 1–6。

表 1-6 陕西桑园自然保护区土壤分类系统

土类名称	亚类名称	土属名称
I. 黄棕壤	1. 普通黄棕壤	（1）砂黄泡土（花岗—片麻岩型）
		（2）石片黄泡土（页岩—片岩—千枚岩型）
		（3）青石黄泡土（石灰岩型）
		（4）夹石黄泡土（坡积型）
	2. 粗骨性黄棕壤	（1）砂石渣土（花岗—片麻岩型）
		（2）石片石渣土（页岩—片岩—千枚岩型）
		（3）青石石渣土（石灰岩型）
	3. 生草黄棕壤	（1）砂灰黄泡土（花岗—片麻岩型）
		（2）石片灰黄泡土（页岩—片岩—千枚岩型）
Ⅱ. 棕壤	1. 普通棕壤	（1）砂泡土（花岗—片麻岩型）
		（2）石片泡土（页岩—片岩—千枚岩型）
		（3）青石泡土（石灰岩型）
		（4）石渣泡土（坡积型）
	2. 粗骨性棕壤	（1）砂白泡土（花岗—片麻岩型）
		（2）石片白泡土（页岩—片岩—千枚岩型）
		（3）青石白泡土（石灰岩型）
	3. 生草棕壤	（1）砂石泡土（花岗—片麻岩型）
		（2）石片灰泡土（页岩—片岩—千枚岩型）
		（3）青石灰泡土（石灰岩型）

二、黄棕壤

黄棕壤是在一定的植被类型和一定的水、热条件下形成的一种森林土壤，在保护区分布于海拔 1 500 ～ 1 700 m 以下的地段，植被以阔叶林为主，在保护区边缘地带有少部分旱耕地。黄棕壤包括以下三个亚类。

（一）普通黄棕壤

该亚类所处地带植被生长较好，土壤黏化和淋溶性较强，剖面以黄棕色为主，心土层有明显黏化现象，并可见铁锰胶膜和有机质胶膜。pH 微酸至酸性。

（二）粗骨性黄棕壤

该亚类系黄棕壤地带的一种幼年土，分布于山高、坡陡、植被生长差的地方，土层很薄，有效土层约 20 cm，剖面无明显的发育层次，土壤多有岩石碎屑和石砾。

（三）生草黄棕壤

该亚类是黄棕壤地带中，由于森林破坏、草本入侵，在黄棕壤形成的主导过程上，附加了生草化过程而形成的一类土壤，它是黄棕壤与生草土类型之间的过渡类型。该种土壤在黄棕壤地区的稀疏乔木林带及森林被破坏的地方，由于杂草丛生，土壤表层形成了一个厚度超过 15 cm 的腐殖质积累层和腐殖质染色层，土壤颜色多为暗灰棕色，质地则随母质的不同而有差异。

三、棕壤

棕壤是在针叶和针阔叶混交林植被类型、气候温凉、湿度较大的环境下形成的一种森林土壤，在保护区分布于海拔 1 500 ～ 1 700 m 以上的中山地带，分布面积最大。棕壤包括以下三个亚类。

（一）普通棕壤

该亚类分布于较高的山地，这里雨量充足，植被生长较好，地形较缓，土壤较厚，发育较好。土壤剖面中有极少量的灰褐色胶膜，但无明显的黏化现象。土壤以棕色为主，形成黄棕、褐棕、灰棕等颜色。土壤上面的 pH 多为中性，下面则呈微酸性。

（二）粗骨性棕壤

该亚类分布在棕壤地带一些坡度较大的地方，土层较薄，植被生长不好，土壤发育差，没有黏化现象。pH 为中性或微酸性。

（三）生草棕壤

该亚类的颜色为褐色，其他方面的特性与普通棕壤相同。主要发育在海拔较高、气温较低、湿度较大而杂草丛生的地带。

》》第二章《《
植物资源

本次保护区科考表明桑园保护区共有野生高等维管束植物 144 科、522 属、1084 种、1 亚种、22 变种，其中石松类和蕨类植物 21 科、33 属 、52 种，裸子植物 5 科、12 属、20 种，被子植物 118 科、477 属、1012 种。本次考察保护区植物区系记录增加了 1 变种、11 新记录物种、6 属，其中尿罐草（*Corydalis moupinensis*）为陕西省省级新记录，1 变种为新命名类群 [秦岭芽胞耳蕨（*Polystichum stenophyllum* var. *qinlingensis* Wang Yong）]，植物区系呈现以亚热带成分为主、南北互相渗透、混杂的特点。保护区内有国家保护植物 13 种，其中国家 I 级保护物种 1 种，国家 II 级保护物种 12 种；保护区植被划分为 4 个植被型组，11 个植被型， 55 个群系，群系占比和分布最广的为落叶阔叶林。

第一节　植物区系

植物区系是某一地区的植物，在各种自然地理条件的综合作用下发展和演化的结果。对一个区域的植物区系进行研究和分析，可以帮助我们认识这个地区植物的组成、起源和演化，也是保护区了解该区域植物资源、制定保护对策的基础。本次考察通过样线踏查法和样方法相结合开展了保护区维管束植物区系调查，在野外调查、标本采集、室内鉴定的基础上，根据《中国生物物种名录 2021 版》更新了保护区维管束植物的分类系统和物种名称，增加了植物物种记录，形成了保护区最新的植物区系名录。

一、区系组成概况

（一）维管束植物概况

基于本次考察，陕西桑园自然保护区目前已知野生高等维管束植物共有 144 科 522 属 1 084 种（表 2-1），有 1 亚种、22 变种（变种没有进入物种名录统计）。其中石松类和蕨类植物、裸子植物的种类相对较少，被子植物种数最多。

表 2-1　陕西桑园自然保护区高等维管束植物统计表

植物门	拉丁名	科数	属数	种数	占总种数的比例 (%)
被子植物	Angiospermae	118	477	1012	93.4
裸子植物	Gymnospermae	5	12	20	1.8
石松类和蕨类植物	Pteridophyta	21	33	52	4.8
合计		144	522	1084	

（二）本次调查区系新记录概况

本次考察在已有保护区植物区系记录基础上增加了 1 变种、11 种、6 属（表 2–2），其中 1 种为陕西省省级新记录——尿罐草（*Corydalis moupinensis*），1 变种为新命名类群——秦岭芽胞耳蕨（*Polystichum stenophyllum* var. *qinlingensis* Wang Yong），以蕨类和兰科植物为主。本次考察的新记录物种和新类群的发现不仅增加了保护区植物物种的数量，对完善保护区植物区系本底信息、认识保护区区系组成及特征也有着重要的意义，进一步丰富和完善了秦岭南坡植物的组成和多样性数据。

表 2–2　桑园保护区植物 2020 年考察新记录物种及分布

序号	新记录种	科	属	区内分布地点
1	大叶假冷蕨 *Pseudocystopteris atkinsoni* (Bedd.) Ching	蹄盖蕨科 Athyriaceae	假冷蕨属 * *Pseudocystopteris*	范条峪三道沟下游 E107.223745, N33.786062
2	陕西蛾眉蕨 *Lunathyrium giraldii* (Christ) Ching	蹄盖蕨科 Athyriaceae	蛾眉蕨属 * *Lunathyrium*	松坪子垭口平顶关往松坪子方向的中上坡处 E107.277984, N33.723688
3	过山蕨 *Camptosorus sibiricus* Rupr.	铁角蕨科 Aspleniaceae	过山蕨属 * *Camptosorus*	梨子坝管护站进入保护区入口附近 E107.239925, N33.719815
4	上毛凤丫蕨 *Coniogramme suprapilosa* Ching	裸子蕨科 Hemionitidaceae	凤丫蕨属 *Coniogramme*	梨子坝管护站进入保护区入口附近 E107.239925, N33.719815
5	耳羽岩蕨 *Woodsia polystichoides* Eaton	岩蕨科 Woodsiaceae	岩蕨属 *Woodsia*	范条峪三道沟下游 E107.223745, N33.786062
6	尿罐草 # *Corydalis moupinensis* Franch.	罂粟科 Papaveraceae	紫堇属 *Corydalis*	梨子坝管护站进入保护区入口附近 E107.239925, N33.719815
7	大花斑叶兰 *Goodyera biflora* (Lindl.) Hook.	兰科 Orchidaceae	斑叶兰属 * *Goodyera*	古墓坪附近 E107.289852, N33.786062
8	杜鹃兰 *Cremastra appendiculata* (D. Don) Makino	兰科 Orchidaceae	杜鹃兰属 * *Cremastra*	古墓坪附近 E107.289852, N33.786062
9	绿花杓兰 *Cypripedium henryi* Rolfe	兰科 Orchidaceae	杓兰属 *Cypripedium*	松坪子垭口平顶关往松坪子方向的中上坡处 E107.277984, N33.723688
10	绶草 *Spiranthes sinensis* (Pers.) Ames	兰科 Orchidaceae	绶草属 * *Spiranthes*	梨子坝管护站进入保护区入口附近 E107.239925, N33.719815
11	龙头箭竹 *Fargesia dracocephala* Yi	禾本科 Gramineae	箭竹属 *Fargesia*	海拔 1400 ～ 2200 m 河谷山坡广泛分布

注：加 * 号者为保护区新记录属，加 # 号者为陕西省新记录种。

本次考察在范条峪三道沟龙头箭竹林中发现 1 个耳蕨属植物的野生居群，经仔细查证，该物种是一个尚无记载的新类群，为狭叶芽胞耳蕨（*Polystichum stenophyllum* Christ）种下新类群，将其命名为秦岭芽胞耳蕨（*Polystichum stenophyllum* Christ var. *qinlingensis* Wang Yong）。

秦岭芽胞耳蕨（*Polystichum stenophyllum* Christ var. *qinlingensis* Wang Yong）植株高15～60 cm，根状茎短而直立，顶端密被棕色、披针形、边缘短流苏状的薄鳞片。叶簇生，叶柄禾秆色或浅紫红色，长1～12 cm，基部直径1～2 mm，上面有沟槽，通常密被棕色的大小两种薄鳞片，大鳞片卵形，长达8 mm，宽达5 mm，顶端短渐尖，全缘，小鳞片卵状披针形，长达4 mm，宽约1 mm，顶端长渐尖，边缘流苏状；叶二型，营养叶叶片线状长椭圆披针形，长20～50 cm，中部宽3～5 cm，中部以下渐变狭，二回羽状至二回羽裂；羽片20～60对，互生，基部1～3对，常为羽状；孢子叶叶片线状长椭圆披针形，长15～25 cm，中部宽2～4 cm，中部以下渐变狭，一回羽状；羽片20～40对，互生，密接或彼此略覆瓦状，镰状矩圆形，中部的较大，长0.5～2.5 cm，宽3～10 mm，顶端急尖并有短芒刺，基部上侧突起形成顶端有芒刺的三角形耳凸，其余部分全缘，其外侧截形，与叶轴平行，基部下侧斜切形，中部以下各对羽片渐缩短，并或多或少向后反折。叶脉羽状，上面凹陷，下面较明显或仅略可见，侧脉向上斜展，几达边缘，在羽片上侧自下而上羽状、二叉状至单一，在下侧多为二叉状，有时中部的二叉状小脉的下侧一条再次分叉。叶革质，叶轴禾秆色或浅紫红色，上面有沟槽，两面被相当多与叶柄小鳞片相同的小鳞片，接近顶端常生长1～3个芽胞。孢子囊群生于小脉顶端，小羽片中肋两侧各有1行，中生或近中生；圆盾形的囊群盖棕色或深棕色近全缘，常宿存或脱落。

模式标本：Wang Yong 8532（陕西理工大学植物标本馆），陕西省留坝县桑园国家级自然保护区三道沟，龙头箭竹林下，成片分布，海拔1 800 m。

另外，保护区还分布有日本落叶松（*Larix leptollepis*）人工林和一些栽培植被，考虑到其为外来物种，在区系统计时未将其计入。

二、种子植物区系组成及地理成分分析

根据本次野外调查资料并参考以往的调查研究资料，经整理统计，陕西桑园自然保护区已知有种子植物123科、489属、1 032种（表2-3、附录7）。

表2-3 陕西桑园自然保护区种子植物统计表

类别	拉丁名	科	属	种
裸子植物门	Gymnospermae	5	12	20
被子植物门	Angiospermae	118	477	1012
其中：双子叶植物纲	Dicotyledoneae	108	401	861
单子叶植物纲	Monocotyledoneae	10	76	151
种子植物合计		123	489	1032

（一）种子植物科级数量统计

桑园自然保护区种子植物最大的科是菊科，有 39 属、94 种；其次是蔷薇科，有 21 属、70 种；含 30 ～ 90 种的科有 4 个，依次为蔷薇科、百合科、豆科、禾本科；含 20 ～ 29 种的科有 6 个，依次为毛茛科、唇形科、忍冬科、虎耳草科、莎草科、玄参科；含 10 ～ 19 种的科有 24 个；含 5 ～ 9 种的科有 24 个；含 2 ～ 4 种的科有 38 个；含 1 种的科有 26 个（表 2-4）。

表 2-4 陕西桑园自然保护区种子植物科级数量统计

分布种数	科	属数	种数	科	属数	种数
＞ 50 种（2 科）	菊科 Compositae	39	94	蔷薇科 Rosaceae	21	70
30 ～ 49 种（3 科）	百合科 Liliaceae	22	44	禾本科 Gramineae	23	35
	豆科 Leguminosae	21	37			
20 ～ 29 种（6 科）	毛茛科 Ranunculaceae	16	28	唇形科 Labiatae	18	24
	忍冬科 Caprifoliaceae	6	26	虎耳草科 Saxifragaceae	12	22
	莎草科 Cyperaceae	6	25	玄参科 Scrophulariaceae	12	21
10 ～ 19 种（24 科）	伞形科 Umbelliferae	11	19	兰科 Orchidaceae	12	15
	杨柳科 Salicaceae	2	18	大戟科 Euphorbiaceae	7	11
	木犀科 Oleaceae	6	17	报春花科 Primulaceae	4	11
	壳斗科 Fagaceae	4	17	龙胆科 Gentianaceae	6	11
	蓼科 Polygonaceae	5	17	槭树科 Aceraceae	2	11
	桦木科 Betulaceae	4	13	松科 Pinaceae	5	10
	荨麻科 Urticaceae	10	15	小檗科 Berberidaceae	4	10
	石竹科 Caryophyllaceae	8	15	鼠李科 Rhamnaceae	4	10
	卫矛科 Celastraceae	2	13	葡萄科 Vitaceae	4	10
	十字花科 Cruciferae	8	12	山茱萸科 Cornaceae	4	10
	景天科 Crassulaceae	4	12	茜草科 Rubiaceae	4	10
	灯心草科 Juncaceae	2	12	罂粟科 Papaveraceae	6	10
5 ～ 9 种（24 科）	五加科 Araliaceae	7	9	败酱科 Valerianaceae	2	7
	杜鹃花科 Eriaceae	1	9	紫草科 Boraginaceae	5	6
	萝藦科 Asclepiadaceae	4	9	柏科 Cupressaceae	4	6
	马鞭草科 Verbenaceae	6	9	葫芦科 Cucurbitaceae	3	6
	芸香科 Rutaceae	5	8	木通科 Sargentodoxaceae	4	6
	桑科 Moraceae	4	8	樟科 Lauraceae	3	5
	桔梗科 Campanulaceae	4	8	冬青科 Aquifoliaceae	1	5
	天南星科 Araceae	4	8	堇菜科 Violaceae	1	5
	榆科 Ulmaceae	2	7	胡颓子科 Elaeagnaceae	1	5
	马兜铃科 Aristolochiaceae	3	7	柳叶菜科 Onagraceae	3	5

续表

分布种数	科	属数	种数	科	属数	种数
5～9种（24科）	猕猴桃科 Actinidiaceae	2	7	茄科 Solanaceae	4	5
	漆树科 Anacardiaceae	4	7	鸢尾科 Iridaceae	2	5
2～4种（38科）	木兰科 Magnoliaceae	1	4	海桐花科 Pittosporaceae	1	3
	旋花科 Convolvulaceae	2	4	鹿蹄草科 Pyrolaceae	2	3
	薯蓣科 Dioscoreaceae	1	4	车前科 Plantaginaceae	1	3
	胡桃科 Juglandaceae	3	4	川续断科 Dipsacaceae	2	3
	藜科 Chenopodiaceae	2	4	三尖杉科 Cephalotaxaceae	1	2
	牻牛儿苗科 Geraniaceae	1	4	三白草科 Saururaceae	2	2
	凤仙花科 Balsaminaceae	1	4	檀香科 Santalaceae	2	2
	椴树科 Tiliaceae	2	4	金缕梅科 Hamamelidaceae	2	2
	藤黄科 Guttiferae	1	4	远志科 Polygalaceae	1	2
	马钱科 Loganiaceae	1	4	省沽油科 Staphyleaceae	1	2
	芍药科 Paeoniaceae	1	3	无患子科 Sapindaceae	2	2
	金粟兰科 Chrcidiphyllaceae	1	3	山茶科 Theaceae	1	2
	苋科 Amaranthaceae	2	3	千屈菜科 Lythraceae	2	2
	防己科 Menispermaceae	3	3	八角枫科 Alangiaceae	1	2
	酢浆草科 Oxalidaceae	1	3	柿树科 Ebenaceae	1	2
	苦木科 Simaroubaceae	2	3	列当科 Orobanchaceae	2	2
	楝科 Meliaceae	2	3	苦苣苔科 Gesneriaceae	2	2
	清风藤科 Sabiaceae	2	3	浮萍科 Lemnaceae	2	2
	瑞香科 Thymelaeaceae	1	3	鸭跖草科 Commelinaceae	2	2
1种（26科）	马桑科 Coriariaceae	1	1	黄杨科 Buxaceae	1	1
	杉科 Taxodiaceae	1	1	七叶树科 Hippocastanceae	1	1
	红豆杉科 Taxaceae	1	1	锦葵科 Malvaceae	1	1
	桑寄生科 Loranthaceae	1	1	大风子科 Flacourtiaceae	1	1
	蛇菰科 Balanophoraceae	1	1	旌节花科 Stachyuraceae	1	1
	商陆科 Phytoacaceae	1	1	秋海棠科 Begoniaceae	1	1
	马齿苋科 Portulacaceae	1	1	紫金牛科 Myrsinaceae	1	1
	金鱼藻科 Ceratophyllaceae	1	1	山矾科 Symplocaceae	1	1
	领春木科 Eupteleaceae	1	1	安息香科 Styraceae	1	1
	连香树科 Cercidiphyllaceae	1	1	夹竹桃科 Apocynaceae	1	1
	水青树科 Tetracentraceae	1	1	花荵科 Polemoniaceae	1	1
	五味子科 Schisandraceae	1	1	紫葳科 Bignoniaceae	1	1
	杜仲科 Eucommiaceae	1	1	透骨草科 Phrymataceae	1	1

在桑园自然保护区中，分布种数少于20种的科有112科，占总科数的91.1%。其中分布种数为10～19种的科有24科，占总科数的19.5%；分布种数为5～9种的科有27科，占总科数的22.0%；分布种数为2～4种的科有35科，占总科数的28.5%；只分布1种的科有26科，占总科数的21.1%。分布种数大于等于20种的科为11科，占总科数的8.9%，但这11科包含的属数占保护区种子植物总属数的40.2%，包含的种数占保护区种子植物总种数的41.0%，说明这些科在保护区中占有重要地位（表2–5）。

表2–5 陕西桑园自然保护区种子植物科的科属种数量统计

科内种数量	科数	占总科数%	属数	占总属数%	种数	占总种数%
＞50种	2	1.6	60	12.5	164	15.8
30～49种	3	2.5	66	13.3	116	11.1
20～29种	6	4.9	71	14.3	147	13.9
10～19种	24	19.5	127	25.9	308	29.9
5～9种	24	19.5	79	16.9	162	17.1
2～4种	38	30.9	60	11.4	109	9.5
1种	26	21.1	26	5.7	26	2.7
共计	123	100	489	100	1032	100

（二）种子植物属级数量统计

1. 属级数量统计

在陕西桑园自然保护区489属种子植物中，含10种以上的属有10个，占总属数的2.0%；含2～9种的属有197个，占总属数的40.4%；含1种的属有281个，占总属数的57.6%，有一半以上的属在保护区仅分布1个种，近1/3的属为2～4种（表2–6）。

表2–6 陕西桑园自然保护区种子植物属的数量统计

属内种数量	属数	占总属数%	种数	占总种数%
20	1	0.2	20	1.9
13	1	0.2	13	1.3
12	1	0.2	12	1.2
11	3	0.6	33	3.2
10	2	0.4	20	1.9
9	3	0.6	27	2.6
8	4	0.8	32	3.1
7	3	0.6	21	2
6	6	1.2	36	3.5
5	22	4.5	110	10.7
4	33	6.8	132	12.8
3	41	8.6	123	11.9
2	84	17.2	168	16.3
1	285	58.4	285	27.6
共计	489	100.0	1032	100.0

对种子植物属中含 10 种及以上种的属按由多到少的顺序排列（表 2-7），依次为：苔草属（*Carex*，20 种）、蒿属（*Artemisia*，13 种）、忍冬属（*Lonicera*，12 种）、柳属（*Salix*，11 种）、栎属（*Quercus*，11 种）、蓼属（*Lysimachia*，11 种）、景天属（*Sedum*，10 种）、蔷薇属（*Rosa*，10 种）、槭属（*Acer*，10 种）、灯心草属（*Juncus*，10 种）。这些属虽然仅占保护区种子植物总属数的 2%，但所包含的种数却是保护区种子植物总种数的 11.2%，它们中的大多数都是该植物区系中的常见种类，表明这些优势属在桑园自然保护区中占有很重要的地位。

表 2-7 陕西桑园自然保护区种子植物属中含 10 种以上属的概况

科名	属名	分布区	世界种数	中国种数	保护区种数	占中国种数的百分比 (%)	习性
莎草科	苔草属 *Carex*	1	2000	400	20	5.0	草本
菊科	蒿属 *Artemisia*	8	350	170	13	7.6	草本
忍冬科	忍冬属 *Lonicera*	8	200	100	12	12.0	灌木
杨柳科	柳属 *Salix*	8	500	200	11	5.5	乔木、灌木
壳斗科	栎属 *Quercus*	8	450	110	11	10.0	乔木、灌木
蓼科	蓼属 *Polygonum*	1	300	120	11	9.2	草本
蔷薇科	蔷薇属 *Rosa*	8	250	100	10	10.0	灌木
槭树科	槭属 *Acer*	8	200	150	10	6.7	乔木

2. 单型属和少型属

单型属是指仅有 1 种的属，桑园自然保护区共有 21 个，常见的有侧柏（*Platycladus orientalis*）、串果藤（*Sinofranchetia chinensis*）、桔梗（*Platycodon grandiflorus*）、连香树（*Cercidiphyllum japonicum*）等（表 2-8）；少型属指属内只有 2 ～ 6 种的属，保护区共有 76 属、92 种，占保护区总属数的 15.4%。单型属和少型属物种可提高区系的复杂程度和组成，在生物多样性保护上具有较其他类型更重要的意义。

表 2-8 陕西桑园自然保护区种子植物区系中单型属统计

序号	科	属名	分布	习性
1	柏科 Cupressaceae	侧柏属 *Platycladus*	中国—喜马拉雅	常绿乔木
2	三白草科 Saururaceae	鱼腥草属 *Houttuynia*	东亚	多年生草本
3	荨麻科 Urticaceae	艾麻属 *Sceptrocnide*	泛热带	多年生草本
4	石竹科 Caryophyllaceae	狗筋蔓属 *Cucubalus*	旧世界温带	多年生草本
5		鹅肠菜属 *Malachium*	旧世界温带	多年生草本
6	毛茛科 Ranunculaceae	角果升麻属 *Souliea*	中国特有	多年生草本
7	木通科 Sargentodoxaceae	串果藤属 *Sinofranchetia*	中国特有	落叶藤本
8	防己科 Menispermaceae	汉防己属 *Sinomenium*	中国—日本	缠绕藤本
9	水青树科 Tetracentraceae	水青树属 *Tetracentron*	中国—喜马拉雅	落叶乔木

续表

序号	科	属名	分布	习性
10	罂粟科 Papaveraceae	白屈菜属 *Chelidonium*	旧世界温带	一年生草本
11	金缕梅科 Hamamelidaceae	山白树属 *Sinowilsonia*	中国特有	落叶乔木
12	杜仲科 Eucommiaceae	杜仲属 *Eucommia*	中国特有	落叶乔木
13	蔷薇科 Rosaceae	棣棠属 *Kerria*	中国—日本	落叶灌木
14	大风子科 Flacourtiaceae	山拐枣属 *Poliothyrsis*	中国特有	落叶灌木
15	五加科 Araliaceae	通脱木属 *Tetrapanax*	中国特有	常绿灌木
16	龙胆科 Gentianaceae	翼萼蔓属 *Pterygocalyx*	温带亚洲	一年生草本
17	唇形科 Labiatae	水棘针属 *Amethystea*	旧世界温带	一年生草本
18	菊科 Compositae	款冬属 *Tussilago*	旧世界温带	多年生草本
19	禾本科 Gramineae	显子草属 *Phaenosperma*	中国—日本	多年生草本
20	百合科 Liliaceae	吉祥草属 *Reineckia*	东亚	多年生草本
21	兰科 Orchidacea	绶草属 *Spiranthes*	旧世界温带	多年生草本

（三）种子植物地理成分分析

对于植物区系统计，最好利用植物的属，因为属这一较高级的分类单位能较好地划清彼此界限，而它们的差异特点在历史上是较古老的。因此，对区系中属的地理成分进行分析，对阐明区系的性质和特征具有重要意义。根据吴征镒（1979）对中国种子植物分布区类型的划分，对陕西桑园自然保护区种子植物 489 属进行了区系分析，结果如表 2–9 所示。

在 15 项属的地理成分中，除了中亚分布型外，其余各分布区类型在桑园自然保护区中均有存在，说明该地区植物区系的地理成分是复杂的。从各分布区类型所占的比例来看，世界分布型有 50 属，占 10.2%；属于 2 ～ 7 项热带或以热带为中心分布的有 102 属，占总属数的 20.8%；属于 8 ～ 15 项温带性质的有 337 属，占总属数的 69%。可以看出，温带分布的属数所占比例较大，但热带分布的属数也占相当的比例，表明温带属性是桑园自然保护区植物区系的基本属性，但同时从热带到温带的过渡属性也是保护区植物区系的另一主要特点。

表 2–9 陕西桑园自然保护区种子植物属的分布区类型

序号	分布区类型	属数	属数比例 %
1	世界分布	50	10.2
2	泛热带分布	55	11.2
3	热带亚洲和热带美洲间断分布	4	0.8
4	旧世界热带分布	14	2.9
5	热带亚洲至热带大洋洲分布	9	1.8
6	热带亚洲至热带非洲分布	9	1.8
7	热带亚洲分布	11	2.2

续表

序号	分布区类型	属数	属数比例 %
8	北温带分布	150	30.7
9	东亚和北美间断分布	43	8.8
10	旧世界温带分布	45	9.2
11	温带亚洲分布	9	1.8
12	地中海区、西亚至中亚分布	2	0.4
13	中亚分布	0	0
14	东亚分布	71	14.5
15	中国特有分布	17	3.5
	合计	489	100

在温带性质的分布类型中，北温带分布是最多的，达到150属，分别占保护区总属数的30.7%；其次为东亚分布，达到71属，占保护区种子植物总属数的14.5%；再次为东亚和北美间断分布，有45属，占保护区种子植物总属数的9.2%；与之基本相当的为旧世界温带分布，也达到43属，占保护区种子植物总属数的8.8%。这说明北温带分布是保护区植物区系分布的典型代表。中国特有分布类型在保护区有17属，占保护区种子植物总属数的3.5%。

1. 世界分布区类型（Cosmopolitan）

指几乎遍布世界各大洲而没有特殊分布中心的属，或虽有一个或数个分布中心但包含世界分布种的属。这种类型在桑园自然保护区有50属，这一类型分布广而且常见，以田间地头、路旁宅边居多，绝大部分为草本，如变豆菜属（*Sanicula*）、车前属（*Plantago*）、酢浆草属（*Oxalis*）、灯心草属（*Juncus*）、地杨梅属（*Luzula*）、独行菜属（*Lepidium*）、繁缕属（*Stellaria*）、飞蓬属（*Erigeron*）、浮萍属（*Lemna*）、沟酸浆属（*Mimulus*）、鬼针草属（*Bidens*）、过路黄属（*Lysimachia*）、蔊菜属（*Rorippa*）、槐属（*Sophora*）、茴芹属（*Pimpinella*）、剪股颖属（*Agrostis*）、金丝桃属（*Hypericum*）、金鱼藻属（*Ceratophyllum*）、堇菜属（*Viola*）、拉拉藤属（*Galium*）、老鹳草属（*Geranium*）、藜属（*Chenopodium*）、蓼属（*Polygonum*）、龙胆属（*Gentiana*）、芦苇属（*Phragmites*）、马唐属（*Digitaria*）、毛茛属（*Ranunculus*）、千里光属（*Senecio*）、千屈菜属（*Lythrum*）、茄属（*Solanum*）、莎草属（*Cyperus*）、商陆属（*Phytolacca*）、鼠李属（*Rhamnus*）、鼠麴草属（*Gnaphalium*）、鼠尾草属（*Salvia*）、酸浆属（*Physalis*）、酸模属（*Rumax*）、碎米荠属（*Cardamine*）、苔草属（*Carex*）、铁线莲属（*Clematis*）、苋属（*Amaranthus*）、香科科属（*Teucrium*）、悬钩子属（*Rubus*）、羊耳蒜属（*Liparis*）、银莲花属（*Anemone*）、远志属（*Polygala*）、早熟禾属（*Poa*）、针蔺属（*Eleocharis*）、紫萍属（*Spirodela*）。也有不常见的种类，如绶草属（*Spiranthes*）。

2. 泛热带分布型（Pantropic）

指普遍分布于东、西两半球热带，在全世界热带范围内有一个或数个分布中心，但在其他地区也有一些种类分布的热带属。这种分布区类型在桑园自然保护区有55属，包括艾麻属（*Sceptrocnide*）、菝属（*Smilax*）、白酒草属（*Conyza*）、白茅属（*Imperata*）、臭牡丹属（*Clerodendrum*）、打碗花属（*Calystegi*）、大戟属（*Euphorbia*）、丁香蓼属（*Ludwigia*）、冬青属（*Ilex*）、鹅绒藤属（*Cynanchum*）、凤仙花属（*Impatiens*）、狗尾草属（*Setaria*）、花椒属（*Zanthoxylun*）、黄素馨属（*Jasminum*）、黄檀属（*Dalbergia*）、黄杨属（*Buxus*）、节节菜属（*Rotala*）、金粟兰属（*Chloranthus*）、冷水花属（*Pilea*）、马鞭草属（*Verbena*）、马齿苋属（*Portulaca*）、马兜铃属（*Aristolochia*）、曼陀罗属（*Datura*）、牡荆属（*Vitex*）、木蓝属（*Indigofera*）、南蛇藤属（*Celastrus*）、牛膝属（*Achyranthes*）、飘拂草属（*Fimbristylis*）、朴属（*Celtis*）、青藤属（*Coculus*）、苘麻属（*Abutilon*）、秋海棠属（*Begonia*）、求米草属（*Oplismenus*）、山矾属（*Symplocos*）、山麻杆属（*Alchornea*）、柿树属（*Diospyros*）、艾麻属（*Laportea*）、薯蓣属（*Dioscorea*）、水蜈蚣属（*Kyllinga*）、铁苋菜属（*Acalypha*）、菟丝子属（*Cuscuta*）、卫矛属（*Euonymus*）、无花果属（*Ficus*）、豨莶属（*Siegesbeckia*）、虾脊兰属（*Calanthe*）、跖草属（*Commelina*）、野茉莉属（*Styrax*）、叶底珠（*Securinega*）、云实属（*Caesalpinia*）、枣属（*Ziziphus*）、泽兰属（*Eupatorium*）、苎麻属（*Boehmeria*）、砖子苗属（*Mariscus*）、紫珠属（*Callicarpa*）、醉鱼草属（*Buddleja*）。

3. 热带亚洲和热带美洲间断分布型（Trop. Asia & Trop. Amer. Disjuncted）

指间断分布于美洲和亚洲温暖地区的热带属，在旧世界（东半球）从亚洲可能延伸到澳大利亚东北部或西南太平洋岛屿。这一分布区类型在桑园自然保护区有 4 属，包括苦树属（*Picrasma*）、木姜子属（*Litsea*）、泡花树属（*Meliosma*）、无患子属（*Sapindus*），均为木本成分。

4. 旧世界热带分布型（Old World Tropics）

指分布于亚洲、非洲和大洋洲热带地区及其邻近岛屿的属。这一分布区类型在桑园自然保护区有 14 属，包括八角枫属（*Alangium*）、扁担杆属（*Grewia*）、海桐属（*Pittosporum*）、合欢属（*Albizzia*）、槲寄生属（*Viscum*）、楝属（*Melia*）、楼梯草属（*Elatostema*）、母草属（*Limnophila*）、天门冬属（*Asparagus*）、乌蔹莓属（*Cayratia*）、香茶菜属（*Rabdosia*）等。

热带亚洲、非洲和大洋洲间断分布型（Trop. Asia. Africa & Australasia disjuncted）是旧世界热带分布的一个变型，在桑园自然保护区分布有 3 属：百蕊草属（*Thesium*）、青牛胆属（*Tinospora*）、山珊瑚属（*Galeola*）。

5. 热带亚洲至热带大洋洲分布型（Tropical Asia & Trop. Australasia）

该类型分布于旧世界热带分布区的东翼，其西端有时可达马达加斯加，但一般不到非洲大陆。该分布区类型在桑园自然保护区有 8 属，包括臭椿属（*Ailanthus*）、栝楼属（*Trichosanthes*）、雀儿舌头属（*Leptopus*）、蛇菰属（*Balanophora*）、天麻属（*Gastrodia*）、通泉草属（*Mazus*）、香椿属（*Toona*）、樟属（*Cinnamomum*）。

中国亚热带和新西兰间断分布型（Chinese Subtropics New Zealand disjuncted）是热带亚洲至热带大洋洲分布的一个变型，本保护区仅有 1 个属，即梁王茶属（*Nothopanax*）。

6. 热带亚洲至热带非洲分布型（Trop. Asia to Trop. Africa）

该类型分布于旧世界热带分布区的西翼，即从热带非洲至印度—马来西亚，特别是西马来西亚。这一分布区类型在桑园自然保护区有9属，包括常春藤属（*Hedera*）、大豆属（*Glycine*）、豆腐柴属（*Premna*）、杠柳属（*Periploca*）、荩草属（*Arthraxon*）、芒属（*Miscanthus*）、水麻属（*Debregeasia*）、铁仔属（*Myrsine*）、赤瓟属（*Thladiantha*）。其中赤瓟属在保护区分布的种数最多，有4种，其他属均只分布有1种。

7. 热带亚洲（印度—马来西亚）分布型（Trop. Asia Indo—Malesia）

该类型是旧世界热带的中心部分，分布区北缘往往到达我国西南、华南及台湾，甚至更北的地区。这一分布区类型在桑园自然保护区有11属，包括青冈属（*Cyclobalanopsis*）、乌药属（*Lindera*）、苦荬菜属（*Ixeris*）、葛属（*Pueraria*）、构属（*Broussonetia*）、鸡屎藤属（*Paederia*）、绞股蓝属（*Gynostemma*）、犁头草属（*Typhonium*）、蔓苎麻属（*Memorialis*）、清风藤属（*Sabia*）、蛇莓属（*Duchesnea*）。

8. 北温带分布型（North Temperate）

指那些广泛分布于欧洲、亚洲和北美洲温带地区的属。由于地理和历史的原因，有些属沿山脉向南延伸到热带山区，甚至远达南半球温带，但其原始类型的分布中心仍在北温带。该分布区类型在桑园自然保护区共有148属，是保护区属的数量最多的类型。其中北温带分布有115属，包括凹舌兰属（*Coeloglossum*）、八宝属（*Hylotelephium*）、白蜡树属（*Fraxinus*）、白头翁属（*Pulsatilla*）、百合属（*Lilium*）、柏属（*Cupressus*）、报春花属（*Primula*）、扁蕾属（*Gentianopsis*）、兰属（*Cypripedium*）、播娘蒿属（*Descurainia*）、薄荷（*Mentha*）、苍耳七属（*Parnassia*）、草莓属（*Fragaria*）、茶子属（*Ribes*）、刺柏属（*Juniperus*）、葱蒜属（*Allium*）、翠雀花属（*Delphinium*）、地笋属（*Lycopus*）、地榆属（*Sanguisorba*）、点地梅属（*Androsace*）、杜鹃属（*Rhododendron*）、椴属（*Tilia*）、鹅耳枥属（*Carpinus*）、风铃草属（*Campanula*）、风轮菜属（*Clinopodium*）、风毛菊属（*Saussurea*）、蒿属（*Artemisia*）、红豆杉属（*Taxus*）、胡萝卜属（*Daucus*）、胡桃属（*Juglans*）、胡颓子属（*Elaeagnus*）、虎耳草属（*Saxifraga*）、花忍属（*Polemonium*）、画眉草属（*Eragrostis*）、桦木属（*Betula*）、黄精属（*Polygonatum*）、黄栌属（*Cotinus*）、桧属（*Sabina*）、活血丹属（*Glechoma*）、火烧兰属（*Epipactis*）、蓟属（*Cirsium*）、荚蒾属（*Viburnum*）、假升麻属（*Aruncus*）、苦苣菜属（*Sonchus*）、梾木属（*Cornus*）、类叶升麻属（*Actaea*）、冷杉属（*Abies*）、藜芦属（*Veratrum*）、李属（*Prunus*）、栎属（*Quercus*）、栗属（*Castanea*）、列当属（*Orobanche*）、琉璃草属（*Cynoglossum*）、柳属（*Salix*）、龙牙草属（*Agrimonia*）、耧斗菜属（*Aquilegia*）、露珠草属（*Circaea*）、鹿蹄草属（*Pyrola*）、绿绒蒿属（*Meconopsis*）、葎草属（*Humulus*）、萝蒂属（*Lloydia*）、马先蒿属（*Pedicularis*）、南芥属（*Arabis*）、披碱草属（*Elymus*）、苹果属（*Malus*）、葡萄属（*Vitis*）、蒲公英属（*Taraxacum*）、七叶树属（*Aesculus*）、槭属（*Acer*）、漆姑草属（*Sagina*）、荠菜属（*Capsella*）、蔷属（*Rosa*）、忍冬属（*Lonicera*）、桑属（*Morus*）、山萝花属（*Melampyrum*）、山梅花属（*Philadelphus*）、山楂属（*Crataegus*）、山茱萸属（*Macrocarpium*）、芍药属（*Paeonia*）、升麻属（*Cimicifuga*）、省沽油属（*Staphylea*）、蓍属（*Achillea*）、水青

冈属（*Fagus*）、算盘七属（*Streptopus*）、天南星属（*Arisaema*）、铁木属（*Ostrya*）、委陵菜属（*Potentila*）、乌头属（*Aconitum*）、舞鹤草属（*Maianthemum*）、菥蓂属（*Thlaspi*）、喜冬草属（*Chimaphila*）、细辛属（*Asarum*）、夏枯草属（*Prunella*）、香青属（*Anaphalis*）、小檗属（*Berberis*）、小米草属（*Euphrasia*）、绣线菊属（*Spiraea*）、玄参属（*Scrophularia*）、栒子属（*Cotoneaster*）、鸭儿芹属（*Cryptotaenia*）、盐肤木属（*Rhus*）、燕麦属（*Avena*）、羊茅属（*Festuca*）、杨属（*Populus*）、野青茅属（*Calamagrostis*）、银兰属（*Cephalanthera*）、榆属（*Ulmus*）、鸢尾属（*Iris*）、云杉属（*Picea*）、榛属（*Corylus*）、梓木草属（*Lithospermum*）、紫堇属（*Corydalis*）、紫荆（*Cercis*）、紫菀属（*Aster*）、墙草属（*Parietaria*）。

北极—高山分布型（Arctic-alpine）是北温带分布的一个变型，在环北极及较高纬度的高山分布，有的甚至分布到亚热带和热带高山区。桑园保护区分布有 2 属，即红景天属（*Rhodiola*）和金莲花属（*Trollius*），它们都是高山植物的典型代表。

9. 北温带和南温带间断分布型（N. Temp. & S. Temp. disjuncted）

即全温带间断分布型，是北温带分布的一个变型，其包括的属主要分布于北温带，而南温带往往有一定的种群。该变型在本保护区有 26 属，包括柴胡属（*Bupleurum*）、臭草属（*Melica*）、大蒜芥属（*Sisymbrium*）、当归属（*Angelica*）、枸杞属（*Lycium*）、鬼蜡烛属（*Phleum*）、和尚菜属（*Adenocaulon*）鹤草属（*Silene*）、花锚属（*Halenia*）、接骨木属（*Sambucus*）、金腰子属（*Chrysosplenium*）、景天属（*Sedum*）、柳叶菜属（*Epilobium*）、驴蹄草属（*Caltha*）、女娄菜属（*Melandrium*）、婆婆纳属（*Veronica*）、荨麻属（*Urtica*）、茜草属（*Rubia*）、雀麦属（*Bromus*）、水杨梅属（*Geum*）、唐松草属（*Thalictrum*）、香豌豆属（*Lathyrus*）、缬草属（*Valeriana*）、野豌豆属（*Vicia*）、蚤缀属（*Arenaria*）、獐牙菜属（*Swertia*），其中大部分为林下植被的主要成分。

欧亚和南美洲温带间断分布型（Eurasia & Temp. S. Amerr. disjuncted），是北温带分布的一个变型，在桑园自然保护区有 2 属，即火绒草属（*Leontopodium*）和看麦娘属（*Alopecu rus*）。

地中海区、东亚、新西兰和墨西哥到智利间断分布型（Mediterranea，E. Asia，New Zealand and Mexico-Chile disjuncted），是北温带分布的一个变型，全国仅有马桑属（*Coriaria*）一个单属科。本保护区分布有该属的 1 个种，即马桑（*Coriaria nepalensis*）。

10. 东亚和北美间断分布型（E. Asia & N. Amer. disjuncted）

指间断分布于东亚和北美洲温带及亚热带地区的属。该分布区类型在桑园自然保护区有 43 属，其中不少是单型属和寡种属，表明这一区系的古老性和孤立性。这一类型在本保护区分布种数较多的属有木兰属（*Magnolia*）、绣球属（*Hydrangea*）、胡枝子属（*Lespedeza*）、蟹甲草属（*Cacalia*）、蛇葡萄属（*Ampelopsis*）、勾儿茶属（*Berehemia*）、人参属（*Panax*）、鹿药属（*Smilacina*）、落新妇属（*Astibe*）、香槐属（*Cladrastis*）、漆树属（*Toxicodendron*）、爬山虎属（*Parthenocissus*）、紫茎属（*Stewartia*）、莛子藨属（*Triosteum*）、肺筋草属（*Aletris*）、宝铎草属（*Disporum*）等。草苁蓉属（*Boschniakia*）、蒲属（*Acorus*）、扯根菜属（*Penthorum*）、楤木属（*Aralia*）、大丁草属（*Leibnitzia*）、枫香属（*Liquidambar*）、腹水草属（*Berchemia*）、黄水枝属（*Tiarella*）、香属（*Agastache*）、

金线草属（*Antenoron*）、两型豆属（*Amphicarpaea*）、流苏树属（*Chionanthus*）、络石属（*Trachelospermum*）、米面蓊属（*Buckleya*）、七筋骨属（*Clintonia*）、三白草属（*Saururus*）山蚂蝗属（*Desmodium*）、十大功劳属（*Mahonia*）、唐棣属（*Amelanchier*）、铁杉属（*Tsuga*）、透骨草属（*Phryma*）、猬草属（*Asperella*）、五味子属（*Schisandra*）、延龄草属（*Trillium*）、皂荚属（*Gleditsia*）、梓树属（*Catalpa*）各有 1 种。

东亚和墨西哥间断分布型（E. Asia and Mexico disjuncted），是东亚和北美洲分布的一个变型，在我国仅有 1 属，即六道木属（*Abelia*），该属在本保护区分布有 1 种，即短枝六道木（*Abelia engleriana*）。

11. 旧世界温带分布型（Old World Temperate）

一般指广泛分布于欧洲、亚洲中—高纬度的温带和寒温带，或最多个别延伸到亚洲—非洲热带山地甚至澳大利亚的属。本保护区共分布有 45 属，常见的属有丁香属（*Syringa*）、沙参属（*Adenophora*）、天名精属（*Carpesium*）、瑞香属（*Daphne*）、糙苏属（*Phlomis*）、鹅冠草属（*Roegneria*）、重楼属（*Paris*）、荞麦属 *Fagopyrum*）、石竹属（*Dianthus*）、淫羊藿属（*Epimedium*）、川续断属（*Dipsacus*）、菊属（*Dendranthema*）、橐吾属（*Ligularia*）、盘果菊属（*Prenanthes*）、水芹属（*Oenanthe*）等。白屈菜属（*Chelidonium*）、草木樨属（*Melilotus*）、峨参属（*Anthriscus*）、鹅肠菜属（*Malachium*）、狗筋蔓属（*Cucubalus*）、红毛七属（*Leontice*）、假报春属（*Cortusa*）、筋骨草属（*Ajuga*）、款冬属（*Tussilago*）、麻花头属（*Serratula*）、毛莲菜属（*Picris*）、牛蒡属（*Arctium*）、山金梅属（*Sibbaldia*）、水棘针属（*Amethystea*）、夏至草属（*Lagopsis*）、萱草属（*Hemerocallis*）、羊角芹属（*Aegopodium*）、野芝麻属（*Lamium*）、益母草属（*Leonurus*）均只含有 1 种。

地中海区、西亚和东亚间断分布型（Mediteranea. W. Asia&. Asia disjuncted），是旧世界温带分布类型的一个变型，分布中心多偏于东亚，个别则偏于地中海—西亚，本保护区分布有 6 属，常见属有女贞属（*Ligustrum*）、连翘属（*Forsythia*）、窃衣属（*Torilis*）、火棘属（*Pyracantha*）、铁筷子属（*Helleborus*）、鸦葱属（*Scorzonera*）等。

欧亚和南部非洲间断分布型（Eurasia & S. Africa disjuncted），是旧世界温带分布类型的第三个变型。本保护区分布有 4 属，包括莴苣属（*Lactuca*）、苜蓿属（*Medicago*）、蛇床属（*Cnidium*）和百脉根属（*Lotus*）。

12. 温带亚洲分布型（Temp. Asia）

指主要局限于亚洲温带地区的属。它们的分布范围一般从南俄罗斯至东西伯利亚和亚洲东北部，南部界限至喜马拉雅山区、我国西南、华北至东北、朝鲜和日本北部。桑园保护区属于这一分布区类型的共有 9 属，包括杭子梢属（*Campylotropis*）、米口袋属（*Gueldenstaedtia*）、刺儿菜属（*Cephalanoplos*）、马兰属（*Kalimeris*）、大黄属（*Rheum*）、附地菜属（*Trigonotis*）、瓦松属（*Orostachys*）、蔓龙胆属（*Crawfurdia*）、岩白菜属（*Bergenia*）。

13. 地中海区、西亚至中亚分布型（Mediterranea. Asia to C. Asia）

分布于本保护区的仅有该类型的 2 个变型。

地中海区至中亚和非洲南部、大洋洲间断分布型（Mediterranea to. Asia & S. Africa, Australasia disjuncted），在本保护区仅分布有车叶草属（*Asperlla*）。

地中海区至温带、热带亚洲、大洋洲和南美洲间断分布型（Mediterranea to Temp. Trop. Asia, Australasia & S. Amer. disjuncted），本保护区仅分布有黄连木属（*Pistacia*）。

14. 东亚分布型（E. Asia）

指从东喜马拉雅一直分布到日本的一些属。一般分布区较小，几乎都是森林区系成分，并且分布中心不超过喜马拉雅至日本的范围。本类型及其变型在桑园自然保护区共有 71 属，属数居第二位，仅次于北温带分布型。典型的东亚分布属主要有：白芨属（*Bletilla*）、败酱属（*Patrinia*）、斑种草属（*Bothriospermum*）、党参属（*Codonopsis*）、地黄属（*Rehmannia*）、狗娃花属（*Heteropappus*）、花点草属（*Nanocnide*）、黄鹌菜属（*Youngi*）、吉祥草属（*Reineckia*）、蕺菜属（*Houttuynia*）、旌节花属（*Stachyurus*）、领春木属（*Euptelea*）、栾树属（*Koelreuteria*）、猕猴桃属（*Actinidia*）、蒲儿根属（*Sinosenecio*）、青荚叶属（*Helwingia*）、三尖杉属（*Cephalotaxus*）、双盾木属（*Dipelta*）、四照花属（*Dendrobenthamia*）、松蒿属（*Phtheirospermum*）、溲疏属（*Deutzia*）、土麦冬属（*Liriope*）、兔耳风属（*Ainsliaea*）、五加属（*Acanthopanax*）、绣线梅属（*Neillia*）、沿阶草属（*Ophiopogon*）、茵芋属（*Skimmia*）、油点草属（*Tricyrtis*）、油桐属（*Vernicia*）、三花莸属（*Caryopteris*）、帚菊属（*Pertya*）。

中国—喜马拉雅分布型（Sino-Himalaya）是东亚分布类型的一个变型，主要分布于喜马拉雅山区诸国至我国西南诸省，有的达到陕甘、华东或台湾地区，向南延伸到中南半岛，但不见于日本。本保护区分布有 21 属，除了牛姆瓜属（*Holboellia*）分布有 3 种外，其余各属在保护区仅各分布有 1 种，主要有：侧柏属（*Platycladus*）、单叶升麻属（*Beesia*）、吊石苣苔属（*Lysionotus*）、假稠李属（*Maddenia*）、开口箭属（*Tupistra*）、猫屎瓜属（*Decaisnea*）、牛姆瓜属（*Holboellia*）、千针苋属（*Acroglochin*）、人字果属（*Dichocarpum*）、珊瑚苣苔属（*Corallodiscus*）、射干属（*Belamcanda*）、双参属（*Triplostegia*）、双蝴蝶属（*Tripterospermum*）、水青树属（*Tetracentron*）、秃疮花属（*Dicranostigma*）、兔儿伞属（*Syneilesis*）、油杉属（*Keteleeria*）、掌叶石蚕属（*Rubiteucris*）、竹叶子属（*Streptolirion*）。

中国—日本分布型（Sino-Japan）是东亚分布类型的另一个变型，分布于我国滇、川金沙江河谷以东地区直至日本和琉球，但不见于喜马拉雅。本保护区分布有 21 属，除了枫杨属（*Pterocarya*）和萝藦属（*Metaplexis*）分布有多种外，其余各属均为 1 种。这些只含 1 种的属包括：半夏属（*Pinellia*）、木通属（*Akebia*）、博落回属（*Macleaya*）、刺楸属（*Kalopanax*）、棣棠花属（*Kerria*）、汉防己属（*Sinomenium*）、荷青花属（*Hylomecon*）、化香树属（*Platycarya*）、黄檗属（*Phellodendron*）、鸡眼草属（*Kummerowia*）、假奓包叶属（*Discocleidion*）、桔梗属（*Platycodon*）、连香树属（*Cercidiphyllum*）、泡桐属（*Paulownia*）、索骨丹属（*Rodgersia*）、吴茱萸属（*Evodia*）、显子草属（*Phaenosperma*）、玉簪属（*Hosta*）、枳椇属（*Hovenia*）。

15. 中国特有分布型（Endemic to China）

指分布范围限于中国境内的类型，即以中国整体的自然植物区为中心而分布界限不越出国境很远的类型。桑园保护区属于这一分布区类型的有 17 个属，其中单种属有

7个。这17个属分别是：巴山木竹属（*Bashania*）、车前紫草属（*Sinojohnstonia*）、串果藤属（*Sinofranchetia*）、杜仲属（*Eucommia*）、华蟹甲草属（*Sinacalia*）、黄三七属（*Souliea*）、箭竹属（*Fargesia*）、金钱槭属（*Dipteronia*）、马蹄香属（*Saruma*）、秦岭藤属（*Biondia*）、山白树属（*Sinowilsonla*）、山拐枣属（*Poliothyrsis*）、杉属（*Cunninghamia*）、藤山柳属（*Clematoclethra*）、通脱木属（*Tetrapanax*）、斜萼草属（*Loxocalyx*）、枳属（*Poncirus*）。

三、石松类和蕨类植物区系及组成成分分析

通过对野外考察中采集的蕨类植物标本鉴定整理，并参考有关资料，根据秦仁昌（1978）的分类系统，统计显示，陕西桑园自然保护区已知有蕨类植物21科、33属、52种（表2-10、附录7）。较上次考察新增加的属记录有3个，分别为过山蕨属（*Camptosorus*）、蛾眉蕨属（*Lunathyrium*）、假冷蕨属（*Pseudocystopteris*）3属，新物种记录有大叶假冷蕨（*Athyrium atkinsonii* Bedd.）、陕西蛾眉蕨 [*Lunathyrium giraldii* (Christ) Ching]、上毛凤丫蕨（*Coniogramme suprapilosa* Ching）、过山蕨（*Camptosorus sibiricus* Rupr.）、耳羽岩蕨（*Woodsia polystichoides* Eaton）5种。另外，考察队发现了狭叶芽胞耳蕨（*Polystichum stenophyllum* Christ）1个新变种——秦岭芽胞耳蕨（*P. stenophyllum* var. *qinlingensis*），与原变种不同之处在于：叶二型，营养叶较大，二回羽状至二回羽裂，孢子叶近全缘。原变种狭叶芽胞耳蕨叶同型，近全缘。

表2-10　陕西桑园自然保护区蕨类植物统计表

类别		属数	种数	世界分布区域
石松类 Lycophytes	卷柏科 Selaginellaceae	1	4	全世界、主产热带、亚热带
小计		1科1属4种		
蕨类 Molilophytes	木贼科 Equisetaceae	1	3	全世界
小计		1科1属3种		
真蕨亚门 Pilicophytina	阴地蕨科 Botrychiaceae	2	2	全世界、主产温带
	碗蕨科 Dennstaedtiaceae	1	3	热带至亚热带
	蕨科 Pteridiaceae	1	1	泛热带
	风尾蕨科 Pteridiaceae	1	3	泛热带
	中国蕨科 Sinopteridaceae	2	2	亚热带
	铁线蕨科 Adiantaceae	1	2	全世界
	裸子蕨科 Parkeriaceae	2	2	泛热带至亚热带
	蹄盖蕨科 Athriaceae	6	6	全世界、主产热带亚热带
	肿足蕨科 Hypodematiaceae	1	1	主产热带亚热带
	金星蕨科 Thelypteridaceae	1	1	主产热带亚热带
	铁角蕨科 Aspleniaceae	2	4	全世界、主产热带
	球子蕨科 Dnocleaceae	1	1	北温带
	岩蕨科 Woodsiaceae	1	2	北半球寒温带
	乌毛蕨科 Blchnaceae	1	1	南半球热带

续表

类别		属数	种数	世界分布区域
真蕨亚门 Pilicophytina	鳞毛蕨科 Dryopteridaceae	3	5	全世界
	水龙骨科 Polypodiaceae	4	7	主产热带亚热带
	槲蕨科 Drynariaceae	1	1	全世界、主产热带
	苹科 Marsileaceae	1	1	全世界
	槐叶苹科 Salviniaceae	1	1	全世界
小计	19 科 31 属 45 种			
合计	21 科 33 属 52 种			

我国已知有蕨类植物 63 科，而桑园自然保护区分布有 21 科，占全国总科数的 33.3%。其中种数最多的科为水龙骨科，有 7 种；较大的科还有鳞毛蕨科（5 种）、蹄盖蕨科（4 种）、卷柏科（4 种）、木贼科（3 种）、凤尾蕨科（3 种）、铁角蕨科（3 种）等。桑园自然保护区位于秦岭南坡，属于亚热带山地暖温带湿润季风气候区，降水丰富，湿度比较大，具有蕨类植物生长繁衍的良好条件，随着今后调查和研究工作的深入，更多蕨类新记录或新变种将会被发现。

四、植物区系特征

通过以上对植物区系组成及类型的分析，陕西桑园自然保护区植物区系具有以下特征：

（一）植物区系组成丰富

保护区共有野生维管束植物 144 科、522 属、1 084 种，占陕西省 3 813 种维管束植物的 28.4%，种类组成较为丰富，特别是科级比例占陕西省维管束植物科级的 70% 以上，充分体现了保护区在物种区系和生物多样性保护方面的价值和意义。

（二）地理成分复杂、多样性水平高

通过对保护区种子植物属的地理成分分析，中国种子植物属的 15 个分布区类型，除了中亚分布外，保护区都有它们的代表，分布型比较齐全，可见保护区植物区系地理成分的复杂性。

保护区内不但具有较齐全的植物分布区类型和大量的变型，而且从科的分布型看，区系中的少种属科和含 1 种属科数量很大，分别占保护区种子植物科的 28.5% 和 21.1%。从属的分布型看，多于 10 种的属有 6 个，占保护区总属数的 1.2%；6 ～ 10 种的属 20 个，占保护区总属数的 4.1%；而少种属（2 ～ 5 种）和 1 种属却有 181 个和 281 个，分别占总属数的 37.1% 和 57.6%，充分说明了保护区植物区系的多样性。各层次区系成分的交接转化、多源渗透，本植物区系组成复杂多样，多样性水平较高。

（三）以温带成分为主

在桑园保护区内，物种数量超过 30 种的大科，其组成种的分布区类型所占比例（热带分布型：温带分布型：世界分布型）分别为：菊科 9 ：76 ：10；蔷薇科 1 ：64 ：7；

百合科 8 ∶ 37 ∶ 0；豆科 12 ∶ 23 ∶ 2；禾本科 6 ∶ 19 ∶ 10。基本上以温带分布为主。

从科属的分布型统计看，属于世界广布型的有 31 科、50 属、163 种，分别占保护区总科、总属、总种的 21.5%、10.2% 和 15.5%；属于热带分布型的有 56 科、104 属、198 种，分别占保护区总科、总属、总种的 38.9%、21.3% 和 18.8%；而属于温带分布型的有 87 科、334 属、691 种，分别占保护区总科、总属、总种的 60.4%、68.4% 和 65.7%。不论从科、属，还是种的水平上，温带分布型均占有明显的优势，说明了保护区植物区系的温带性质。另外，保护区植被的建群种基本上均为温带分布型，更加直接和明显地反映了区系的温带属性。

（四）区系成分具有强烈的过渡性

桑园自然保护区地处秦岭南坡，地理位置特殊，在中国植物分区上，处于中国—喜马拉雅、中国—日本植物亚区的交汇地带。在植被区划上，本区位于我国暖温带落叶阔叶林区域和亚热带常绿阔叶林区域的分界线上，属于暖温带南部落叶栎林亚地带和北亚热带常绿、落叶阔叶混交林地带的交汇带。热带、亚热带性质的科属种类繁多，如海桐科（Pittosporaceae）、金缕梅科（Hamamelidaceae）、大风子科（Flacourtiaceae）、梁王茶属（*Nothopanax*）、乌药属（*Lindera*）、构属（*Broussonetia*）、赤爬属（*Thladiantha*）等，表明保护区植物区系的交汇性或过渡性特征显著。

热带成分在本保护区有 104 属，其中部分是以保护区为分布北界的。如铁仔属（*Myrsine*）、吴茱萸属（*Evodia*）、樟属（*Cinnamomum*）等，在秦岭北坡分布很少；还有一大部分属分布区可以扩展到暖温带地区，如乌药属（*Lindera*）、白茅属（*Imperata*）、求米草属（*Oplismenus*）、八角枫属（*Alangium*）、朴属（*Celtis*）等；另外在温带成分中，兼有温带—亚热带性质的地理成分，主要指东亚—北美成分，地中海、西亚至中亚成分以及东亚成分三种类型，在保护区共有 122 属，占总属数的 24.7%，如青荚叶属（*Helwingia*）、枫香属（*Liquidambar*）、旌节花属（*Stachyurus*）等类群。一方面说明了保护区植物区系具有热带向温带过渡的特点，另一方面也说明了保护区植物区系与我国东部植物区系的紧密联系。

（五）中国特有属、种丰富

在中国植物区系分区上，桑园自然保护区属于泛北极植物区，中国—日本森林植物亚区，华中植物地区，秦岭南坡中部植物亚地区，宁陕植物省。宁陕植物省由于北有秦岭主脊屏障，南有大巴山神农架大山阻挡，在自然地理上形成一个半封闭式的独特单元，故植物区系丰富多彩，成为我国中部植物区系南北东西交汇所在地之一，并且有许多特有科、属、种。桑园自然保护区不但分布有中国种子植物特有属 15 个，而且分布有大量的中国特有种，如马蹄香（*Saruma henryi*）、庙台槭（*Acer miaotaiense*）等。

第二节　植　被

本次科考采用样线法和样方法对陕西桑园自然保护区的植被进行了调查，在保护区内根据不同生境、海拔设置样线，覆盖实验区、缓冲区和核心区，垂直海拔每下降约 200 m 设置一个 20 m × 20 m 的大样方。在大样方内，调查每种乔木的物种数量、高度、胸径、投影面积和死亡数量；在大样方中央设置 1 个 5 m × 5 m 的中等样方，调查每种灌木的物种数量、高度、胸径、投影面积、死亡数量；在灌木样方四个角设置 4 个 1 m × 1 m 的小样方，调查每种草本的物种数量、高度。通过调查获取了保护区植被组成、空间分布等信息，采集了主要群落的样方数据和信息，根据《中国植被》（1995）的分类原则、单位和系统，同时参考《陕西植被》《秦岭大熊猫栖息地植物》等秦岭大熊猫栖息地植被研究成果，对保护区植被进行了分析，在群系水平上重新划分和构建了植被分类系统。并在此基础上，结合新近的卫星遥感影像，通过人工解译与自动分类相结合的方法进行植被识别和分类，形成保护区群系组水平的植被图。

一、植被分类系统及概况

植被是植物与其环境长期作用演化而成的自然复合体。特定的植物群落有其自身的种类组成、结构及动态特点。为了便于认识和研究植被，需要按各类型群落之间的相似和差异程度，对植物群落加以归类，排成系统，藉以阐明各群落类型的性质和动态规律。只有将繁多的植物群落依照分类等级单位加以系统化和条理化，才能够深入探索植被发展变化的规律，使植被研究与保护区规划及保护区管理密切结合起来。

（一）植被分类的原则

本次科考所采用的主要植被分类单位有三级，即植被型（高级单位）、群系（中级单位）、群丛（基本单位）。并在高级分类单位之上设一辅助单位——植被型组，在中级分类单位之上设一辅助单位——植被亚型。各级分类单位的命名及含义如下：

1. *群丛*（Association）

是植被分类系统的基本单位。凡是层片结构相同，各层片的优势种或共建种相同的植物群落，联合为群丛。换言之，属于同一群丛的植物群落应具有共同的种类、相同的结构、相同的生态特征、相同的动态特点以及相似的生境。群丛的命名采用优势种命名法。

2. *群系*（Formation）

是植被分类系统主要的中级分类单位。凡建群种或共建种相同的植物群落联合为群系。同一群系的群落其结构、区系组成、生物生产力以及动态特点都是相似的。群系的命名也采用优势种命名法。

3. 植被亚型（Vegetation subtype）

是植被型的补充单位。在植被型内，根据优势层片或指示层片的差异进一步划分亚型。这种层片结构的差异一般是由气候亚带的差异或一定的地貌、基质条件的差异引起的。

4. 植被型（Vegetation type）

是植被分类系统中最重要的高级分类单位。把建群种生活型（一级或二级）相同或相似，同时对水热条件、生态关系一致的植物群落联合为植被型。每一植被型大致有相似的外貌和结构、相似的生态性质以及相似的发生和发展历史，从而在生态系统中具有相似的能量流动与物质循环特点。

5. 植被型组（Vegetation type group）

是植被分类系统中的最高级单位。凡是建群种生活型相近而且群落的形态外貌相似的植物群落，联合为植被型组。

（二）植被分类概况

根据上述分类单位的划分标准，将陕西桑园自然保护区植被划分为4个植被型组，9个植被型，55个群系（表2-11）。同时，在调查样方基础上，结合新近的卫星遥感影像，通过人工解译与自动分类相结合的方法进行植被识别和分类，形成保护区群系组水平的植被图（附图6）。保护区植被中群系最多的为落叶阔叶林，其次是灌丛的落叶阔叶灌丛，同时考虑到保护区日本落叶松（*Larix leptollepis*）分布区具有一定面积，对生态系统、植被和大熊猫栖息地均有影响，也将其纳入植被分类，现将植被分类情况和各群系的特点及分布逐一介绍如下。

表2-11　陕西桑园自然保护区植被分类系统

A. 针叶林	I. 寒温性针叶林
	一、寒温性常绿针叶林
	1. 秦岭冷杉林（Form. *Abies chensiensis*）
	2. 青杆林（Form. *Picea wilsonii*）
	二、寒温性落叶针叶林
	3. 日本落叶松林（Form. *Larix leptollepis*）（人工林）
	II. 温性针叶林
	4. 油松林（Form. *Pinus tabulaeformis*）
	5. 华山松林（Form. *Pinus armandii*）
	6. 铁杉林（Form. *Tsuga chinensis*）
	7. 侧柏林（Form. *Platycladus orientalis*）
	III. 温性针阔叶混交林
	8. 松、栎针阔叶混交林（Form. *Pinus* spp.+*Quercus* spp.）
	9. 松、桦针阔叶混交林（Form. *Pinus* spp.+ *Betula* spp.）

续表

B. 阔叶林	Ⅳ. 落叶阔叶林
	一、典型落叶阔叶林
	（一）栎林
	10. 锐齿槲栎林（Form. *Quercus aliena* var. *acuteserrata*）
	11. 栓皮栎林（Form. *Quercus variabilis*）
	12. 蒙古栎林（Form. *Quercus mongolica*）
	13. 槲栎林（Form. *Quercus aliena*）
	14. 橿子栎林（Form. *Quercus baronii*）
	15. 板栗林（Form. *Castanea mollissima*）
	16. 鹅耳枥林（Form. *Carpinus turczaninowii*）
	（二）落叶阔叶杂木林
	17. 湖北枫杨 + 七叶树 + 鹅耳枥林（Form. *Pterocarya hupehensis+Aesculus chinensis +Carpinus turczaninowii*）
	18. 槭树林（Form. *Acer* spp.）
	19. 漆树林（Form. *Toxicodendron verniciſluum*）
	20. 鹅耳枥 + 太白杨 + 槭树林（Form. *Carpinus turczaninowii+Populus purdomii+Acer* spp.）
	21. 枫杨 + 漆树 + 槭树林（Form. *Pterocarya stenoptera +Toxicodendron vernicifluum + Acer* spp.）
	22. 锐齿槲栎 + 漆树林（Form. *Quercus aliena var. acuteserrata+ Toxicodendron vernicifluum*）
	23. 太白杨 + 亮叶桦 + 漆树林（Form. *Populus purdomii + Betula luminifera + Toxicodendron vernicifluum*）
	二、山地杨桦林
	24. 山杨林（Form. *Populus davidiana*）
	25. 太白杨林（Form. *Populus purdomii*）
	26. 白桦林（Form. *Betula platphylla*）
	27. 红桦林（Form. *Betula albo–sinensis*）
	28. 牛皮桦林（Form. *Betula albo–sinensis* var. *septentrionalis*）
	29. 亮叶桦林（Form. *Betula luminifera*）
	Ⅴ. 常绿阔叶林
	30. 水青冈林（Form. *Fagus longipetiolata*）
	31. 刺叶栎林（Form. *Quercus spinosa*）
	32. 青冈栎林（Form. *Cyclobalanopsis glauca*）
	33. 岩栎林（Form. *Quercus acrodonta*）
	Ⅵ. 竹林
	34. 秦岭箭竹林（Form. *Fargesia qinlingensis*）
	35. 龙头竹林（Form. *Fargesia dracocephala*）
	36. 巴山木竹林（Form. *Bashania fargesii*）

续表

	VII. 常绿灌丛
	37. 香柏灌丛（Form. *Sabina wilsonii*）
	38. 太白杜鹃灌丛（Form. *Rhododendron purdomii*）
	39. 毛肋杜鹃灌丛（Form. *Rhododendron angustinii*）
	40. 头花杜鹃灌丛（Form. *Rhododendron capitatum*）
	41. 粗榧灌丛（Form. *Cephalotaxus sinensis*）
	VIII. 落叶灌丛
	42. 高山柳灌丛（Form. *Salix cupularis*）
C. 灌丛	43. 唐古特忍冬灌丛（Form. *Lonicera eangutica*）
	44. 细枝绣线菊灌丛（Form. *Spiraea myrtilloides*）
	45. 陕甘花楸灌丛（Form. *Sorbus koehneana*）
	46. 峨眉蔷薇灌丛（Form. *Rosa omeiensis*）
	47. 胡颓子灌丛（Form. *Elaeagnus pungens*）
	48. 美丽胡枝子灌丛（Form. *Lespedeza formosa*）
	49. 河柳灌丛（Form. *Salix glandulosa*）
	50. 美丽悬钩子灌丛（Form. *Rubus amabilis*）
	51. 马桑灌丛（Form. *Coriaria sinica*）
	IX. 草甸
	一、典型草甸
	52. 地榆、牛尾蒿草甸（Form. *Sanguisorba officinalis+Artemisia subdigitata*）
D. 草甸	53. 艾蒿草甸（Form. *Artemisia argyi*）
	二、高寒草甸
	54. 秦岭苔草草甸（Form. *Carex diplodon*）
	55. 珠芽蓼草甸（Form. *Polygonum viviparum*）

二、主要植被类型概述

（一）针叶林

针叶林是指以针叶树种为建群种所组成的各种森林群落的总称，它包括各种针叶纯林、针叶树种的混交林以及以针叶树为主的针阔叶混交林。陕西桑园自然保护区的针叶林植被型组由寒温性针叶林、温性针叶林和温性针阔叶混交林3个植被型、9个群系组成，考虑到针阔叶混交林中华山松（*Pinus armandii*）、油松（*Pinus tabulaeformis*）、铁杉（*Tsuga chinensis*）与栎类（*Quercus* spp.）相互之间混生的情况，针叶林群系的类型应超过9个。

1. 寒温性针叶林

寒温性针叶林植被型一般可分为寒温性落叶针叶林和寒温性常绿针叶林两个植被亚型。前者一般由落叶松属（*Larix*）组成，称为明亮针叶林，也称寒温性落叶针叶林；

后者则由冷杉属（*Abies*）、云杉属（*Picea*）、松属（*Pinus*）、圆柏属（*Sabina*）的一些种组成，也称为暗针叶林或寒温性常绿针叶林。桑园自然保护区两种针叶林均有分布，只是明亮针叶林在保护区为人工林，在梨子坝至平顶关区域有分布，为外来种；寒温性常绿针叶林分布海拔较高，都分布于上坡和山顶区域，保护区寒温性常绿针叶林共有 2 个群系。

群系 1：秦岭冷杉林（Form. *Abies chensiensis*）

该群系是桑园保护区分布最高的植被类型之一，在海拔 2 200 m 以上的三道沟、洞子沟、小范条峪和小川子沟的沟尾处开始有分布，在 2 300 m 左右开始成林，主要分布于保护区南部山脊附近区域，带状分布在保护区的摩天岭、峭壁山等地的山顶上，其他区域没有分布。林内植物种类比较简单，生长整齐、高大，林冠郁闭度在 0.3 左右，树高 15 m 以上（表 2–12）。伴生树种有亮叶桦（*Betula luminifera*）、陕甘花楸（*Sorbus koehneana*）等，周边偶有华山松（*Pinus armandii*）和青杆（*Picea wilsonii*）。灌木层以秦岭箭竹（*Fargesia qinlingensis*）占绝对优势，盖度极大，几乎郁闭，混生一些杜鹃（*Rhododendron* spp.）、菝葜（*Smilax* spp.）、黄瑞香（*Daphne giraldii*）、五加（*Acanthopanax spp.*）、藤山柳（*Clematoclethra spp.*）、陕甘花楸（*Sorbus koehneana*）、唐古特忍冬（*Lonicera tangutica*）等。草本层不发育，常见种类有大黄（*Rheum officinale*）、双花堇菜（*Viola biflora*）、无距耧斗菜（*Aquilegia ecalearata*）、三褶脉紫菀（*Aster ageratoides*）、川陕风毛菊（*Saussurea licentiana*）、耳叶蟹甲草（*Cacalia auriculata*）、纤毛鹅观草（*Roegneria ciliaris*）、毛状苔草（*Carex capilliformis*）等。

表 2–12 保护区秦岭冷杉林典型样方统计表（样方：20 m × 20 m）

地点		海拔	经度		纬度
摩天岭		2490	107.179523		33.672592
乔木层	优势种	平均高度 (m)	株数	平均胸径 (cm)	郁闭度
	秦岭冷杉	26	24	25	0.6
	亮叶桦	19	4	20	0.5
灌木层	优势种	陕甘花楸、唐古特忍冬			
	其他种	黄檗刺、白绒悬钩子			
草本层	优势种				
	其他种				

群系 2：青杆林（Form. *Picea wilsonii*）

该群系是桑园保护区分布海拔为仅次于冷杉（*Abis* sp.）的植被，分布上限为 2 400 m，且与下移的冷杉、上演替的华山松（*Pinus armandii*）、红桦（*Betula albosinensis*）等混交，大面积的云杉林已不多见。目前存在的多为残留的散生木，或与红桦、山杨（*Populus davidiana*）等树种呈团状混交，或在红桦、山杨林中有散生的冷杉老龄木及其残桩。该类型植被在保护区分布较少，没有形成大规模的纯林，大多零星分布，主要分布在摩天岭北坡上坡冷杉以下的小山脊两侧，如三道沟、洞子沟、小川子等区域。灌木层有毛肋杜鹃（*Rhododendron pubicostatum*）、头花杜鹃（*R. capitatum*)、峨眉蔷薇（*Rubus omeiensis*）、唐古特忍冬、胡枝子（*Lespedeza bicolor*）等（表 2–13）。

表 2–13　保护区青杆林典型样方统计表（样方：20 m × 20 m）

地点		海拔		经度	纬度
小范条峪沟尾东侧山脊		2376 m		107.210005	33.673736
乔木层	优势种	平均高度 (m)	株数	平均胸径 (cm)	郁闭度
	青杆	9	1	18	0.3
	华山松	6	2	25	0.4
灌木层	优势种	峨眉蔷薇、唐古特忍冬、胡枝子			
	其他种	毛肋杜鹃、头花杜鹃、黄檗刺、美丽悬钩子			
草本层	优势种	鹿蹄草、大黄、糙苏			
	其他种	耧斗菜、苍耳七、香青、贯叶连翘、蛇莓			

群系 3：日本落叶松林（Form. *Larix leptollepis*）

该类型植被为 20 世纪 90 年代保护区前身桑园林场人工种植而形成的纯林，目前在保护区的梨子坝至平顶关道路两侧山地有分布（107.256999, 33.731602 附近原采伐迹地上种植），其余区域没有分布。目前该类型植被已经形成纯林，乔木层的郁闭度在 0.7 左右，树高 8 ～ 15 m，一般为 10 m 左右，胸径多为 10 ～ 15 cm，树龄都在 25 年以上，林木生长较好。该群系灌木有陕西悬钩子（*Rubus piluliferus*）、湖北花楸（*Sorbus hupehensis*）、刚毛忍冬（*Lonicera hispida*）、小檗（*Berberis* spp.）、桦叶荚蒾（*Viburnum betulifolium*）、刺榛（*Corylus ferox*）、峨眉蔷薇（*Rosa omeiensis*）等。由于人工林种植的密度较大，林下光照较弱，致使草本植物的数量较少，种类单调，密度较低，主要有大叶碎米荠（*Cardamine macrophylla*），一些蕨类植物分布在落叶松林下。

2. 温性针叶林

该植被型仅有温性常绿针叶林一个植被亚型，进一步划分为 4 个群系，分布在保护区中、低海拔地段，主要由松属（*Pinus*）和侧柏属（*Platycladus*）的种类组成，其空间格局从低到高依次为侧柏林、铁杉林、油松林、华山松林。

群系 4：华山松林（Form. *Pinus armandii*）

华山松（*Pinus armandii*）林是保护区分布面积最广的针叶林，该群系分布于海拔 1 000 ～ 2 300 m 的阳坡或半阳坡，成片状纯林，尤以保护区南部摩天岭北坡洞子沟、三道沟和小川子分布较多。在高海拔地段，主要分布于阳坡，纯林较多，伴生树种多为山杨（*Populus davidiana*）、高山柳（*Salix cupularis*）等；在低海拔地段，主要分布于半阳坡或阴坡，往往同栓皮栎（*Quercus variabilis*）、锐齿槲栎（*Quercus aliena* var. *acuteserrata*）或油松（*Pinus tabulaeformis*）等混交成林。灌木层种类较多，也很茂密，盖度在 40% 左右，层高 0.5 ～ 3 m（表 2–14），种类有秦岭箭竹 (*Fargesia qinlingensis*)、刺榛(*Corylus ferox*)、四川栒子(*Cotoneaster ambiguus*)、尖叶栒子(*Cotoneaster acutifolius*)、秀雅杜鹃(*Rhododendron concinum*)、南川绣线菊(*Spiraea rosthornii*)、马桑(*Coriaria sinica*)、毛黄栌(*Cotinus coggygria* var. *pubescens*)、青荚叶(*Helwingia japonica*)等。草本植物很多，而且茂密，种类以莎草科植物占优势，主要有秦岭苔草(*Carex diplodon*)、膨囊苔草(*C. lehmanii*)、青菅(*C. leucochlora*)、川康苔草(*C. schneideri*)等，其他草类有糙苏(*Phlomis umbrosa*)、玉竹(*Polygonatum odoratum*)、龙牙草(*Agrimonia pilosa* var. *japonica*)、长喙唐松草(*Thalictrum macrorhynchum*)、白花野棉花(*Anemone hupehensis* f. *alba*)、马尾柴胡(*Bupleurum microcephalum*)等。藤本植物有华中五味子(*Schisandra sphenanthera*)、三叶木通(*Akebia trifoliate*)、软枣猕猴桃(*Actinidia arguta*)、黑蕊猕猴桃(*A. melanandra*)等。

表 2-14　保护区华山林松典型样方统计表（样方：20 m × 20 m）

地点		海拔		经度	纬度
碾子坪西坡		2376 m		107.210005	33.673736
乔木层	优势种	平均高度 (m)	株数	平均胸径 (cm)	郁闭度
	华山松	23	2	23	0.1
	锐齿槲栎	8	3	12	0.1
	槲栎	12		21	0.5
灌木层	优势种	刺榛、峨眉蔷薇、尖叶栒子			
	其他种	四川栒子、美丽胡枝子、华西忍冬、华中五味子			
草本层	优势种	肺筋草、蛇莓			
	其他种	苔草、紫菀、鹿蹄草、败酱			

群系 5：油松林（Form. *Pinus tabulaeformis*）

油松（*Pinus tabulaeformis*）是常绿针叶乔木，根系发达，适应性强，生长较快，自然更新良好，病虫害较少，材质较好。桑园自然保护区的油松林主要分布在海拔 1 000 ～ 2300 m 间起伏不大的山头或向阳山坡上。保护区的油松林受人为破坏或人为影响较严重，多为次生林或人工林，一般为中龄林或幼龄林，高度为 10 ～ 14 m，林冠郁闭度一般在 0.8 以上，基本上为纯林，混生树种一般为锐齿槲栎（*Quercus aliena* var. *acuteserrata*）、漆树（*Toxicodendron vernicifluum*）、白桦（*Betula platphylla*）等（表 2-15），并在此基础上形成不同的群落组合；灌木层一般不成层，出现的种类主要有胡枝子（*Lespedeza buergeri*）、绢毛绣线菊（*Spiraea sericea*）、灰栒子（*Cotoneaster acutifolius*）、胡颓子（*Elaeagnus bockii*）等，盖度在 20% 左右；草本层种类与数量都多，主要有穹隆苔草（*Carex gibba*）、白羊草（*Bothriochloa ischaemum*）、黄背草（*Themeda triandra* var. *japonica*）以及蒿属（*Artemisia*）、早熟禾属（*Poa*）的一些种。

表 2–15　保护区油松林典型样方统计表（样方：20 m×20 m）

地点		海拔		经度	纬度
洞子沟		2000 m		107.267082	33.70730
乔木层	优势种	平均高度 (m)	株数	平均胸径 (cm)	郁闭度
	油松	20	4	25	0.3
	冷杉	20	1	28	0.2
	漆树	20	1	20	0.1
灌木层	优势种	高山杜鹃			
	其他种	桦叶荚蒾、刺榛、峨眉蔷薇			
草本层	优势种	肺筋草、蛇莓			
	其他种	苔草、紫菀、鹿蹄草、败酱			

群系 6：铁杉林（Form. *Tsuga chinensis*）

铁杉（*Tsuga chinensis*）是耐荫性较强的树种，适于温暖湿润的山地气候，多生长于谷边山坡上。桑园保护区相对于铁杉分布区而言，由于地处北亚热带的北缘，温度相对较低，因而铁杉林多分布于山体中下部，海拔 1 400 ～ 2 000 m 之间。由于铁杉林要求的立地条件比较严格，因而实际分布面积甚小，不成带，成林面积很少，在保护区内零散分布，多以块状或团状镶嵌于其他林分中，保护区内分布较多、遇见率高的区域为三道沟沟口、碾子坪、古墓坪等地。

桑园保护区的铁杉纯林很少，常与喜湿润肥沃的树种千金榆（*Carpinus cordata*）、漆树 (*Toxicodendron succedaneum*)、槭树（*Acer* spp.）、亮叶桦 (*Betula luminifera*) 、栎类（*Quercus* spp.）等形成针阔叶混交林。群落外貌暗绿色，林内季相变化显著，春夏间夹杂以粉绿色至暗绿色斑块，秋末冬初则为红、黄、绿各色镶嵌而点缀林间，因而有人把铁杉林又称作“五花林”，林冠不整齐，但层次较明显。上层铁杉居于建群种的地位，混交树种为千金榆 (*Carpinus cordata*)、亮叶桦、漆树、华山松等，林层的下层树高参差不齐，主要树种为铁杉、鹅耳枥（*Carpinus turczaninowii*）、三桠乌药（*Lindera obtusiloba*）等；林下灌木主要有桦叶荚蒾（*Viburnum betulifolium*）、青荚叶、猫儿刺（*Ilex pernyi*）等；草本层结构稀疏，主要有落新妇（*Astibe chinensis*）、麦冬（*Ophiopogon japonicus*）、淫羊藿（*Epimedium sagittatum*）和苔草（*Carex* spp.）等。

群系 7：侧柏林（Form. *Platycladus orientalis*）

桑园自然保护区的侧柏林主要分布在铁矿沟等海拔较低的低山和山麓的阳坡，有零星片断状分布的纯林。由于人为干扰，大面积的林带已被分割破碎，次生林、人工林和与栓皮栎混交而成的针阔混交林较常见。乔木层郁闭度 0.3 ～ 0.5，群落高度 12 m 左右，混入的伴生树种主要有栓皮栎 (*Quercus variabilis*)、青杨（*Populus cathayana*）、油松（*Pinus tabulaeformis*）、黄连木（*Pistacia chinensis*）等；灌木层种类多是耐旱型的，有马桑 (*Coriaria nepalensis*)、黄荆（*Vitex negund*）、毛黄栌（*Cotinus coggygria*）、杭子梢（*Campylotropis macrocarpa*）、胡颓子 (*Elaeagnus* spp.)、卵果蔷薇（*Rosa helenae*）等；草本植物主要是苔草（*Carex* spp.）、羊茅（*Festuca ovina*）、茜草（*Rubia cordifolia*）、小舌紫菀（*Aster albescens*）等。

3. 温性针阔叶混交林

该植被型在保护区内组成较为复杂，由于存在华山松（*Pinus armandii*）与油松（*Pinus tabulaeformis*）混生，几种栎类混生，松、栎、桦混生的现象，导致保护区的针阔叶混交林成为结构最为复杂的类群，可以根据主要针叶林种类再细分为不同的群系组成，为避免细分给植被分类带来困难，对针阔叶混交林仍然采用大类进行划分，分别为松、栎针阔叶混交林和松、桦针阔叶混交林。

群系 8：松、栎针阔叶混交林（Form. *Pinus* spp. + *Quercus* spp.）

松、栎针阔叶混交林是由华山松、油松与锐齿槲栎、栓皮栎、蒙古栎（*Quercus mongolica*）等树种组成的混交林。垂直分布海拔高度一般都在 1 000 ～ 2 300 m 之间，在保护区依小地形变化，与松林、栎林交错或复合镶嵌分布。乔木树种中，松类以华山松为主，间有油松；栎类在低海拔是栓皮栎，向上为锐齿槲栎，海拔较高处为蒙古栎。伴生树种有槭属（*Acer*）、桦属（*Betula*）、杨属（*Populus*）、榆属（*Ulmus*）等（表 2-16）。灌木层一般层高 1 ～ 3 m，盖度 40% ～ 60%，主要种类有巴山木竹（*Bashania fargesii*）、秦岭箭竹、黄杨（*Buxus sinica*）、旱柳、五倍子、茶藨子、蔷薇、湖北山楂（*Crataegus hupehensis*）、荚蒾等。草本植物主要有苔草、糙苏、黄水枝（*Tiarella polyphylla*）、野青茅（*Calamagrostis arundinacea*）、淫羊藿、肾叶橐吾（*Ligularia fischeri*）、玉竹、鬼灯檠（*Rodgersia aesculifolia*）等。

表 2-16　保护区松、栎针阔叶混交林典型样方统计表（样方：20 m×20 m）

地点		海拔		经度	纬度
缫线沟		1900 m		107.280880	33.759001
乔木层	优势种	平均高度 (m)	株数	平均胸径 (cm)	郁闭度
	华山松	7	3	10	0.1
	锐齿槲栎	17	7	30	0.3
	白桦	20	1	14	0.05
灌木层	优势种	旱柳、五倍子			
	其他种				
草本层	优势种				
	其他种				

群系 9：松、桦针阔叶混交林（Form. *Pinus* spp.+ *Betula* spp.）

该群落以华山松、红桦（*Betula albosinensis*）为乔木层的主要建群种，油松较少，主要分布于摩天岭北坡的上坡高海拔区域，海拔 2 000 ～ 2 500 m 的山脊部，多为华山松和红桦之间的交汇区，洞子沟和三道沟沟尾上坡分布较多。乔木层除华山松、红桦外，还有牛皮桦以及槭属的一些竹类；灌木层主要由秦岭箭竹及一些耐旱灌木组成；草本层组成较简单，以莎草属以及一些耐旱的种类为主。由于群落所处环境干燥，土壤瘠薄，秦岭箭竹生长较差，大熊猫利用较少，但这一类型在秦岭大熊猫栖息地所占比例较小，对大熊猫栖息地的整体质量影响不大。

（二）阔叶林

阔叶林是保护区内面积最大、分布最广、种类最多、最常见、最主要的植被类型，根据其优势树种及组成，可划分为3个植被型，分别为落叶阔叶林、常绿阔叶林和竹林，并在此基础上划分为26个群系。

1. 落叶阔叶林

该植被型在桑园自然保护区有典型落叶阔叶林和山地杨桦林两个植被亚型，在此基础上进一步划分群系，典型落叶阔叶林组成最为复杂，可以细分为14个群系，山地杨桦林可细分为6个群系。

群系10：锐齿槲栎林（Form. *Quercus aliena* var. *acuteserrata*）

锐齿槲栎林是自然保护区面积较大、分布较广的一种植被类型，成带现象明显。垂直分布主要在海拔1 400～2 000 m，纯林多见于1 700～2 000 m的阴坡。分布上限接蒙古栎林或红桦（*Betula albo-sinensis*）林，下限为栓皮栎林。锐齿槲栎林种类组成极为丰富，区系成分也复杂。其中北温带成分占绝对优势，如栎属（*Quercus*）、槭属、椴属（*Tilia*）、桦属、杨属、柳属（*Salix*）、榛属（*Corylus*）、花椒属（*Zanthoxylum*）、蔷薇属（*Rosa*）、山楂属（*Crataegus*）、绣线菊属（*Spiraea*）、忍冬属（*Lonicera*）、胡颓子属（*Elaeagnus*）、山茱萸属（*Macrocarpium*）、蒿属等；属东亚成分的有猕猴桃属、四照花属等；属东亚—北美成分的有胡枝子属、五味子属等；属中国—喜马拉雅成分的有箭竹属等；还包括亚热带区系成分如枫杨、三桠乌药、杜仲、黄连木、三叶木通等。郁闭度一般为0.7～1.0，林分高度15～20 m。乔木层中锐齿槲栎一般占到70%以上，伴生树种主要有山杨、青榨槭、千金榆、白桦、漆树、栓皮栎、蒙古栎、红桦、华山松、油松等（表2-17）。灌木层总盖度10%～80%，第一亚层盖度约20%，常见种类有山蚂蝗、湖北山楂、水栒子、青荚叶、泡花树、四照花、山白树、三桠乌药等；第二亚层盖度为40%～70%，优势种为秦岭箭竹、胡枝子、马桑、六道木、杭子梢、绣线菊等。草本层盖度一般在15%～30%，种类组成以中生阴性草本居多，主要有苔草、糙苏、类叶升麻、唐松草、鹿蹄草、龙牙草、野青茅、三折脉紫菀、玉竹等。

表2-17 保护区锐齿槲栎林典型样方统计表（样方：20 m×20 m）

地点		海拔	经度		纬度
古墓坪		1590 cm	107.296117		33.787996
	优势种	平均高度 (m)	株数	平均胸径 (cm)	郁闭度
乔木层	锐齿槲栎	20	11	29	0.3
	漆树	14	4	18	0.1
	鹅耳枥	11	4	13	0.2
	毛樱桃	6	3	6	0.1
	小叶青皮槭	9	2	10	0.1
	红桦	18	1	23	0.2
灌木层	优势种	山蚂蝗、四照花等			
	其他种				
草本层	优势种	苔草			
	其他种				

群系 11：栓皮栎林（Form. *Quercus variabilis*）

该群系主要分布于保护区海拔 1 500 m 以下的阳坡或半阳坡，分布上限与锐齿槲栎林相接。由于分布海拔较低，处于人类活动密集区，并且栓皮栎是提供栓皮的绝佳材料，木板还可以作为热、声、电的绝缘材料，枝可培养木耳、银耳、香菇等，橡壳可提取单宁，叶、实均可利用，所以栓皮栎林破坏极为严重，见到的多为残存、片断状的中、幼龄林。郁闭度一般为 0.5 ～ 0.7，林分高度 10 ～ 15 m。乔木层伴生树种有锐齿槲栎、槲栎、黄连木、漆树、枫杨、橿子栎以及针叶树侧柏、油松、华山松等（表 2–18）。灌木层盖度 20% ～ 40%，主要植物有陕甘花楸、毛黄栌、栒子属、胡枝子属、湖北山楂、马桑、绣线菊等。草本层盖度一般为 20% ～ 40%，主要草类有苔草、荩草、牛尾蒿、六叶葎、多种委陵菜等。藤木植物有多种铁线莲、南蛇藤、菝葜等。

表 2–18　保护区栓皮栎林典型样方统计表（样方：20 m × 20 m）

地点		海拔		经度	纬度
平顶关南		1600 m		107.279902	33.729986
	优势种	平均高度 (m)	株数	平均胸径 (cm)	郁闭度
乔木层	栓皮栎	16	1	20	0.1
	华山松	15	2	16	0.1
	小橡子树	19	21	18	0.5
	四照花	7	2	8	0.1
灌木层	优势种	陕甘花楸			
	其他种				
草本层	优势种	蒿草			
	其他种				

群系 12：蒙古栎林（Form. *Quercus mongolica*）

蒙古栎林是温带和暖温带落叶阔叶林北部地区分布较广的森林植物群落，是栎林中分布海拔最高的。蒙古栎林适应性很强，无论是土层深厚湿润肥沃的沟坡，或是瘠薄干燥的山脊梁顶均可以生长，但通常深厚肥沃的土壤更有利于蒙古栎林的发展。该群系分布于保护区海拔 1 800 ～ 2 100 m 的阳坡、半阳坡，上限与红桦林相接，下限与锐齿槲栎林相连，同时还与山杨林、白桦林、华山松林以及其他落叶阔叶杂木林交互分布。乔木层树种还伴有山杨、白桦、椴、槭、鹅耳枥、锐齿槲栎、漆树、华山松等。蒙古栎占 60% 左右，多是多代萌生，林龄 40 ～ 60 年，林分平均高度 13 ～ 19 m，平均胸径 10 ～ 20 cm。林下灌木层盖度 40% ～ 50%，高度 0.5 ～ 3.0 m，主要种类是秦岭箭竹，常见种类有胡枝子、杭子梢（*Campylotropis macrocarpa*）、细枝绣线菊（*Spiraea myrtilloides*）、尖叶栒子（*Cotoneaster acutifolius*）、桦叶荚蒾、栓翅卫矛（*Euonymus phellomanus*）、茶藨子等。草本层盖度 30% ～ 60%，以苔草属植物占优势，常见种类有大花糙苏、瓣蕊唐松草（*Thalictrum petaloideum*）、龙牙草（*Agrimonia pilosa*）、歪头菜（*Vicia unijuga*）、东方草莓、大油芒（*Spodiopogon sibiricus*）、鹿蹄草、异叶败酱（*Patrinia heterophylla*）、重楼（*Paris polyphylla*）等，种类较多。

群系 13：槲栎林（Form. *Quercus aliena*）

槲栎林纯林在保护区分布极少，常以少量个体混生于其他林中，常与栓皮林或锐齿槲栎林镶嵌成块分布，在保护区内分布于海拔相对较低的区域，多为 1 400 m 以下区域。槲栎性喜暖潮湿，对水分条件要求相对较严，不耐寒冷。和其他树种相比，其对水热、土壤条件的要求不如锐齿槲栎严，但比栓皮栎严，因此在栓皮栎林分布范围内，槲栎林常居于土层较厚、温度较大的半阴坡上；而在锐齿槲栎分布范围内，槲栎林常居于山坡上部水分和土壤条件较差的地段。

槲栎在保护区常与栓皮栎、锐齿槲栎、油松、华山松、山杨构成小片混交林，林分结构简单，层次分明。乔木层高度 15 ～ 18 m，平均胸径 14 ～ 26 cm，郁闭度 0.6 ～ 0.8，优势种为槲栎和栓皮栎或者槲栎与锐齿槲栎；灌木层以黄栌占优势，其次是甘肃山楂、多腺悬钩子（*Rubus phoenicolasius*）等，尚有胡枝子、榛子、绣线菊等，盖度 60% ～ 70%；草本层莎草科和禾本科植物占优势，其他种类有重楼、唐松草、异叶败酱、野菊、铁杆蒿等，盖度 30% ～ 60%。

群系 14：橿子栎林（Form. *Quercus baronii*）

橿子栎林在保护区分布较少，大多分布在海拔较低地区，尤其 1 300 m 以下常见，分布地常以丛状纯林出现，常出现在山脊梁顶以及贫瘠的沙质砾石干燥陡坡上，有时地表有大量裸露岩石，在梨子坝、郭家坝等地有分布。根系发达，穿石能力较强，能够长期在恶劣环境条件下正常生长，并定居于岩隙中。伴生灌木种类较少，稀疏，主要有陕西荚蒾、黄栌、红柄白鹃梅（*Exochorda giraldii*）、葱皮忍冬、铁扫帚、黄素馨、多花胡枝子等；草本层常见种为野青茅、短角淫羊藿、大披针苔草等；其他常见成分有细叶臭草（*Melica radula*）、牛尾蒿、土三七、羽裂紫菀、丛生隐子草（*Kengia caespitosa*）等。

群系 15：板栗林（Form. *Castanea mollissima*）

板栗喜光照充足、温暖和湿润的环境，于保护区内广泛分布，尤其在峪长沟、松坪子海拔 1 600 m 以下的沟谷两岸，平缓阳坡的黄褐土上。群落外貌深绿色，乔木层郁闭度 60% ～ 80%，林分高度 15 ～ 20 m，伴生树种主要有茅栗（*Castanea seguinii*）、四照花（*Dendrobenthamia japonica* var. *chinensis*）、麻栎（*Quercus acutissima*）、栓皮栎、毛樱桃（*Prunus tomentosa*）等（表 2-19）。灌木层除了局部区域被巴山木竹密集覆盖外，多数盖度较小，主要成分有弓茎悬钩子、鸡矢藤、华中五味子等。草本层外貌黄绿色，盖度 30% ～ 40%，主要成分为多年生杂草类，以过路黄、云南大百合为优势种，其他常见种类有蛇莓（*Duchesnea indica*）、毛莲菜（*Picris hieracioides* ssp. *japonica*）、天名精（*Carpesium abrotanoides*）、艾蒿（*Artemisia argyi*）、荩草（*Arthraxon hispidus*）等。

表 2-19　保护区板栗林典型样方统计表（样方：20 m×20 m）

地点		海拔		经度	纬度
太白庙对面		1500 m		107.273988	33.768484
乔木层	优势种	平均高度 (m)	株数	平均胸径 (cm)	郁闭度
	板栗	18	27	24	0.3
	毛樱桃	6	3	6	0.1
	春榆	6	2	8.1	0.1
	陕西鹅耳枥	13	1	12	0.1
灌木层	优势种	弓茎悬钩子、鸡矢藤、华中五味子			
	其他种				
草本层	优势种	过路黄、云南大百合			
	其他种				

群系 16：鹅耳枥林（Form. *Carpinus turczaninowii*）

以鹅耳枥属植物为优势的群落主要分布于亚热带山地，特别是石灰岩山地，以中亚热带居多，这类群落多属含常绿树的落叶阔叶林。在桑园自然保护区，鹅耳枥个体自 1 500 ～ 2 200 m 均有分布，一般作为落叶阔叶林的伴生种，局部地段能与青冈、锐齿槲栎、刺叶栎、铁杉组成混交林。鹅耳枥林从外貌和种类组成上看更接近于典型落叶阔叶林，主要分布于海拔 1 600 m 左右的山坡下部，坡度平缓，土层深厚。群落外貌单纯，结构简单，树干高大，林下开阔，乔木层以鹅耳枥占优势，盖度 90%，平均树高 22 m，平均胸径 40 cm。伴生树种较少，有铁杉、水青树（*Tetracentron sinense*）、锐齿槲栎等（表 2-20）。灌木层低矮而且稀疏，总盖度 20%，主要有桦叶荚蒾、秦岭木姜子、冻绿（*Rhamnus utilis*）、栓翅卫矛（*Euonymus phellomanus*）、假豪猪刺（*Berberis soulieana*）、四川杜鹃（*Rhododendron sutchuenense*）等。草本层盖度 15%，常见有苔草、麦冬（*Ophiopogon japonicus*）、长穗兔耳风（*Ainsliaea henryi*）、细辛（*Asarum sieboldii*）等。

表 2-20　保护区鹅耳枥林典型样方统计表（样方：20 m×20 m）

地点		海拔		经度	纬度
洞子沟		1800 m		107.263948	33.700007
乔木层	优势种	平均高度 (m)	株数	平均胸径 (cm)	郁闭度
	鹅耳枥	8	4	10	0.2
	华山松	20	2	20	0.3
	栓皮栎	20	7	16	0.3
灌木层	优势种	杜鹃			
	其他种				
草本层	优势种				
	其他种				

群系 17：湖北枫杨、七叶树、鹅耳枥林（Form. *Pterocarya hupehensis+Aesculus chinensis+Carpinus turczaninowii*）

乔木组成复杂而优势种不甚明显的落叶阔叶林，一般分布在阴坡或向阳凹形地段及阴湿的宽阔山谷底部，土壤层厚而且潮湿，有机质含量高，气候温凉，日照较短。群落外貌波状起伏，层次结构重叠，树木种类繁多。共优树种有湖北枫杨、七叶树、鹅耳枥等，居于乔木层的第一亚层，高度多在 20 m 以上，常见伴生树种有铁杉、水曲柳（*Forsythia mandschurica*）、太白杨、红桦、瓦山水胡桃（*Pterocarya insignis*）等；重齿槭（*Acer maximowiczii*）、青蛙皮槭（*A.grosseri*）、华椴（*Tilia chinensis*）等居于第二亚层，高 14 ～ 16 m，林下还有不少小乔木，高 5m 左右，如水榆花楸（*Sorbus alnifolia*）、白蜡树（*Fraxinus chinensis*）、四照花（*Dendrobenthamia japonica* var. *chinensis*）、领春木（*Euptelea pleiospermum*）、刺楸（*Kalopanax septemlobus*）、金钱槭（*Dipteronia sinensis*）等。灌木层盖度变化很大，若上层林冠过于密集则灌木层稀疏，有时甚至极不明显，主要种类有中华青荚叶（*Helwingia chinensis*）、榛（*Corylus heterophylla*）、楤木（*Aralia chinensis*）、棣棠（*Kerria japonica*）、桦叶荚蒾、美丽悬钩子、猫屎瓜（*Decaisnea fargesii*）、长梗溲疏（*Deutzia vilmorinae*）等。草本层以湿中生种类为主，常见种类有类叶升麻（*Actaea asiatica*）、一把伞南星（*Arisaema consanguineum*）、楼梯草（*Elatostema involucratum*）、荫地冷水花（*Pilea hamaoi*）、活血丹（*Glechoma longituba*）、水金凤（*Impatiens noli-tangere*）、鬼灯檠（*Rodgersia aesculifolia*）、拟缺香茶菜（*Rabdosia excisoides*）、短毛金线草（*Antenoron neofiliforme*）等。

群系 18：槭树杂木林（Form. *Acer* spp.）

由槭属和其他属的一些种组成的落叶阔叶林，主要分布在保护区海拔 1600 ～ 2300 m 的山地阴坡。槭属植物有小叶青皮槭（*Acer cappadocicum* var. *sinicum*）、青榨槭（*A. davidii*）、茶条槭（*A.dinnala*）、太白槭（*A.giraldii*）、血皮槭（*A. griseum*）、青蛙皮槭（*A.grosseri*）、建始槭（*A. henryi*）、重齿槭（*A. maximowiczii*）、庙台槭（*A. miaotaiense*）、杈叶槭（*A. robustum*）等，伴生树种有山杨、白桦、漆树、灯台树（*Bothrocaryum controversum*）、野胡桃（*Juglans cathayensis*）、红桦、太白杨、泡花树（*Meliosma cuneiolia*）、膀胱果（*Staphylea holocarpa*）、华山松、陕甘花楸等，林分郁闭度 0.4 ～ 1.0 不等，林分高度 20 m 左右，但槭树往往不在第一亚层，槭树重要值在 0.3 以上。灌木层主要种类有秦岭箭竹、黄杨（*Buxus sinica*）、接骨木、桦叶荚蒾（*Viburnum betulifolium*）、阔叶荚蒾（*V. lobophyllum*）、丛花荚蒾（*V. glomeratum*）、山梅花、秦岭小檗（*Berberis circumserrata*）、直穗小檗（*B. dasystachya*）、胡枝子、忍冬等。草本种类有升麻（*Cimicifuga foetida*）、类叶升麻（*Actaea asiatica*）、宽叶荨麻（*Urtica laetevirens*）、二叶舞鹤草（*Maianthemum bifolium*）、荷青花（*Hylomecon japonica*）、驴蹄草（*Caltha palustris*）、华东蹄盖蕨（*Athyrium nipponicum*）等。

群系 19：漆树林（Form. *Toxicodendron vernicifluum*）

漆树是保护区中坡位常见的阔叶树种，在保护区海拔在 1 500 ～ 1 900 m 之间区域分布较多，上限可与桦木林混交，在中下坡分布较多，通常与灯台树、锐齿槲栎、椴树、铁杉、华山松、油松等树种构成混交林，在碾子坪、缭线沟、洞子沟等地分布较多。漆树群落外貌黄绿色，林木密集，分布均匀，林相整齐，层次结构明显（表 2–21）。乔木层以漆树占优势，混生有油松、锐齿槲栎、山杨、日本落叶松、华山松、铁杉等，郁闭度 0.5 ～ 0.7，林分高度 16 ～ 20 m，胸径 16 ～ 24 cm，伴生树种较多，主要有椴属、槭属、木姜子、领春木、榛、樱桃等。灌木层种类较多，多为阴湿成分，主要种类有泡花树、忍冬、猫屎瓜、悬钩子、巴山木竹、箭竹、胡枝子、青荚叶、胡颓子、茶藨子、荚蒾等，高 1 ～ 2 m，盖度 40% ～ 50%；草本层相对稀疏，主要种类有过路黄、水金凤、酢浆草、红升麻、大披针苔草、四川天名精、唐松草及蕨类等，盖度 30% ～ 40%，高 25 ～ 50 cm。藤本植物有南蛇藤、五味子、常春藤、盘叶忍冬等。

表 2–21　保护区漆树林典型样方统计表（样方：20 m × 20 m）

地点		海拔	经度		纬度
缭线沟		1700 m	107.272925		33.756074
乔木层	优势种	平均高度 (m)	株数	平均胸径 (cm)	郁闭度
	漆树	19	2	20	0.05
	栓皮栎类	18	14	20	0.3
	锐齿槲栎	8	17	12	0.3
	香椿	19	2	20	
灌木层	优势种				
	其他种				
草本层	优势种				
	其他种				

群系 20：鹅耳枥 + 太白杨 + 槭树林（Form. *Carpinus turczaninowii+Populus purdomii+ Acer* spp.）

鹅耳枥 + 太白杨 + 槭树林为保护区低海拔区域常见的一类阔叶林组合，大多分布于生态条件较好的山坡和沟谷中，土壤为山地棕壤或山地黄棕壤，湿润、肥沃。构成林分的树种多为中生偏湿性或中生性树种。乔木层主要树种有千金榆、太白杨、鹅耳枥、锐齿槲栎、漆树、盐肤木、山胡桃、椴树、槭树、花楸、刺榛、连香树、水青树、领春木、湖北枫杨、山拐枣等。林相整齐，生长良好，平均高 18 m，疏密度 0.7 ～ 0.8。灌木层稀疏，种类繁多。主要种类有青荚叶（*Helwingia japonica*）、棣棠、泡花树、领春木、栓翅卫矛、猫儿屎 (*Decaisnea fargesii*）、多花木蓝、绣线菊、木姜子、六道木、三尖杉（*Cephalotaxus fotunei*）等。由于林内阴暗潮湿，草本层以耐阴植物为主，主要有水金凤、马兜铃、老鹳草、碎米荠、三籽两型豆、索骨丹（*Rodgersia fargesii*）、繁缕、毛细辛、野棉花、竹叶草、重楼等。

群系 21：枫杨 + 漆树 + 槭树林群系（Form. *Pterocarya stenoptera +Toxicodendron vernicifluum + Acer* spp.）

该群系主要分布海拔在保护区较群系 20 稍高，也多分布于中山地带的山谷和地形起伏、环境潮湿的谷坡下部。山地棕色森林土，深厚、肥沃、潮湿。枫杨 + 漆树 + 槭树林群落结构层次重叠，树木种类繁多。乔木层常以枫杨、漆树、太白杨构成第一亚层；槭树、椴树、领春木等居于第二亚层，其他乔木有野胡桃、重齿槭、铁杉、水青树、稠李、青蛙皮槭、锐齿槲栎、红桦、少脉椴、鹅耳枥、白蜡、陕甘花楸、四照花等。灌木层组成种类较多，常见的有榛、泡花树、棣棠、珍珠梅、金钱槭、红豆杉、木姜子、桦叶荚蒾、荚蒾、楤木、毛栒子、美丽胡枝子及粗榧等。草本层则以耐庇荫、喜潮湿的种类为主，常见的有婆婆纳、老鹳草、金龟草、大披针苔草、野青茅、唐松草、淫羊藿、天门冬、天南星、落新妇、夏枯草、车前、挂金灯和蕨类。群落乔木层的第一亚层高 20 ～ 25 m，第二亚层高 16 ～ 18 m，郁闭度 0.7 ～ 0.9，林下更新幼树为野胡桃、槭类、白蜡等。

群系 22：锐齿槲栎 + 漆树林群系（Form. *Quercus aliena var. acuteserrata+ Toxicodendron vernicifluum*）

该锐齿槲栎 + 漆树林是锐齿槲栎林和典型的落叶阔叶杂木林间的过渡类型，分布海拔较高，大多在 1 600 m 以上的中下坡，在保护区常见，尤以缭线沟、三道沟等地较多，也与锐齿槲栎在保护区分布有关。群落外貌黄绿色，波状起伏，林木密集，林相整齐，层次结构分明，郁闭度 70% ～ 80%，乔木层高 10 ～ 15 m，胸径 15 ～ 20 cm，优势种为锐齿槲栎和漆树，伴生种类较多，主要有山核桃、华山松、椴属、槭属、木姜子、领春木、刺榛等。灌木层高 1.5 ～ 2.0 m，盖度 40%，种类较多，主要有北京忍冬、疏刺悬钩子、箭竹、青荚叶等。草本层相对稀疏，盖度 20%，高 10 ～ 15 cm，优势种有大披针苔草和蕨类，伴生种有大叶碎米荠、针苔草、粟草等。层间植物丰富，主要有盘叶忍冬、黑蕊猕猴桃 、大芽南蛇藤、常春藤和五味子等。

群系 23：太白杨 + 亮叶桦 + 漆树林（Form. *Populus purdomii+Betula luminifera + Toxicodendron vernicifluum*）

太白杨 + 亮叶桦 + 漆树林是主要因为太白杨和亮叶桦的混交而出现的一植被组合，太白杨和光皮桦均为大胸径林木，在碾子坪、松坪子等成熟林或过熟林里常见。该群系外貌浅绿色，林相整齐，林木密集，郁闭度 80% ～ 90%，层次结构分明，乔木层分为两个亚层。第一亚层高 15 ～ 18 m，由太白杨、亮叶桦、漆树组成，胸径 20 ～ 25 cm；第二亚层高 8 ～ 10 m，由锐齿槲栎、沙棟、灯台树、多毛樱桃、鹅耳枥、黄花柳等组成，胸径 10 ～ 15 cm。灌木层稀疏，高 1.0 ～ 1.5 m，盖度 20% 左右，优势种为栓翅卫矛，其他种类有美丽悬钩子、胡颓子、唐古特忍冬等。草本层稠密，草本层高 20 ～ 25 cm，盖度 50%。优势种为大披针苔草和红升麻，此外还有蕨、龙牙草、陇南风仙花、卵叶茜草、六叶律（*Galium asperuloides* var. *hoffmeisteri*）等。层间植物有大芽南蛇藤和菝葜等少数几种。

2. 山地杨桦林

群系 24：山杨林（Form. *Populus davidiana*）

山杨林在保护区分布于海拔 1 600 ～ 2 300 m 之间，在碾子坪、松坪子等地常见。山杨性喜光，种子易于萌发，常作为林地干扰后的先锋树种而定居于群落中，多为次生林，纯林较少。乔木层郁闭度为 0.4 ～ 1.0，以 0.5 居多。林分高度 10 ～ 15 m，胸径

10～20 cm，混生树种常见的有桦（*Betula*）、柳（*Salix*）、槭（*Acer*）、鹅耳枥（*Carpinus*）、椴（*Tilia*）、栎（*Quercus*）等属的一些种。灌木层盖度约为 20%～60%，主要种类有胡枝子、复伞房蔷薇、卫矛、杭子梢、绣线菊、栒子、荚蒾、茶藨子等。草本层依然是以苔草属植物占优势，常见种类有蛇莓、毛茛、荆芥、大戟、唐松草、沙参等，盖度为 20%～60%。

群系 25：太白杨林（Form. *Populus purdomii*）

太白杨（*Populus purdomii*），又称为卜氏杨、冬瓜杨、波斯杨等，在保护区分布非常广泛，但多作为伴生种呈散生状分布于落叶阔叶林之中，华山松林中也常有分布，局部地段也能形成以太白杨为优势的小面积太白杨林。太白杨主要分布在保护区海拔 1 300～1 900 m 范围之间，在碾子坪—古墓坪、松坪子、缭线沟等地常见，太白杨个体分布的海拔高度大致与锐齿槲栎林一致，自坡底至山脊均可生长，但成林的则主要分布在宽阔沟谷两侧的缓坡上，一般地下水位较高而且土层深厚，主要见于峪长沟、古墓坪一带。太白杨林外貌淡绿色，层次结构简单，群落总盖度 80%。乔木层只一个亚层，种类也较少，常见有锐齿槲栎、红桦、华山松、青蛙皮槭（*Acer grosseri*）等（表 2-22），太白杨平均高 16 m，胸径 15～20 cm。灌木层稀疏，盖度不足 30%，常见种类有细毡毛忍冬、秦岭木姜子、拴翅卫矛、美丽悬钩子、四照花等。草本层盖度在 50% 以上，种类繁多，常见有蛇莓（*Duchesnea indica*）、三褶脉紫菀（*Aster ageratoides*）、落新妇（*Astibe chinensis*）、龙牙草（*Agrimonia pilosa* var. *japonica*）、宽叶荨麻（*Urtica laetevirens*）等。

表 2-22　保护区太白杨林典型样方统计表（样方：20 m × 20 m）

<table>
<tr><th colspan="2">地点</th><th>海拔</th><th colspan="2">经度</th><th>纬度</th></tr>
<tr><td colspan="2">古墓坪—乌木梁</td><td>1830 m</td><td colspan="2">107.321101</td><td>33.80536</td></tr>
<tr><td rowspan="7">乔木层</td><td>优势种</td><td>平均高度 (m)</td><td>株数</td><td>平均胸径 (cm)</td><td>郁闭度</td></tr>
<tr><td>太白杨</td><td>20</td><td>10</td><td>27</td><td>0.3</td></tr>
<tr><td>华山松</td><td>12</td><td>6</td><td>13</td><td>0.2</td></tr>
<tr><td>红桦</td><td>17</td><td>4</td><td>22</td><td>0.4</td></tr>
<tr><td>水青冈</td><td>10</td><td>4</td><td>15</td><td>0.4</td></tr>
<tr><td>千金榆</td><td>16</td><td>3</td><td>22</td><td>0.3</td></tr>
<tr><td>泡花树</td><td>10</td><td>3</td><td>9</td><td>0.3</td></tr>
<tr><td rowspan="2">灌木层</td><td>优势种</td><td colspan="4">细毡毛忍冬、美丽悬钩子</td></tr>
<tr><td>其他种</td><td colspan="4">海州常山、直穗小檗、须蕊忍冬、疣枝卫矛</td></tr>
<tr><td rowspan="2">草本层</td><td>优势种</td><td colspan="4">龙牙草、蛇莓</td></tr>
<tr><td>其他种</td><td colspan="4"></td></tr>
</table>

群系 26：白桦林（Form. *Betula platphylla*）

白桦是喜光的阳性树种，结实能力强，种子具翅且轻，能随风远播，是迹地更新的先锋树种，多为次生林的建群种。在本保护区，白桦林分布于海拔 1 700～2 100 m 的阴坡、半阴坡及沟谷两侧，坡度以斜坡、缓坡为主，陡坡很少，土壤为山地棕色森林土或黄棕壤、棕壤，常与山杨、红桦等混交成林。林相整齐，郁闭度为 0.7 左右，林分高度 10 ～ 15m，胸径 10 ～ 18 cm，多为 30 年左右的中龄林。伴生树种有山杨、锐齿槲栎、蒙古栎、太白杨、泡花树（*Meliosma cuneifolia*）、椴树（*Tilia* sp.）等。林下灌木层盖度 10% ～ 60%，高度 0.5 ～ 3 m，常见种类有胡枝子（*Lespedeza* sp.）、栒子、卫矛、荚蒾、绣线菊、茶藨子等。草本层盖度 40% 左右，优势种类有毛状苔草（*Carex capilliformis*）、地榆、毛茛（*Ranunculus japonicus*）、长喙唐松草（*Thalictrum macrorhynchum*）、委陵菜、野青茅（*Calamagrostis arundinacea*）、沙参、野豌豆（*Vicia sepium*）等。

群系 27：红桦林（Form. *Betula albo-sinensis*）

红桦林是桑园自然保护区一种比较典型的植被类型，位于海拔 1 900 ～ 2 500 m 的地段，在山顶冷杉林下形成一条红桦林带，下接落叶阔叶杂木林，保护区内红桦纯林分布最大的区域位于三道沟东侧摩天岭北坡（107.217357, 33.676875）。在高海拔处多形成纯林，随着海拔的降低，红桦的优势逐渐被其他阔叶树种代替。红桦纯林主要生活在山体上部的阴坡，越过山脊阳坡多为华山松林。群落的郁闭度一般为 0.8 左右，胸径大多在 30 ～ 50 cm 之间，树高 15 ～ 20 m，纯林高度在 20 m 以上，伴生乔木树种有冷杉、华山松、花楸、水曲柳、山杨、白桦、蒙古栎等（表 2-23）。灌木层盖度为 30% ～ 80%，主要种类有秦岭箭竹、榛子、栒子、忍冬、小檗、荚蒾、绣线菊、茶藨子、杜鹃等。草本层盖度都在 20% ～ 60% 之间，以苔草属的一些种为主，常见种类有橐吾、紫菀、唐松草、鹿蹄草、东方草莓等。常见的藤本植物有悬钩子、木通、五味子、藤山柳等。群系的地理成分复杂，如华山松、湖北山楂、刺榛（*Corylus ferox*）等属喜马拉雅成分，杜鹃属（*Rhododendron*）、桦叶荚蒾（*Viburnum betulifolium*）属华西成分，鹿蹄草（*Pyrola rotundifolia* subsp. *chinensis*）、二叶舞鹤草（*Maianthemum bifolium*）等属西伯利亚成分。

表 2-23　保护区红桦林典型样方统计表（样方：20 m × 20 m）

地点		海拔	经度		纬度
小官状沟		2200 m	107.155857		33.682215
乔木层	优势种	平均高度 (m)	株数	平均胸径 (cm)	郁闭度
	红桦	23	20	22	0.6
	华山松	6	1	6	0.05
	五角枫	8	3	10	0.2
灌木层	优势种	高山杜鹃、秦岭箭竹			
	其他种	华山松幼苗、秦岭木姜子、桦叶荚蒾			
草本层	优势种	羊齿天门冬、黑鳞鳞毛蕨			
	其他种	过路黄、玉竹、轮叶黄精			

群系 28：牛皮桦林（Form. *Betula albo-sinensis* var. *septentrionalis*）

红桦林常被称作红皮桦林或纸皮桦林，牛皮桦林常被称作糙皮桦林。常见与红桦林呈规律性分布，牛皮桦林在上，红桦林在下。在本保护区，牛皮桦林分布海拔一般在 2 200 ～ 2 600 m 之间，土壤条件较差，地表广布岩石露头，土壤为山地棕色灰化土。牛皮桦一般生长不良，干矮弯曲，树冠疏散，分枝多，以中老龄林为主，幼林很少，一般高 8 ～ 12 m，胸径 10 ～ 15 cm，郁闭度 30% ～ 70%。由于环境冷湿，林下出现湿中生植物。伴生树种有红桦、秦岭冷杉、陕甘花楸等，一般这些伴生树种优势度小且生长不良。灌木层盖度一般在 5% ～ 20%，常见种类有秦岭箭竹、陕甘花楸、峨眉蔷薇、华北绣线菊（*Spiraea fritschiana*）、巴东忍冬（*Lonicera acuminata*）、唐古特忍冬（*L. eangutica*）、四川忍冬（*L. szechuanica*）、桦叶荚蒾、川西茶藨子（*Ribes acuminatum*）、冰川茶藨子（*R. glaciale*）等。草本层盖度随小地形变化很大，常见种类有苔草、升麻（*Cimicifuga foetida*）、显脉香茶菜（*Rabdosia nervosa*）、大花糙苏（*Phlomis megalantha*）、羊茅、双花堇菜（*Viola biflora*）、白花酢浆草（*Oxalis acetosella*）、光头碎米荠（*Cardamine engleriana*）、黄水枝（*Tiarella polyphylla*）等。

群系 29：亮叶桦林（Form. *Betula luminifera*）

亮叶桦林在保护区分布相对较少，多呈小片状分布，在本区分布于海拔 1 500 ～ 1 900 m 范围内，在垂直带上的位置与锐齿槲栎林基本重合，但面积要小得多。亮叶桦纯林较少，多以混交林形式出现，林内常混生有漆树、太白杨、铁杉、锐齿槲栎、鹅耳枥等，在古墓坪、松坪子和洞子沟分布较多。

亮叶桦林外貌淡绿色，林相整齐，群落结构与锐齿槲栎林相似。乔木层第一亚层主要由亮叶桦、太白杨、铁杉、漆树等组成，亮叶桦高可达 24 m，胸径达 45 cm。第二亚层由灯台树、锐齿槲栎、鹅耳枥、微毛樱桃等组成，高 6 ～ 8 m。灌木层多比较稀疏，盖度 20% 左右，常见种有四照花、栓翅卫矛、粉背溲疏（*Deutzia hypoglauca*）、木姜子、华桔竹、棣棠花（*Kerria japonica*）等。草本层发达，盖度多在 50% 以上，主要有中日金星蕨、大披针苔草、红升麻、龙芽草、鹿蹄草、陇南凤仙花（*Impatiens potaninii*）、橐吾（*Ligularia* sp.）等。

3. 常绿阔叶林

该植被型在桑园自然保护区仅有典型常绿阔叶林一个植被亚型，进一步划分为 4 个群系。

群系 30：水青冈林（Form. *Fagus longipetiolata*）

水青冈林主要分布在保护区海拔 1 500 ～ 2 200 m 的山地，山体基岩为花岗岩、千枚岩、石英岩、板岩，坡度在 20° ～ 35°，土壤为山地黄壤及黄棕色森林土，土层较厚，1.3 ～ 1.5 m，酸性反应，pH 4.7 ～ 5.5，群落外貌为落叶阔叶树占优势的混交林，主要分布于峪长沟银河山下、碾子坪和范条峪三道嶝，尤其以三道嶝分布最为典型，乔木层高度 20 m 左右，在断崖下的山坡上非常整齐。乔木层盖度一般在 65% 以上，伴生树种有蒙古栎、枫杨、野漆树（*Toxicodendron succedaneum*）、枫香（*Liquidambar formosana*）、槭树等（表 2-24），在低海拔还有常绿树种渗入，如小叶青冈（*Cyclobalanopsis gracilis*）、尖叶栎（*Q. oxyphylla*）等，还混生有一些珍稀树种如连香树（*Cercidiphyllum japonicum*）、水青树（*Tetracentron sinense*）、金钱槭等。灌木层在较高海拔以秦岭箭竹占优势，盖度较大；低海拔则有蔷薇、悬钩子等零星分布，盖度较低。草本层高度一般不超过 30 cm，以蕨类、龙胆类常见。

表 2-24 保护区水青冈林典型样方统计表（样方：20 m × 20 m）

地点		海拔	经度		纬度
古墓坪东北坡		1900 m	107.3165801		33.797514
	种名	株数	平均树高（m）	平均胸径（cm）	重要值
乔木层	水青冈	20	12.35	17.1	0.459
	蒙古栎	6	22.2	49	0.372
	野胡桃 *Juglans cathayensis*	2	18	22	0.060
	茶条槭 *Acer dinnala*	3	9	9	0.052
	太白槭 *A.giraldii*	2	7.5	11	0.034
	红桦	1	15	13.4	0.023
	总计	34			1
灌木层	总盖度	80%			
	优势种	秦岭箭竹			
	其他种	秦岭木姜子、伞房蔷薇、弓茎悬钩子等			
草本层	总盖度	10%			
	优势种	玉竹、草菝葜等			
	其他种	毛蕊铁线莲、老鹳草、白花酢浆草等			

群系 31：刺叶栎林（Form. *Quercus spinosa*）

刺叶栎亦称铁橡树、铁橿木、铁袍子，是常绿阔叶树中最耐寒的树种，以木材坚硬闻名于世。分布于保护区碾子坪、小川子等地海拔 1 200 ～ 1 800 m 的陡坡、岩石出露及悬崖阳坡上，常成群生长，多为纯林。群落林冠较整齐，郁闭度 90% 左右，外貌暗绿色，林木高度一般在 10 m 左右，枝下高很低，胸径 10 ～ 40 cm，伴生树种有锐齿槲栎、栓皮栎、毛梾木（*Swida walteri*）、华山松、侧柏等，一般伴生树种比例较小。林下灌木有秦岭箭竹、照山白（*Rhododendron micranthum*）、绢毛绣线菊、胡颓子、多花胡枝子、猫儿刺（*Ilex pernyi*）、短枝六道木（*Abelia engleriana*）、狭叶花椒（*Zanthoxylum stenophyllum*）等。草本植物较为稀少，盖度小于 5%，种类有苔草、野青茅、麦冬、淫羊藿、圆叶堇菜、沙参、狗娃花等。

群系 32：青冈栎林（Form. *Quercus glauca*）

青冈栎林是陕西省常绿阔叶林中适应性最强、分布最广的一个类型，在保护区主要分布在海拔 1 100 m 以下湿润的沟谷中下部阳坡，由于受人为影响，大多为小片的残存林或分散在其他落叶阔叶林中构成常绿层片，如砖头坝、梨子坝附近。乔木层具两个亚层，第一亚层高约 13 m，最高可到 16 m，胸径 12 ～ 14 cm，大的可达 30 cm，以青冈栎占优势，伴生树种有刺叶栎、尖叶栎（*Quercus oxyphylla*）、小叶青冈栎（*Cyclobalanopsis gracilis*）、乌药（*Lindera strychnifolia*）、三条筋树（*Cinnamomum tamala*）等；第二亚层高 5 ～ 6 m，优势种有岩栎（*Quercus acrodonta*）、青橿（*Q. spathulata*）等，落叶乔木有麻栎（*Q. acutissima*）、栓皮栎（*Q. variabilis*）、化香树（*Platycarya strobilacea*）、七叶树（*Aesculus chinensis*）等。灌木层植物较少，常见马桑、美丽胡枝子（*Lespedeza formosa*）、盐肤木（*Rhus chinensis*）、崖花海桐（*Pittosporum truncatum*）、阔叶十大功劳（*Mahonia bealei*）等。草本层优势种是白茅（*Imperata cylindrica* var. *major*）、芒（*Miscanthus sinensis*）等。

群系 33：岩栎林（Form. *Quercus acrodonta*）

岩栎林面积不大，在保护区分布在海拔 1 100 m 以下沟谷山崖上方，其生境特点是土壤层薄、干旱缺水、光照充足。在砖头坝河谷两岸可以见到。该群系外表颜色为黑绿色，乔木层比较矮，高度达 6 m，密度较高，优势树种为岩栎（*Quercus acrodonta*），灌木层植物种类和数量均较少，有崖花海桐(*Pittosporum truncatum*)、照山白（*Rhododendron micranthum*）、胡枝子等。草本层优势种为苔草属（*Carex*）种类。

4. 竹林

竹是常绿的禾本科木本植物，常以单优势种组成纯林。在桑园自然保护区有温性竹林 1 个植被亚型和 3 个群系——秦岭箭竹群系、龙头箭竹群系和巴山木竹群系。

群系 34：秦岭箭竹林（Form. *Fargesia qinlingensis*）

在保护区海拔 1 800 m 以上一直到山顶，均分布有大面积的秦岭箭竹林。秦岭箭竹属矮竹林型，其分布范围很广，在保护区是众多针叶林或阔叶林下的灌木层优势种，盖度甚至可以达到 90%，秦岭箭竹纯林绝大部分分布在保护区山顶冷杉林附近的山坡上，主要分布区域为摩天岭北坡中上坡高海拔区域。

秦岭箭竹林为自然生纯林，林冠整齐，株高 1 ～ 3 m，径粗 0.5 ～ 1.0 cm，密度每平方米 70 多株，生长茂盛。每平方米为 76 株活的和 37 株枯立的，生长极为密集，平均高度为 2 m。草本层不发育，偶见羊耳蒜（*Liparis japonica*）、轮叶黄精（*Polygonatum verticillatum*）、双花堇菜（*Viola biflora*），还可以见到一两株藤山柳小苗、悬钩子小苗缠绕在箭竹上。

秦岭箭竹材质厚实，可作笔杆、筷子、编筐、架棚之用，竹笋、竹叶为大熊猫的主要食物之一。

群系 35：龙头箭竹林（Form. *Fargesia dracocephala*）

龙头箭竹在桑园保护区分布面积较大，海拔范围通常为 1 400 ～ 1 800 m，位于木竹林上方、秦岭箭竹林下方，常为自然纯林，偶有间杂榆树（*Ulmus pumila*）、灯台树（*Cornus controversa*）等，林冠整齐，高度 3 ～ 5 m，径粗 0.8 ～ 1.5 cm，平均密度为 60 株 /m^2，生长状况良好。同时，也在高、低分布海拔区域与两种竹子混交。草本层很少发育，偶有山竹花、秦岭芽胞耳蕨等。龙头箭竹竹竿坚硬，可作篱笆、编筐、架棚之用，竹笋、竹叶也是大熊猫的主要食物之一。

群系 36：巴山木竹林（Form. *Bashania fargesii*）

巴山木竹林是保护区的天然竹林，保护区南部的米仓山是巴山木竹的分布中心。巴山木竹喜温暖湿润的气候，其生长速度和分布由南向北随生态条件的严酷而相应递减与缩小。巴山木竹喜光，适于棕色森林土和黄棕壤，质地壤质轻黏，较疏松，团粒结构良好，母岩有石灰岩、页岩、花岗岩、片麻岩等，土壤水分和热量是限制巴山木竹自然分布的主导因子。

在桑园自然保护区海拔 1 000～1 400 m 山的中上部平缓处分布有大面积的巴山木竹林，分布较多的区域为梨子坝和松坪子以及峪长沟碾子坪以下区域，其余区域分布较少。常见伴生木本植物还有四照花（*Dendrobenthamia japonica* var. *chinensis*）、卫矛（*Euonymus alatus*）、千金榆（*Carpinus cordata*）、荚蒾（*Viburnum* spp.）、湖北山楂（*Crataegus hupehensis*）、白毛山梅花（*Philadelphus incanus*）等。草本层植物覆盖度很小，一般在 10% 以下，附近常见草本植物有宽叶油点草（*Tricyrtis latifolia*）、重楼（*Paris polyphylla*）、天名精（*Carpesium abrotanoides*）、龙牙草（*Agrimonia pilosa* var. *japonica*）、膜叶茜草（*Rubia membranacea*）、和尚菜（*Adenocaulon himalaicum*）、鸡腿堇菜（*Viola acuminata*）、光头碎米荠（*Cardamine engleriana*）、大叶碎米荠（*C. macrophylla*）等。

巴山木竹肉厚鲜嫩，是大熊猫最偏好的竹类，在人为干扰较少的地带发现有大熊猫取食。但是由于其分布海拔较低，大部分分布地区有较多人类活动，大熊猫取食不得不转向以龙头箭竹和秦岭箭竹为主。

（三）灌丛

灌丛是以簇生的灌木生活型植物为建群种的植被类型，包括一切以灌木占优势所组成的植被类型，群落高度一般在 5 m 以下，盖度 30% ～ 40%。在桑园自然保护区，该植被型组分为常绿和落叶灌丛 2 个类型，并在此基础上细分为 15 个群系，常绿灌丛有 5 个群系，落叶灌丛有 10 个群系，类型较多，分布也更广。

1. 常绿灌丛

群系 37：香柏灌丛（Form. *Sabina wilsonii*）

香柏灌丛仅见于保护区最高峰摩天岭的顶部阳坡，海拔 2 600 m，生境风大干燥、岩石裸露。在保护区的最高点——摩天岭主峰顶上的大石头上分布的也是香柏灌丛，所以说它是保护区分布最高的植被类型。香柏灌丛为常绿针叶匍匐灌木群落，建群种分枝稠密，盖度一般为 40% ～ 80%，生活力强。混生其间的灌木种类有毛肋杜鹃、蒙古绣线菊、秦岭箭竹等，附近有秦岭冷杉。草本层常见种类有毛状苔草（*Carex capilliformis*）、珠芽蓼、大叶碎米荠（*Cardamine macrophylla*）、菱叶红景天（*Rhodiola henryi*）等。本群落的分布面积很小，仅局限在摩天岭顶部阳坡岩石裸露处，但作为一个位于冷杉林以上的常绿针叶灌丛群落在保护区出现，意义重大，可能是小冰期林线植被的残存。

群系 38：太白杜鹃灌丛（Form. *Rhododendron purdomii*）

分布在保护区山顶或山脊的阴坡或半阴坡，有巨块岩石露头，土层瘠薄，但湿度较大，地被层厚之处，一般为较高大灌木林。建群种为太白杜鹃，一般高 3 ～ 5 m，个别植株呈乔木状，盖度 60% ～ 80%。常见伴生种类有秀雅杜鹃（*Rhododendron concinum*）、峨眉蔷薇、山梅花、唐古特忍冬（*Lonicera eangutica*）、山茱萸（*Macrocarpium officinale*）、秦岭箭竹等。草本层主要有膨囊苔草（*Carex lehmanii*）、东方草莓、鹿蹄草、二叶舞鹤草（*Maianthemum bifolium*）、薄雪火绒草（*Leontopodium japonicum*）、管花鹿药（*Smilacina henryi*）等，高度 10 ～ 25 cm，盖度 30% ～ 50%。

群系 39：毛肋杜鹃灌丛（Form. *Rhododendron angustinii*）

毛肋杜鹃分布海拔较高，在保护区摩天岭的山顶阴坡顶部、坡度较陡的部位分布，生长有毛肋杜鹃灌丛。常见伴生灌木种类有太白杜鹃、秀雅杜鹃、蒙古绣线菊（*Spiraea mongolica*）、秦岭箭竹（*Fargesia qinlingensis*）等，高度 2 ～ 3 m，盖度 60% ～ 90%。草本层种类主要有羊茅、鸢尾、鹿药等，盖度 20% ～ 40%。

群系 40：头花杜鹃灌丛（Form. *Rhododendron capitatum*）

头花杜鹃灌丛分布于保护区南部摩天岭一线山脊，海拔 2 400 m 以上的区域，为一种较为典型的常绿阔叶灌丛。通常为纯灌木林，高度 2 ～ 4 m。由于盖度较大，林内阴暗，加之枯枝落叶层较厚，故下层灌木和草本植物较为贫乏。只有生长较稀疏的地方，才有其他灌木出现，常见有细枝绣线菊、唐古特忍冬、峨眉蔷薇等。

群系 41：粗榧灌丛（Form. *Cephalotaxus sinensis*）

粗榧是保护区常绿灌丛唯一分布于低海拔的类群，经调查，群系仅分布于保护区郭家坝—砖头坝两侧的河谷地带及中下坡区域。由于在该区域分布较为集中，且在局部呈丛状分布，因此，本次群系划分时将其划为一独立群系。目前，该区域粗榧整体层离散分布，高多在 0.8 ～ 2.0 m 之间，较少见到 2 m 以上的个体，周边混生灌丛有峨眉蔷薇等。

2. 落叶阔叶灌丛

该植被型在桑园自然保护区分为高寒落叶阔叶灌丛、温性落叶阔叶灌丛和暖性落叶阔叶灌丛 3 个植被亚型、4 个群系。落叶阔叶灌丛是由耐寒的中生或旱中生落叶阔叶灌木组成的群落，往往分布在山地寒温性针叶林的上限，其生境处于比高寒常绿革质灌丛更加寒冷的环境条件。

群系 42：高山柳灌丛（Form. *Salix cupularis*）

高山柳灌丛分布于保护区沟谷的中上部，小川子、范条峪均有分布，垂直海拔在 2 400 m 以上。灌木层高 3 ～ 5 m，盖度在 70% 以上，次建群种为秦岭箭竹，比例较大，常见伴生种有山梅花、辽东丁香（*Syringa wolfii*）、黄毛忍冬（*Lonicera giraldii*）、细枝绣线菊（*Spiraea myrtilloides*）、南川绣线菊（*S. rosthornii*）等。草本层主要有秦岭苔草、蛇莓、野芝麻、风毛菊、细辛（*Asarum sieboldii*）、延龄草（*Trillium tschonoskii*）等，层高 10 ～ 30 cm，盖度 20% ～ 30%。

群系 43：唐古特忍冬灌丛（Form. *Lonicera tangutica*）

唐古特忍冬灌丛分布海拔较高，为云杉、冷杉林采伐迹地上形成的次生演替群落，也是冷杉林下灌木层的主要种类，该群系在摩天岭山脊有分布。唐古特忍冬灌丛外貌绿色，结构整齐，总覆盖度 60% ～ 75%，高度 1.5 ～ 2.0 m，唐古特忍冬在群落中有较大优势，显著和优势度均在 70% 左右，主要伴生灌木种类有陕甘花楸、重齿槭、红脉忍冬、美丽胡枝子、卫矛等。草本层盖度 30%，以披针苔草为主，混生有粟草、披针叶茜草及一些蕨类。

群系 44：细枝绣线菊灌丛（Form. *Spiraea myrtilloides*）

细致绣线菊灌丛主要分布在海拔 2 200 m 以上的地形较平缓的阴坡或半阴坡，

该群系在保护区内也仅在摩天岭山脊一线有分布。群落外貌呈绿色至黄绿色，盖度50%～80%，高度1.8～2.2 m，混生的其他灌木种类主要有红脉忍冬、唐古特忍冬、微毛樱桃、高山柳等。草本层盖度35%，以大披针苔草占优势，混生有川康苔草、太白银莲花、高山唐松草、川赤芍、风毛菊、伞房草莓等。

群系45：陕甘花楸灌丛（Form. *Sorbus koehneana*）

陕甘花楸灌丛多系桦木林被破坏后植被恢复演替的灌木，在坡度较陡，碎石裸露等基质条件较差的地段，因其他乔木难以侵入，故形成相对稳定的陕甘花楸灌丛，主要分布在海拔2 000～2 500 m范围内，保护区内分布于摩天岭山脊线以下中上坡区域。本灌丛以陕甘花楸为建群种，虽分布较广，但多为小片状出现。群落盖度60%～80%，陕甘花楸盖度40%～50%，高1.5～3.0 m，生长茂盛。其他伴生灌木种类有湖北花楸、峨眉蔷薇、华北绣线菊、唐古特忍冬等。草本层优势种为野青茅等。

群系46：峨眉蔷薇灌丛（Form. *Rosa omeiensis*）

峨眉蔷薇灌丛是保护区较常见的灌丛，大多为桦木林或冷杉林被破坏后形成的次生群落，但有时在冰蚀山谷中，由于水分条件较优越而形成为原生演替的灌木群落，主要分布在海拔1 900～2 500 m范围内的山坡中下部、山脊梁顶，坡度一般较缓。群落以峨眉蔷薇占优势，高度在1～2 m，盖度50%～80%，其他灌木种类主要有匙叶柳、华北绣线菊、蒙古绣线菊、细枝绣线菊、红脉忍冬、微毛樱桃、栓翅卫矛等。草本层有大花糙苏、橐吾、东方草莓、假冷蕨等。

群系47：胡颓子灌丛（Form. *Elaeagnus pungens*）

胡颓子灌丛为栎林或其他乔木破坏后植被恢复的灌木阶段的群落类型，在保护区常见，尤其是在中山地带，在海拔1 800 m以下区域的山坡低矮平坦梁脊的阳坡或半阳坡较多，多成小块状分布。群落外貌银灰绿色，群落结构较为稀散。总盖度55%左右，高度1.5 m左右，胡颓子在群落中居优势地位，显著度和优势度均在78%以上，其他混生的灌木种类有美丽胡枝子、蔷薇、尖叶栒子等。草本层优势种为大车前、百合等。

群系48：美丽胡枝子灌丛（Form. *Lespedeza formosa*）

美丽胡枝子灌丛也是保护区中、低山区域常见的灌丛类群，多为栎林破坏后植被恢复的先锋灌丛，分布在海拔1 150～1 800 m范围。该群系稳定性较差，常被榛、胡颓子、黄栌等灌丛所演替，在此以后便有白桦、湖北枫杨、山杨、苦木等乔木或小乔木种类侵入，逐步形成散生的杂木林，后则被栎林更替。与该类型灌丛混生的其他灌木种类有胡颓子、桑树、木姜子、山梅花、绣线菊、疏毛忍冬、蔷薇等。

群系49：河柳灌丛（Form. *Salix glandulosa*）

河柳灌丛主要分布在保护区海拔1500～2 000 m的沟谷水边阶地上。河柳的平均高度为4.5 m，其他组成种类有细梗淡红荚蒾（*Viburnum erubescens* var. *gracilipes*）、湖北山楂、卫矛、忍冬、峨眉蔷薇、黄檗刺（*Berberis dielsiana*）、喜阴悬钩子（*Rubus mesogaeus*）等，群落盖度70%左右。草本层层高10～70 cm，盖度为20%～50%，常见植物有白花野棉花（*Anemone hupehensis* f. *alba*）、东方草莓、蛇莓、荆芥（*Nepeta cataria*）、贯叶连翘（*Hypericum perforatum*）、地榆等。

群系 50：美丽悬钩子灌丛（Form. *Rubus amabilis*）

该群落广泛出现在保护区海拔 1 500 ～ 2 200 m 的山谷、路边，如范条峪三道嶝下沟谷中，为有刺的先锋灌丛群落。美丽悬钩子分枝能力很强，在乔木和其他灌木被破坏后，即可迅速生长，占领地面，一定程度上阻止了其他植物的进入和生长，很快形成群落，且多呈单优势种群落。群落外貌绿色，花期白花点缀，夏末秋初则赤果垂挂，结构呈密丛状。群落盖度 70% ～ 80%，高度一般在 1 m 左右。群落中其他灌木种类较少，偶见卫矛、柳、盘叶忍冬（*Lonicera tragophylla*）等。草本层盖度 20% 左右，主要种类有伞房草莓（*Fragaria corymbosa*）、山羊角芹（*Aegopodium alpestre*）、贯叶连翘、问荆（*Equisetum arvense*）、象天南星（*Arisaema elephas*）、川赤芍（*Paeonia veitchii*）等。

群系 51：马桑灌丛（Form. *Coriaria sinica*）

马桑灌丛主要分布在海拔 1 500 m 以下的低山地带。群落种类组成除马桑为建群种外，其他灌木植物有黄连木（*Pistacia chinensis*）、毛黄栌、黄荆（*Vitex negundo*）、火棘（*Pyracanutha fortuneana*）、鼠李、胡枝子等，灌木层高 1.5 ～ 2.0 m，盖度 70% 左右。草本层以紫菀、委陵菜、紫花大叶柴胡（*Bupleurum longiradiatum* var. *porphyranthum*）、瓜子金（*Polygala japonica*）、牛尾蒿最为常见，层高 30 ～ 50 cm，盖度 30% ～ 40%。马桑生长迅速，枝叶繁茂，根系发达，萌蘖能力强，是良好的保持水土的植物与薪炭用材。

（四）草甸

草甸是以多年生中生草本植物为主体的植物群落。本保护区仅有小面积的草甸分布，是一类非地带性植被，分为典型草甸和高寒草甸 2 个植被亚型、4 个群系。

1. 典型草甸

该植被亚型仅有杂类草草甸 1 个群系组、2 个群系。

群系 52：地榆、牛尾蒿草甸（Form. *Sanguisorba officinalis* + *Artemisia subdigitata*）

在保护区山谷中的林缘地带，如松坪子沟谷内，相对平坦地带，在人为干扰后，首先形成杂草类草甸。群落的盖度很大，大多达到 100%。植物种类组成丰富，每平方米有 20 ～ 30 种。群落的建群种并不特别明显，优势种很多，并随小生境而变化，由于地榆和牛尾蒿比较常见，且地榆的红穗比较醒目，故定为地榆、牛尾蒿草甸。其优势种类有野艾蒿（*Artemisia lavandulaefolia*）、牡蒿（*A. japonica*）、白莲蒿（*A. secrorum*）、威灵仙（*Veronicastrum sibiricum*）、野豌豆、多种风毛菊、耳叶蟹甲草（*Cacalia auriculata*）、肾叶橐吾（*Ligularia fischenii*）、异叶败酱（*Patrinia heterophylla*）等。

群系 53：艾蒿草甸（Form. *Artemisia argyi*）

艾蒿草甸在保护区分布相对较少，大多呈丛状分布，主要分布于低海拔地区，在道旁和村落周边常见，为多年生草本，旱中生草甸种，生于林缘、杂草地、路旁及河岸沙地。在群落鼎盛的稳定时期，艾蒿的盖度在 50% ～ 80%，其他植物的优势一般都小，稍大的如早熟禾等植物的盖度均超不过 5%，其他植物成分如莓叶委陵菜、苦荬菜、半夏、蚤缀、异叶败酱等，其盖度通常均＜ 1%，最多 2% ～ 3%，苦荬菜常见于初期。

2. 高寒草甸

高寒草甸是由寒冷中生多年生草本植物为优势形成的植物群落，其分布地的气候特点为高寒、中湿、日照充足、太阳辐射强、风大，土壤为高山草甸土，具有草层低矮、结构简单、层次分化不明显、草群生长密集、覆盖度大、生长季节短、生物生产量低等特点。在本保护区，该植被亚型分为苔草高寒草甸和杂草草甸2个群系组、2个群系，全部都分布于摩天岭山脊线附近的高海拔地区。

群系54：秦岭苔草草甸（Form. *Carex diplodon*）

在保护区山顶分布有小面积的苔草草甸，边缘为杜鹃、箭竹灌丛，下部为冷杉林。群落盖度可达100%，建群种为秦岭苔草和羊茅。常见种类有龙牙草、川陕风毛菊、突脉金丝桃、返顾马先蒿、扬子毛茛等。

群系55：珠芽蓼草甸（Form. *Polygonum viviparum*）

在保护区山顶阳坡大面积分布的是珠芽蓼草甸，典型分布地如摩天岭、峭壁梁等。群落的组成种类较多，草群生长茂密，以珠芽蓼为主，总覆盖度90%左右。伴生种主要成分有羊茅、锐果鸢尾、披碱草等。

三、植被分布规律及主要特征

（一）以落叶阔叶林体系为主体，组成复杂、类型多样

保护区海拔范围在1 140～2 603 m之间，植被组成与整个秦岭南坡植被组成格局一致，除高海拔地区有针叶林纯林外，其余区域都以落叶阔叶林为主或以落叶阔叶林为优势种的群落组成为主。基于本次科考群系类型划分共有20个群系为落叶阔叶林，占保护区植物群系的1/3；同时在分布区域上，海拔2 000 m以下的区域均以落叶阔叶林为主体，这些区域占保护区4/5的范围；另外，经过采伐后近30年的演替，其他低海拔区域的灌丛、杂草等群落也逐渐演替成为落叶阔叶林。因此，该类型群落成为保护区的主体。

由于该类型群落分布范围广，同时自身类型也多样，如栎、桦、杨等类群，落叶阔叶林之间，以及落叶阔叶林与针叶林组合、构建为不同类型含有落叶阔叶树种的群落组合，也使得落叶阔叶林体的组成复杂、类型多样。

（二）高海拔植被的原生性得到较好保护、地带性群落演替趋于稳定

尽管保护区中下坡经历了采伐，但在高海拔区域没有进行过大规模采伐，山脊线附近的林带得到完好保存，包括高海拔区域的秦岭冷杉、华山松、青杆等乔木均为原始林，以及香柏灌丛和亚高山草甸都保持较好的原生状态；保护区松坪子区域尽管有人为活动，但没有进行大规模的采伐，其演替已经超过50年，目前大多落叶阔叶林都成为近熟林或过熟林，群落结构趋于稳定；古墓坪区域由于人为干扰较少，水热条件好，其群落也开始成为稳定状态。

（三）地域特色典型、垂直带谱明显

保护区具有典型的落叶阔叶林体系，低海拔分布有栓皮栎林，山体中部为典型的锐齿槲栎林，山体上部为蒙古栎林、红桦林和牛皮桦林，其中交错镶嵌分布有山杨林、

白桦林、板栗林、水青冈林、槭树林、太白杨林、鹅耳枥林、沟谷杂木林等落叶阔叶林。落叶阔叶林群落丰富，林种多样，林中分布有连香树、水青树、水曲柳、领春木等珍稀濒危植物，生物多样性丰富。在空间组成上，植被的垂直分带现象极为明显，具有典型的地域特色。

（1）海拔 1 400 m 以下，为栓皮栎林带，此带由于人为活动的影响，植被格局比较破碎，与农耕地和人工植被镶嵌排列，带内海拔 1 200 m 以下的河谷分布有河谷灌丛。

（2）海拔 1 400 ～ 2 100 m 为栎、松、杨混交林带，主要为锐齿槲栎林、板栗林、油松林、华山松林、山杨林和太白杨林，林相整齐，郁闭度高，在此林带的陡坡、悬崖的阳坡上分布有暖温性常绿阔叶林——刺叶栎林。

（3）海拔 2 100 ～ 2 400 m 为红桦林带，保护区最大的红桦林分布地为洞子沟东侧摩天岭北坡，在红桦林带的下部，有红桦林、白桦林、山杨林或落叶阔叶杂木林，上部为牛皮桦林，林层郁闭，林相颜色较淡，偏黄，此林带阳坡还有少量华山松林和铁杉林。

（4）海拔 2 400 m 以上是冷杉林带，分布在山体上部，以摩天岭和东西山脊为中心往北沿下坡分布，由于大部分山顶海拔只有 2 500 m 左右，冷杉林带相对较窄，颜色深绿，林下多为秦岭箭竹。

（5）在保护区主峰摩天岭顶部和两边主脊尚有香柏灌丛和亚高山草甸分布，但面积很小。

（四）大熊猫栖息地适宜性较高，食物资源充足

保护区有三种竹子分布，三种竹子分布在不同的海拔及区域，为大熊猫提供了充足的竹子种类和空间选择。随着主体植被的演替，各种竹子所在的栖息地环境不断优化，林分组成和郁闭环境都有利于增加竹子的适口性和营养，古墓坪区域由于竹子状况良好，被大熊猫选择利用的频率越来越高，红外相机监测次数稳定上升，成为一个稳定的种群；松坪子区域巴山木竹也发育良好，有母子大熊猫在该区域被发现；在大熊猫发现频率极少的摩天岭区域，秦岭箭竹和龙头竹的长势也非常良好，不逊于古墓坪，分布面积也较大。总之，保护区境内的大熊猫主食竹生长状况良好，栖息地适宜性高，能为大熊猫提供充足的食物资源。

（五）脆弱性明显

植被是自然历史的产物，植被的分布区域不仅取决于植物的生境条件，也取决于不同地质历史时期的古地理环境因素如气候、土壤、海洋、大陆、山岳等的变化。保护区所在的秦岭系于古生代末期隆起，第四纪以来成为我国自然景观的南北分界线。目前，大规模的地质运动未出现，但小规模地质活动及过程并未停止，尤其是在摩天岭等高海拔地区地质活动的痕迹尤为明显，这也是在摩天岭北坡小范条峪、三道沟、洞子沟等沟尾滑坡、泥石流等出现频率较高的原因，伴随着这些地质活动的是植被丧失，使这些区域的植被越加脆弱。同时，这个区域也是人类活动频发的地区，目前大规模的采伐活动没有了，但社区进入保护区采集中草药和林副产品的活动日益频繁，伴随这些活动带来的森林火险、外来物种也是隐患；另外，这一区域是华山松森林病虫害的传统区域，而保护区所在的森林系统仍处于演替、恢复阶段，并不具有较强的抵抗力。

第三节　竹类资源

一、主要竹种及分布

竹子是大熊猫的主要食物资源，也是栖息地不可或缺的因子。调查发现桑园保护区的野生竹类资源共有 3 种，分别是巴山木竹、龙头箭竹（*Fargesia dracocephala*，别名龙头竹）、秦岭箭竹（*F. qinlingensis*，别名松花竹），龙头箭竹为本次调查新增种类。同时，根据调查数据，结合大熊猫主食竹的分布规律，通过人工解译和模型模拟等方法，划定了保护区大熊猫主食竹的分布范围，生成了竹种分布图（附图 7）。3 种竹子沿海拔由低向高依次分布，主要特征及分布如下。

（一）巴山木竹（*Bashania fargesii*）

当地人称为木竹，散生竹类，地下茎在土壤肥沃处合轴的部分较多，反之则是具竹鞭的部分占优势；竹鞭的节间长 3 ～ 4 cm，粗 5 ～ 15（20）mm，几实心，当年常不生根，二年生以上则每节生出 3 ～ 5 根条。竿直立，梢头微弯，高 5 ～ 8（13）m，粗 2 ～ 4（6.5） cm；节间长 35 ～ 50（75）cm，幼时深绿色且被白粉，老则淡黄色，竿基部壁厚 4 ～ 8 mm，髓为薄膜质，呈细长的囊状；箨环显著，起初被有棕色小刺毛，以后变净秃；竿环呈脊状微隆起；节内长 6 ～ 12 mm，无毛。竿每节最初分 3 枝，以后可增多，但主枝仍较显著，枝与竿多作 45° 的夹角斜上举。箨鞘略短于成长后的节间，鲜时绿色，干枯后淡黄色，背部贴生棕色疣基小刺毛，毛落后能在鞘背面留下疣基和小凹痕；箨舌高 2 ～ 4 mm，上缘作不规则齿裂；箨耳无，唯在鞘先端两侧可生有易脱落的缝毛；箨片披针形，直立，幼时绿色，有波曲，腹面在基部生有易落去的绒毛，边缘具小刺状纤毛而粗糙，整个箨片易自箨鞘上脱离。末级小枝具（1 ～ 3）或 4 ～ 6 叶；叶鞘长 5 ～ 8 cm，在彼此覆盖所露出的部分被以白色（后变淡褐色至褐色）的疣基小刺毛和微毛，鞘的外缘生纤毛，尤以上部为甚；叶舌高（1 ～ 5）2 ～ 4 mm，被微毛，顶缘具不规则齿裂，起初尚生有易折断而波曲的缝毛；叶片上表面无毛，下表面幼时被短柔毛，小型叶片通常长 10 ～ 20 mm，宽 2.5 cm，大型叶片长 20 ～ 30 cm，宽 3 ～ 7.5 cm，叶缘具细锯齿，次脉 5 ～ 8 对，小横脉较紧密；叶柄长 1 ～ 1.5 cm（小型叶者长 3 ～ 6 mm），其上面在近鞘口处密被锈色短柔毛，以后变净秃。圆锥花序起初较紧缩，幼时基部常为叶鞘所覆盖，以后花序方伸出，长 5 ～ 11 cm，宽 2 ～ 4 cm，花序在分枝之腋间具疣枕，主轴和分枝（或小穗柄）均被有褐色微毛，花枝的下方有时还可生有具叶的侧枝，唯后者的叶片较为质薄而形小（长 5 ～ 10 cm，下表面被灰色微毛，次脉 4 或 5 对）；小穗成熟后带紫黑色，细长圆柱形，全长 2 ～ 3 cm，粗约 4 mm，含 4 ～ 7 朵小花；小穗轴节间长 2.0 ～ 3.5 mm，体扁，被毡状绒毛，先端较粗大，并生有白色髯毛；颖卵状披针形，第一颖长 3 ～ 6 mm，1 ～ 3 脉，第二颖长 6 ～ 8 mm，5 ～ 7 脉，背面在中脉及边缘均生有短柔毛；外稃长圆形兼披针形，基盘钝，其上生有白色微毛，第一外稃长达 13 mm，具 7 脉和稀疏的小横脉；内稃长 5 ～ 6 mm，但结实时可长至 10 mm，背面几平滑无毛，仅在先端被微毛及 2 齿尖；鳞被边缘疏生小纤毛；花药长 4 ～ 5 mm；子房卵圆形，柱头 2 或 3 个，长约 2.5 mm，羽毛状。颖果长约 1 cm，上部微弧弯，先端具喙，腹沟细长。笋期 4 月下旬至 5 月底，新竿在 6 月下旬即可达成长竹的高度。花期 3 月下旬至 4 或 5 月。果熟期 5 月下旬，当年播种即可萌芽。

产于陕西、甘肃、湖北、四川等省的大巴山脉以及米仓山至秦岭一带，巴山地区有纯林。分布于海拔 1 000 ～ 2 500m，桑园保护区海拔 1 000 ～ 1 400 m 处最为常见。本种竹竿为造纸原料，亦可用于建筑和劈篾编结家用器具。

（二）龙头箭竹 (*Fargesia dracocephala*)

当地人称为龙头竹，丛生或近散生，竿柄长 8 ～ 20 cm，粗 1 ～ 2 cm；节间长 5 ～ 12 mm。竿直立，高 3 ～ 5 m，直径 0.3 ～ 2.0 cm；节间一般长 15 ～ 18 cm，最长可达 24 cm，竿基部数节间长 4 ～ 6 cm，圆筒形，幼时被白粉，平滑，空腔，直径小，竿壁厚 4 ～ 5 mm，髓呈锯屑状；箨环显著隆起呈圆脊状，高于微隆起的竿环；节内长 2 ～ 4 mm。竿芽宽卵形或长卵形，有灰色微毛，边缘具灰色纤毛。竿每节分 7 ～ 14 枝，枝斜展，直径 1 ～ 2 mm。箨鞘迟落，革质，淡红褐色，长圆状三角形或长圆形，短于其节间，先端微呈三角形或近圆拱形，顶端通常截形，背部被灰黄色刺毛或近无毛，纵向脉纹明显，边缘初时上部有黄褐色刺毛；箨耳小，鞘口无繸毛或有时具棕色短繸毛；箨舌截形，高约 1 mm，边缘初时有短纤毛；箨片直立或外倾，三角形或线状披针形，平直，基部不下延，窄于或远窄于箨鞘顶端，无毛，边缘近于平滑。小枝具 3 ～ 4 叶；叶鞘长 2.5 ～ 3.5 cm，无毛，纵向脉纹明显，上部纵脊不明显，边缘常有灰色或褐色短纤毛；叶耳长椭圆形，长约 1 mm，先端具黄褐色直立或弯曲之繸毛 3 ～ 5 条，其长为 1 ～ 3 mm；叶舌截形，紫色，无毛，高约 1 mm；叶柄长 1 ～ 3 mm；叶片披针形，长 5 ～ 12 cm，宽 5.5 ～ 13 mm，两面均无毛，先端长渐尖，基部楔形，次脉 3 或 4 对，小横脉清晰，叶缘一侧具小锯齿而略粗糙，另一侧近于平滑。花枝长 11 ～ 35 cm，各节尚可再分具花小枝；总状花序或简单圆锥花序顶生于具 (2) 3 (4) 叶的枝上，紧密排列成小扇形或头状，长 1.8 ～ 2.5 cm，宽 0.5 ～ 2.5 cm，最上方的一片佛焰苞状叶鞘长于花序，故后者只能从其开口的一侧伸出，花序下部的分枝常各托以小型苞片，穗轴被灰白色微毛；小穗柄偏向于一侧，长 0.5 ～ 1.5 mm，具灰白色微毛；小穗含 1 ～ 3 朵小花，长 1.0 ～ 1.5 cm，淡绿色或紫绿色；小穗轴节间长 0.5 ～ 3.0 mm，无毛，扁平；颖纸质，具灰白色微毛，先端作针芒状长渐尖，第一颖长 4 ～ 7 mm，披针形，具 3 ～ 5 脉，第二颖长 6 ～ 11 mm，卵状披针形，具 7 ～ 9 脉；外稃卵状披针形，长 9 ～ 15 mm，先端亦作针芒状长渐尖，具 7 ～ 9 脉；内稃长 5.0 ～ 10.5 mm，先端 2 裂，背部具 2 脊，脊间宽约 1 mm，脊上生纤毛；长约 1mm，前方 2 片披针形，长约 1.5 mm，边缘生纤毛；花药黄色或黄色带紫色，长 5 ～ 6 mm；子房椭圆形，无毛，长约 1 mm，花柱 1 个，柱头 3 个，为稀疏的羽毛状。果实未见。笋期 5 月，花期 5 ～ 10 月。

产于陕西南部、甘肃南部、湖北西部和四川北部。生于海拔 1 500 ～ 2 200 m 地区的阔叶树和铁杉林下。桑园保护区内大片分布于 1 400 ～ 2 000 m 的沟谷山坡上，是大熊猫主要采食的竹种之一。

（三）秦岭箭竹（*Fargesia qinlingensis*）

当地人称为松花竹，竿柄长 3 ～ 9 cm，粗 0.4 ～ 1.2 cm。竿高 1.0 ～ 3.3 m，粗仅 4 ～ 9 mm，梢端微弯；节间长 4 ～ 16 cm，圆筒形，无毛，初时被较多的白粉，竿壁厚 1 ～ 2 mm，髓呈环膜状或为圆膜片；箨环隆起；竿环平坦或在分枝之节微隆起；节内长 2 ～ 4 （5） mm。竿芽长卵形，密被灰褐色柔毛，边缘具浅褐色纤毛。枝条在竿上每节为 4 ～ 10 枝，斜上举，直径 0.8 ～ 1.5 mm。笋紫绿色；箨鞘宿存，薄革质，三角状长圆形，上部稍偏斜，远长于其节间（如连同箨片则可长过节间的 1 倍），背面被稀疏棕色刺毛（但此毛易脱落），或稀无毛，纵向脉纹明显，有小横脉，边缘具易脱落的浅褐色纤毛；箨耳镰形，易脱落，边缘具（7） 9 ～ 13 （16）条縫毛，后者长 4 ～ 5 mm，浅褐色、直立或微弯曲；箨舌偏斜，呈截形或微凹，高约 1.5 mm，先端撕裂，具直立长 2 ～ 4 mm 之浅褐色縫毛；箨片平直，基部较箨鞘顶端稍窄，无毛或初时基部有微毛，竿下部的箨片狭三角形，直立，而竿中上部者则为线形或线状披针形，外翻，易自箨鞘上脱落。小枝具（3） 4 ～ 5（7）叶；叶鞘长 2.5 ～ 6.0 cm，无毛，纵向脉纹明显，有小横脉，上部纵脊不明显，边缘无纤毛；叶耳椭圆形，紫色或淡紫褐色，边缘具 9 ～ 11（15），条长 2 ～ 3 mm 浅褐色直立或微弯之縫毛；叶舌拱形，高约 1 mm，边缘生有灰白色短纤毛；叶柄长 1 ～ 3 mm；叶片披针形或狭披针形，长 2 ～ 9 cm，宽 4 ～ 10 mm，两面均无毛，基部楔形，次脉 3（4）对，小横脉清晰，叶缘具小锯齿。花枝未见。笋期 5 ～ 6 月。

保护区内秦岭箭竹分布的海拔最高，在 1 800 m 以上，直到摩天岭最高处仍有分布，也是大熊猫采食的竹种之一。

（四）其他竹种

保护区村庄一带尚有刚竹（*Phyllostachys sulphurea*）、斑竹（*Phyllostachys bambusoides*）、水竹（*Phyllostachys heteroclada*）等栽培竹类，数量很少，主要出现在村落周围人口聚居地的房前屋后。

二、大熊猫主食竹及生物量研究

桑园保护区竹子种类虽然不多，但是数量丰富，分布面积比较大，为大熊猫提供了丰富的食物来源。初步估计，保护区内有竹子分布的区域总面积为 10 500 hm^2，其中巴山木竹有 2 000 hm^2，龙头箭竹有 5 000 hm^2，秦岭箭竹有 3 500 hm^2。分布呈现明显的海拔梯度，其中巴山木竹的分布海拔最低，1 400 m 以下山谷分布较多，其分布区土层深厚，常在溪流两岸，环境较为潮湿。再往高处则出现龙头箭竹，其分布海拔为 1 400 ～ 1 800 m，秦岭箭竹的分布海拔最高，为 1 800 m 以上。3 种竹类的分布区域有一定的交错，相互混生区域 1 ～ 2 km、海拔 100 m 范围内，难以确定每种竹种的明确界限。根据样方调查，龙头箭竹的地上部分新鲜生物量平均为 40 kg/m^2，秦岭箭竹平均 26 kg/m^2，巴山木竹平均 45 kg/m^2。桑园保护区的竹子分布面积最大的是龙头箭竹。大熊猫最喜取食的是秦岭箭竹，冬季为巴山木竹。但是由于低海拔地区人类活动的干扰，大熊猫以秦岭箭竹和龙头箭竹为主要取食种类。

第四节　珍稀濒危植物

一、保护区珍稀植物组成概况

珍稀濒危植物是保护区的重要种质资源和保护对象，根据《国家重点保护野生植物名录》（新版，2021 年颁布），桑园保护区共有 24 种植物被列入珍稀濒危植物保护名单（表 2-25），其中，国家 I 级重点保护植物有 1 种，II 级重点保护植物有 12 种。由于全世界所有野生兰科植物均被列入《濒危野生动植物物种国际贸易公约》的保护范围，是植物保护中的“旗舰”类群，所以本次考察也将其他兰科植物列入珍稀濒危保护植物中。

表 2-25　陕西桑园自然保护区重点保护野生植物名录

序号	科名	种名	国家重点保护植物
1	松科 Pinaceae	秦岭冷杉 *Abies chensiensis*	Ⅱ
2		大果青杆 *Picea neoveitchii*	Ⅱ
3	红豆杉科 Taxaceae	红豆杉 *Taxus chinensis*	Ⅰ
4	马兜铃科 Aristolochiaceae	马蹄香 *Saruma henryi* Oliv.	Ⅱ
5	连香树科 Cercidiphyllaceae	连香树 *Cercidiphyllum japonicum*	Ⅱ
6	水青树科 Tetracentraceae	水青树 *Tetracentron sinense*	Ⅱ
7	豆科 Leguminosae	野大豆 *Glycine soja*	Ⅱ
8	木樨科 Oleaceae	水曲柳 *Fraxinus mandshurica*	Ⅱ
9	兰科 Orchidaceae	白及 *Bletilla striata*	Ⅱ
10		孤距虾脊兰 *Calanthe arcuata*	
11		流苏虾脊兰 *C. fimbriata*	
12		三肋虾脊兰 *C. tricarinata*	
13		银兰 *Cephalanthera erecta*	
14		凹舌兰 *Coeloglossum viride*	
15		杜鹃兰 *Cremastra appendiculata**	Ⅱ
16		绿花杓兰 *Cypripedium henryi**	Ⅱ
17		扇叶杓兰 *Cypripedium japonicum*	Ⅱ
18		大叶火烧兰 *Epipactis mairei*	
19		毛萼山珊瑚 *Galeola lindleyana*	
20		天麻 *Gastrodia elata*	Ⅱ
21		大花斑叶兰 *Goodyera biflora**	
22		羊耳蒜 *Liparis campylostalix* Rchb. f.	
23		沼兰 *Malaxis monophyllos* (L.) Sw	
24		绶草 *Spiranthes sinensis**	

注：根据国家林业和草原局 2021 年最新颁布的《国家重点保护野生植物名录》而列；加 * 号者为本次调查新增种类

二、保护区珍稀濒危植物种类

（一）国家I级重点保护野生植物

1. 红豆杉（*Taxus chinensis*）

常绿乔木，树皮纵裂，红褐色，枝黄绿色，小枝互生，基部扭转排成二列。叶条形，通常微弯，长 1.0 ～ 2.5 cm，宽 2.0 ～ 2.5 mm，边缘微反曲，先端尖或微急尖，下面沿中脉两侧有两条宽灰绿色或黄绿色气孔带，绿色的边带极窄，中脉带上有密生均匀的微小乳头点。雌雄异株。球花单生叶腋，雌球花的胚珠单生于花轴上部侧生短轴的顶端，基部托以圆盘状的假种皮。种子扁卵圆形，生于红色肉质的杯状假种皮中，长约 5 mm，先端微有 2 脊，种脐卵圆形。

分布：保护区海拔 1 000 ～ 2 000 m 地段保留有小片红豆杉林，砖头坝有一株红豆杉古树，初步估计树龄在 200 年以上（见彩页）。

红豆杉为中国特有的第三纪残遗植物，木材质地致密坚实、不翘不裂、水湿不腐、具有胭脂红色泽，为优良器具工艺用材和水工工程用材；种子含油 60% 以上，供制皂及润滑油，入药有驱蛔虫、消积食的作用，树皮及枝叶中含有紫杉醇，具有明显的抑制癌瘤的作用。

（二）国家II级常见重点保护野生植物

1. 秦岭冷杉（*Abies chensiensis*）

常绿乔木。冬芽卵圆形，黄褐色，具树脂。小枝光滑，黄灰色。针叶形，长 1.5 ～ 4.0 cm，螺旋状排列，基部扭转略呈二列，先端有凹缺，中脉在叶上面凹下面隆起，两侧各有一条灰绿色或灰白色气孔带；树脂道 2 个，中生或边生。珠花单性同株；雄球花下垂，雌球花直立，珠鳞多数，螺旋状排列，苞鳞不露出，珠鳞腹面具 2 胚珠。球果卵圆状长圆形，长 7 ～ 10 cm，熟时赭红色；种鳞木质，倒卵状楔形。基部近爪状，外面被绒毛，苞鳞黄褐色，长不至种鳞一半，缘具啮蚀状锯齿；种鳞、苞鳞熟时沿中轴脱落。花期 4 ～ 5 月，球果期 9 ～ 10 月。分布在保护区海拔 2 000 m 以上山地。为中国特有的稀有植物，为北温带区系成分。它的存在对于研究中国森林植物区系的发展有科学价值。由其树皮分泌物精炼而成的冷杉胶，是光学仪器的黏合剂。树皮含单宁，可取栲胶，是鞣质的原料。球果入药，有平肝息气、调经活血、止血、安神之效。

2. 大果青杆（*Picea neoveitchii*）

松科云杉属常绿乔木，小枝有木钉状叶枕，无毛，基部宿存的芽鳞紧贴小枝。芽卵圆形，一年生枝条淡灰黄色，二年以上枝条灰色。叶螺旋状排列，枝条下和两侧的叶向上弯曲，锥形，两侧扁，长 1.5 ～ 2.5 cm，宽约 2 mm，先端尖，横切面纵棱形，四面有气孔线。球果单生侧枝顶，下垂，圆柱形，长 8 ～ 14 cm，茎宽 5.0 ～ 6.5 cm，熟前绿色，熟后褐色；种鳞宽大，呈倒卵状三角形、斜方状宽卵形或三角状宽卵形，长 2.7 cm，宽 2.7 ～ 3.0 cm，先端宽圆，苞鳞小，种子连壳长约 1.6 cm。5 月开花，10 月果熟。分布在保护区海拔 1 600 ～ 2 200 m 山地。为中国特产珍贵稀有树种，是松科中的原始类型，对于研究松科的起源及系统地位有意义；在分类学方面也有价值。木材硬度适中，供建筑、车船，家具等用；可作为绿化观赏树或行道树。

3. 连香树（*Cercidiphyllum japonicum*）

连香树科落叶大乔木，高 10 ～ 20 m，胸径 1 m。叶近圆形或阔卵形，基部常为心形，边缘有圆钝锯齿，齿端具腺体，掌状脉 5 ～ 7 条。雌雄异株。花先叶开放或与叶同放，紫红色。果微弯曲，紫褐色，花柱宿存。为间断分布在中国和日本的第三纪孑遗植物，在中国分布于温暖带及亚热带地区。对于阐明第三纪植物区系起源以及中国与日本植物区系的关系，均有科研价值。树姿高大雄伟，叶型奇特，为很好的园林绿化树种。在桑园保护区，分布于海拔 500 ～ 2 000 m 的山谷林中。

4. 马蹄香（*Saruma henryi*）

多年生直立草本，茎高 50 ～ 100 cm，被灰棕色短柔毛，根状茎粗壮，直径约 5 mm；有多数细长须根。叶心形，长 6 ～ 15 cm，顶端短渐尖，基部心形，两面和边缘均被柔毛；叶柄长 3 ～ 12 cm，被毛。花单生，花梗长 2.0 ～ 5.5 cm，被毛；萼片心形，长约 10 mm，宽约 7 mm；花瓣黄绿色，肾心形，长约 10 mm，宽约 8 mm，基部耳状心形，有爪；雄蕊与花柱近等高，花丝长约 2 mm，花药长圆形，药隔不伸出；心皮大部离生，花柱不明显，柱头细小，胚珠多数，着生于心皮腹缝线上。蒴果蓇葖状，长约 9 mm，成熟时沿腹缝线开裂。种子三角状倒锥形，长约 3 mm，背面有细密横纹；花期 4 ～ 7 月。生于海拔 900 ～ 1 400 m 山谷林下和沟边草丛中。桑园自然保护区松坪子一带有分布。

5. 水青树（*Tetracentron sinense*）

水青树科水青树属单属种植物，国家Ⅱ级重点保护植物。现仅在东亚局部地区有少量分布，为东亚特征植物，对研究植物区系的分布、进化有重要价值。是中国特有的第三纪孑遗植物，在系统演化上属孤立的科属，仅水青树一种，人称“冰川元老”，对研究我国植物区系的起源意义重大。其形态特征在被子植物分类中具有独特价值。分布在陕、甘及西南各省海拔 1 000 ～ 2 000 m 的杂木林中。在桑园自然保护区海拔 1 400 m 以下的阔叶林中有零星散生。

6. 野大豆（*Glycine soja*）

豆科大豆属植物，一年生缠绕草本，植物体密被黄色长硬毛。三出复叶。总状花序腋生，花冠淡紫红色。荚果条形或条状矩圆形；种子 2 ～ 4 粒。花期 6 ～ 8 月，果期 8 ～ 10 月。野大豆为东亚分布种，是探索大豆起源的原始材料，也是改良栽培大豆的优良种质资源。成熟种子含油量为 18% ～ 22%，蛋白质 30% ～ 45%，可作食用油，也供药用，有利尿、平肝、敛汗、明目之效。茎叶又是优良饲料。桑园保护区常见，生于海拔 1 000 ～ 2 000 m 河岸、草地或灌丛中。

7. 水曲柳（*Fraxinus mandshurica*）

俗名水楸，木犀科（Oleaceae）落叶乔木。奇数羽状复叶对生，小叶 9 ～ 11 片，卵状长圆形或椭圆状披针形，长 7 ～ 12 cm，宽 2.5 ～ 5.0 cm。圆锥花序侧生于二年生枝上，长 15 ～ 20 cm。翅果长圆状披针形，扁平，长 3.0 ～ 3.5 cm，先端钝圆或微凹。花期 5 月，果期 8 ～ 9 月。在桑园保护区海拔 1 600 m 以下山坡普遍零星散生分布。水曲柳为典型温带阔叶树种，是地质史上第三纪的残遗类群。它的存在，在研究第三纪植物区系和第四纪冰川期气候等方面有科学价值。本种木材纹理细密、坚固有耐力，韧性强、耐水湿，可供建筑、车船、仪器、家具、枕木、军工产品等用，为优良树种，种子含油量达 24.3%，可榨油。

8. 白及（*Bletilla striata*）

植株高 18 ～ 60 cm。假鳞茎扁球形，上面具荸荠似的环带，富黏性。茎粗壮，劲直。叶 4 ～ 6 枚，狭长圆形或披针形，长 8 ～ 29 cm，宽 1.5 ～ 4.0 cm，先端渐尖，基部收狭成鞘并抱茎。花序具 3 ～ 10 朵花，常不分枝或极罕分枝；花序轴或多或少呈“之”字状曲折；花苞片长圆状披针形，长 2.0 ～ 2.5 cm，开花时常凋落；花大，紫红色或粉红色；萼片和花瓣近等长，狭长圆形，长 25 ～ 30 mm，宽 6 ～ 8 mm，先端急尖；花瓣较萼片稍宽；唇瓣较萼片和花瓣稍短，倒卵状椭圆形，长 23 ～ 28 mm，白色带紫红色，具紫色脉；唇盘上面具 5 条纵褶片，从基部伸至中裂片近顶部，仅在中裂片上面为波状；蕊柱长 18 ～ 20 mm，柱状，具狭翅，稍弓曲；花期 4 ～ 5 月。白及曾在秦巴山区极为普遍，主要分布于海拔 1 400 m 以下山坡、林下及沟谷溪边。由于其假鳞茎可以药用，并且近年来市场价值飙升，野生白及遭受了毁灭式采挖，野生植株现已踪影难觅。桑园保护区松坪子、范条峪一带还可以偶尔遇到。

9. 杜鹃兰（*Cremastra appendiculata*）

假鳞茎卵球形或近球形，长 1.5 ～ 3.0 cm，直径 1 ～ 3 cm，密接，有关节，外被撕裂成纤维状的残存鞘。叶通常 1 枚，生于假鳞茎顶端，狭椭圆形、近椭圆形或倒披针状狭椭圆形，长 18 ～ 34 cm，宽 5 ～ 8 cm，先端渐尖，基部收狭，近楔形；叶柄长 7 ～ 17 cm，下半部常为残存的鞘所包蔽。花葶从假鳞茎上部节上发出，近直立，长 27 ～ 70 cm；总状花序长（5 ～）10 ～ 25 cm，具 5 ～ 22 朵花；花苞片披针形至卵状披针形，长 (3 ～) 5 ～ 12 mm；花梗和子房 (3 ～) 5 ～ 9 mm；花常偏花序一侧，多少下垂，不完全开放，有香气，狭钟形，淡紫褐色；萼片倒披针形，从中部向基部骤然收狭而成近狭线形，全长 2 ～ 3 cm，上部宽 3.5 ～ 5.0 mm，先端急尖或渐尖；侧萼片略斜歪；花瓣倒披针形或狭披针形，向基部收狭成狭线形，长 1.8 ～ 2.6 cm，上部宽 3.0 ～ 3.5 mm，先端渐尖；唇瓣与花瓣近等长，线形，上部 1/4 处 3 裂；侧裂片近线形，长 4 ～ 5 mm，宽约 1 mm；中裂片卵形至狭长圆形，长 6 ～ 8 mm，宽 3 ～ 5 mm，基部在两枚侧裂片之间具 1 枚肉质突起；肉质突起大小变化甚大，上面有时有疣状小突起；蕊柱细长，长 1.8 ～ 2.5 cm，顶端略扩大，腹面有时有很窄的翅。蒴果近椭圆形，下垂，长 2.5 ～ 3.0 cm，宽 1.0 ～ 1.3 cm。花期 5 ～ 6 月，果期 9 ～ 12 月。保护区范条峪区域槲栎林下有分布。

10. 绿花杓兰（*Cypripedium henryi*）

植株高 30 ～ 60 cm，具较粗短的根状茎。茎直立，被短柔毛，基部具数枚鞘，鞘上方具 4 ～ 5 枚叶。叶片椭圆状至卵状披针形，长 10 ～ 18 cm，宽 6 ～ 8 cm，先端渐尖，无毛或在背面近基部被短柔毛。花序顶生，通常具 2 ～ 3 花；花苞片叶状，卵状披针形或披针形，长 4 ～ 10 cm，宽 1 ～ 3 cm，先端尾状渐尖，通常无毛，偶见背面脉上被疏柔毛；花梗和子房长 2.5 ～ 4.0 cm，密被白色腺毛；花绿色至绿黄色；中萼片卵状披针形，长 3.5 ～ 4.5 cm，宽 1.0 ～ 1.5 cm，先端渐尖，背面脉上和近基部处稍有短柔毛；合萼片与中萼片相似，先端 2 浅裂；花瓣线状披针形，长 4 ～ 5 cm，宽 5 ～ 7 mm，先端渐尖，通常稍扭转，内表面基部和背面中脉上有短柔毛；唇瓣深囊状，椭圆形，长 2 cm，宽 1.5 cm，囊底有毛，囊外无毛；退化雄蕊椭圆形或卵状椭圆形，长 6 ～ 7 mm，宽 3 ～ 4 mm，基部具长 2 ～ 3 mm 的柄，背面有龙骨状突起。蒴果近椭圆形或狭椭圆形，长达 3.5 cm，宽约 1.2 cm，被毛。花期 4 ～ 5 月，果期 7 ～ 9 月。保护区松坪子林下山坡有分布。

11. 扇脉杓兰（*Cypripedium japonicum*）

植株高 35 ～ 55 cm，具较细长的、横走的根状茎；根状茎直径 3 ～ 4 mm，有较长的节间。茎直立，被褐色长柔毛，基部具数枚鞘，顶端生叶。叶通常 2 枚，近对生，位于植株近中部处，极罕有 3 枚叶互生；叶片扇形，长 10 ～ 16 cm，宽 10 ～ 21 cm，上半部边缘呈钝波状，基部近楔形，具扇形辐射状脉直达边缘，两面在近基部处均被长柔毛，边缘具细缘毛。花序顶生，具 1 花；花序柄亦被褐色长柔毛；花苞片叶状，菱形或卵状披针形，长 2.5 ～ 5.0 cm，宽 1 ～ 2（～ 3）cm，两面无毛，边缘具细缘毛；花梗和子房长 2 ～ 3 cm，密被长柔毛；花俯垂；萼片和花瓣淡黄绿色，基部多少有紫色斑点，唇瓣淡黄绿色至淡紫白色，多少有紫红色斑点和条纹；中萼片狭椭圆形或狭椭圆状披针形，长 4.5 ～ 5.5 cm，宽 1.5 ～ 2.0 cm，先端渐尖，无毛；合萼片与中萼片相似，长 4 ～ 5 cm，宽 1.5 ～ 2.5 cm，先端 2 浅裂；花瓣斜披针形，长 4 ～ 5 cm，宽 1.0 ～ 1.2 cm，先端渐尖，内表面基部具长柔毛；唇瓣下垂，囊状，近椭圆形或倒卵形，长 4 ～ 5 cm，宽 3.0 ～ 3.5 cm；囊口略狭长并位于前方，周围有明显凹槽并呈波浪状齿缺；退化雄蕊椭圆形，长约 1 cm，宽 6 ～ 7 mm，基部有短耳。蒴果近纺锤形，长 4.5 ～ 5.0 cm，宽 1.2 cm，疏被微柔毛。花期 4 ～ 5 月，果期 6 ～ 10 月。扇脉杓兰叶形独特，花形奇特，加之根茎为民间草药“太白七药”系列之一，所以野生资源遭受一定程度的破坏，在桑园保护区的松坪子一带有分布，需要加强保护。

12. 天麻（*Gastrodia elata*）

植株高 30 ～ 100 cm，有时可达 2 m；根状茎肥厚，块茎状，椭圆形至近哑铃形，肉质，长 8 ～ 12 cm，直径 3 ～ 5（～ 7）cm，有时更大，具较密的节，节上被许多三角状宽卵形的鞘。茎直立，橙黄色、黄色、灰棕色或蓝绿色，无绿叶，下部被数枚膜质鞘。总状花序长 5 ～ 30（～ 50）cm，通常具 30 ～ 50 朵花；花苞片长圆状披针形，长 1.0 ～ 1. 5 cm，膜质；花梗和子房长 7 ～ 12 mm，略短于花苞片；花扭转，橙黄、淡黄、蓝绿或黄白色，近直立；萼片和花瓣合生成的花被筒长约 1 cm，直径 5 ～ 7 mm，近斜卵状圆筒形，顶端具 5 枚裂片，前方亦即两枚侧萼片合生处的裂口深达 5 mm，筒的基部向前方凸出；外轮裂片（萼片离生部分）卵状三角形，先端钝；内轮裂片（花瓣离生部分）近长圆形，较小；唇瓣长圆状卵圆形，长 6 ～ 7 mm，宽 3 ～ 4 mm，3 裂，基部贴生于蕊柱足末端与花被筒内壁上并有一对肉质胼胝体，上部离生，上面具乳突，边缘有不规则短流苏；蕊柱长 5 ～ 7 mm，有短的蕊柱足。蒴果倒卵状椭圆形，长 1.4 ～ 1.8 cm，宽 8 ～ 9 mm。花果期 5 ～ 7 月。

三、保护区珍稀濒危植物的特点

保护区保护植物最多的是兰科，在分布上保护植物具有明显的分布区域特性，例如大果青杆、秦岭冷杉等寒温性针叶树种分布在海拔较高地区的针阔混交林带，而红豆杉、连香树、水青树、天麻等物种，除裸子植物外，多为落叶树种，主要分布在海拔 1 800 ～ 2 200 m 的落叶阔叶林带，是本区保护植物集中分布区，这一带珍稀濒危植物的种类多、种群数量较大。另外，保护植物组成以草本为主，乔木少，以被子植物为主，裸子植物偏少。

第三章
脊椎动物

本次保护区科考表明桑园保护区有脊椎动物380种，较已有记录增加131种。水生脊椎动物鱼类17种，分属3目6科；陆生脊椎动物363种，两栖类动物14种，隶属于2目6科；爬行动物31种，隶属于2目6科；鸟类235种，分属于12目54科；兽类83种，隶属于7目25科；保护物种68种，国家I级保护物种13种，国家II级保护物种55种；我国特有种80种（表3-1）。动物区系呈现以东洋界成分为主，南北互相渗透、混杂的特点，具有典型秦岭南坡的地域特色。本次调查表明保护区有包括幼仔在内的大熊猫7只左右，形成了一稳定的边缘种群，确保秦岭大熊猫种群西部空间格局的稳定；同时，保护区内的常见物种羚牛等种群维持稳定，尤其是青鼬、豪猪等物种集群频率和遇见率较高，一些古老物种长期存在，一些新物种不断在保护区被发现，水獭等曾经野外消失的物种在保护区重新被发现，部分鸟类在保护区形成留鸟。这些现象都说明通过自然恢复和加强保护管理，保护区境内动物区系、栖息地和生态系统的原生性得到了较好保护，境内脊椎动物的生存状况明显改善，栖息地质量和生态环境不断好转。

表3-1　保护区脊椎动物区系概况

	类别			区系类型			特有种	保护物种	新增种
	目	科	种	东洋种	古北种	广布种			
鱼类	3	*6*	17				6	2	13
两栖类	2	*6*	14	10	1	3	12	2	2
爬行类	2	*6*	31	22	4	5	23	0	5
鸟类	12	*54*	235	107	55	73	21	49	89
兽类	7	*25*	83	52	8	23	18	15	22
合计	26	*97*	380				80	68	131

第一节　鱼　类

一、调查方法

保护区水系支流较多，都为山区河流，其中元树沟、大观状沟、小观状沟、小川子河流流量小，落差大，流速较快，水流季节性变化明显，鱼的种类和数量都较少，本次调查主要针对峪长沟、梨子坝沟、范条峪和松坪子河开展调查。

本次鱼类调查主要采用网捕法、渔获物市场调查和历史资料查询等方法。网捕法采用样方（点）法进行，沿河流随机布设样方（点），通过设置地笼、粘网捕获样方（点）内的鱼，然后统计鱼的种类、数量、重量等。同时，还通过走访钓鱼爱好者、市场调查等方法进行保护区及周边地区鱼类组成及多度调查。在鱼类区系名录的整理中还结合了该区域已有的鱼类区系研究和已有生物多样性调查报告等成果。

二、区系组成及特点

（一）种类组成

通过野外调查、室内标本鉴定并参考有关资料，确认保护区鱼类已知有 3 目 6 科 17 种（附录 1），新增 13 种。其中，鲑形目（Salmoniformes）2 种，鲤形目（Cyriniformes）14 种，鲈形目（Perciformes）1 种，以鲤形目为主，鱼类组成较简单。鲤科（Cobitidae）鱼类 10 种，占保护区鱼类总种数的 58.8%，其余科均只有 1 ～ 2 种鱼类。本次调查所得鱼类区系主要来自标本、实地观察记录，部分记录来自当地钓鱼爱好者所获标本，尤其是两种保护鱼类细鳞鲑（*Brachymytax lenok*）和贝氏哲罗鲑（*Hucho bleekeri*）均来自调查记录，本次实地记录种类较 2007 年科考增加明显。基于网捕记录和观测记录，保护区最常见鱼类为拉氏大吻鲅（*Phoxinus lagowskii*），其余依次为细鳞鲑、似鮈（*Pseudogobio vaillanti*）、短须颌须鮈（*Gnathopogon imberbis*）、多鳞铲颌鱼（*Varicorhinus macrolepis*）、宽鳍鱲（*Zacco platypus*）、马口鱼（*Opsariichthys bidens*）、餐条（*Hemiculter leucisculus*）、红尾副鳅（*Homatula variegatus*）等。

（二）区系组成及分布型

按照李思忠（1981）的鱼类区系区划原则，保护区鱼类区系有 6 种类型（附录 1），分别为：中国江河平原区系复合体、晚第三纪早期区系复合体、北方平原复合体、北方山区区系复合体、南方平原区系复合体、南方山地区系复合体。其中，中国江河平原区系复合体类型有 7 种鱼类，占保护区鱼类总数的 41.2%，全为鲤科鱼类；其次是北方平原复合体和北方山区区系复合体，两种鲑形目鱼类细鳞鲑、贝氏哲罗鲑和常见种拉氏大吻鲅都为北方山区区系复合体，这些物种为冰川期自北方向南扩散过来的类群，是冰期结束后残留在海拔较高、水温较低水体中存活至今的物种；南方平原区系复合体和南方山地区系复合体均只有 1 种。

（三）特有种

保护区鱼类的中国特有种为细鳞鲑、贝氏哲罗鲑、红尾副鳅 、中华花鳅、嘉陵颌须鮈、峨眉后平鳅等物种。

（四）保护物种

保护区有两种保护鱼类，贝氏哲罗鲑为国家 I 级保护动物，细鳞鲑为国家 II 级保护动物。

三、空间格局

峪长沟最长，流量最大，流域水文环境也最丰富，同样，其鱼类区系也是最丰富的水系，除贝氏哲罗鲑外，其余16种鱼类在峪长沟均有分布；在峪长沟内碾子坪以上区域种类逐渐减少，在古墓坪附近仅有拉氏大吻鲅和红尾副鳅分布，往下种类逐渐丰富，郭家坝以下有细鳞鲑分布，再往下至砖头坝河段是似鮈、短须颌须鮈、多鳞铲颌鱼、宽鳍鱲、马口鱼的分布地；梨子坝沟上游也主要是拉氏大吻鲅和红尾副鳅分布，水到保护区边界处后又汇入洞子沟，水量较大，开始有宽鳍鱲、马口鱼分布，但种类和数量都较峪长沟少；范条峪河在保护区境内主要是大、小范条峪支流，河流季节性明显，水流急，鱼类也主要以拉氏大吻鲅为主，大范条峪由于水量比小范条峪大，捕获率也高些；松坪子河尽管在保护区较短，但流速缓、水潭多，导致鱼的种类也较丰富，除有拉氏大吻鲅、多鳞铲颌鱼、峨眉后平鳅分布外，该河段是贝氏哲罗鲑在保护区唯一的分布区，该河段也有细鳞鲑分布。

在垂直分布上，保护区鱼类也呈现出一定差异，到海拔1 500 m的大部分河流只有拉氏大吻鲅分布，偶尔有红尾副鳅、中华花鳅分布；1 300～1 500 m之间种类开始增加，两种鲑鱼也是在该海拔段；1 300 m以下河段是保护区鱼类多样性最丰富的区域，是鱼类区系主要种类的分布地，该类型河段在峪长沟有较多分布。

四、多度空间分布

从物种多样性上分，峪长沟是物种最多的支流，其次是松坪子河和梨子坝沟，其余支流的物种多样性都较低。基于捕获率和观察记录，拉氏大吻鲅是不同海拔、不同河流遇见率最高的物种，是保护区的绝对优势种；细鳞鲑体型较大，且在保护区遇见率较高，其生物量仅次于拉氏大吻鲅；其余遇见率较高的物种为宽鳍鱲、似鮈、马口鱼、餐条、短须颌须鮈、多鳞铲颌鱼等，其他物种在保护区遇见率和多度都较低。

五、特点

保护区鱼类区系组成较为简单，物种多样性相对较低，优势种单一，拉氏大吻鲅为绝对优势物种。其区系特点在于秦岭独特的地质构造和保护区地形特征，由于秦岭的形成过程、冰川和地质运动，以及保护区复杂多样的地貌，使得该区域保存了较多的北方属性的物种，具体为北方平原复合体和北方山区区系复合体的物种，如多鳞铲颌鱼、细鳞鲑、贝氏哲罗鲑、拉氏大吻鲅等，是秦岭南坡少有同时分布两种鲑形目鱼类的区域，使保护区更具科研和保护价值。

六、拉氏大吻鲅专项调查

拉氏大吻鲅（*Phoxinus lagowskii* Dybowsky）

分类位置：鲤形目 Cypriniformes，鲤科 Cyprinidae，雅罗鱼亚科 Leuciscinae。

识别特征：体长，略侧扁，腹部较圆。头长，呈锥形，口亚下位，口裂较深，以马蹄形向上稍倾斜。眼较大，侧位。下颌正中无一显著突起，下咽齿2行，齿面不呈梳形，末端弯曲稍呈钩状。鳞小，排列不整齐。背鳍正中和体侧各有一条灰黑色的纵列条纹，尾鳍基部有一不明显的黑斑。

表 3-2 桑园保护区拉氏鲅生长状况统计表（长度：mm）

采样地	经纬度	海拔（m）	编号	重量（g）	全长	体长	头长	吻长	眼间距	总数量
易家湾（梨子坝沟）	107.246025106923，33.72146123336	1330	1	12	110	95	25	9	9	70
	107.246025106923，33.72146123336	1330	2	9.6	115	93	22	7	11	
	107.246025106923，33.72146123336	1330	3	11.8	121	100	25	7.5	12	
	107.246025106923，33.72146123336	1330	4	5.5	92	81	20	7	8	
	107.246025106923，33.72146123336	1330	5	8.3	102	86	22	7	10	
	107.246025106923，33.72146123336	1330	6	8.6	103	85	24	7	11	
	107.246025106923，33.72146123336	1330	7	9.7	103	86	23	7	10	
	107.246025106923，33.72146123336	1330	8	8.3	100	84	23	8	10	
	107.246025106923，33.72146123336	1330	9	6.5	93	77	22	8	10	
	107.246025106923，33.72146123336	1330	10	9.6	109	90	23	8	10	
			平均值	9.0	104.8	87.7	22.9	7.6	10.1	
			中位数	9.1	103.0	86.0	23.0	7.3	10.0	
			最大值	12.0	121.0	100.0	25.0	9.0	12.0	
			最小值	5.5	92.0	77.0	20.0	7.0	8.0	
			标准差	1.9	8.7	6.5	1.4	0.7	1.0	
古墓坪（峪长沟）	107.298306624143，33.7847739318032	1560	1	5.2	87	80	18	5	8	20
	107.298306624143，33.7847739318032	1560	2	9.8	104	87	22	9	9	
	107.298306624143，33.7847739318032	1560	3	8.8	95	82	21	8	10	
	107.298306624143，33.7847739318032	1560	4	5.3	85	73	18	7	8	

续表

采样地	经纬度	海拔（m）	编号	重量（g）	全长	体长	头长	吻长	眼间距	总数量
古墓坪（峪长沟）	107.298306624143，33.7847739318032	1560	5	14.3	121	100	26	8	10	20
	107.298306624143，33.7847739318032	1560	6	5	88	74	17	6	7	
			平均值	8.07	96.67	82.67	20.33	7.17	8.67	
			中位数	7.05	91.50	81.00	19.50	7.50	8.50	
			最大值	14.30	121.00	100.00	26.00	9.00	10.00	
			最小值	5.00	85.00	73.00	17.00	5.00	7.00	
			标准差	3.36	12.61	9.09	3.09	1.34	1.11	
郭家坝（峪长沟）	107.256904002641，33.7611316072492	1300	1	5	87	73	19	5	8	20
	107.256904002641，33.7611316072492	1300	2	4.8	82	69	19	5	8	
	107.256904002641，33.7611316072492	1300	3	4	80	67	18	6	8	
	107.256904002641，33.7611316072492	1300	4	2.8	74	62	16	5	8	
	107.256904002641，33.7611316072492	1300	5	3.3	82	68	18	5	9	
	107.256904002641，33.7611316072492	1300	6	1.7	69	52	19	4	7	
			平均值	3.6	79.0	65.2	18.2	5.0	8.0	
			中位数	3.7	81.0	67.5	18.5	5.0	8.0	
			最大值	5.0	87.0	73.0	19.0	6.0	9.0	
			最小值	1.7	69.0	52.0	16.0	4.0	7.0	
			标准差	1.3	6.4	7.4	1.2	0.6	0.6	

生态习性：喜居于流速缓慢的山溪清冷水域。杂食性，主要以水生昆虫、浮游动物、枝角类及水生植物为食，每年 4 ～ 6 月份产卵繁殖。

分布：拉氏大吻鲹是冰期从北方移入的一种雅罗鱼亚科鱼类，为北方山区区系复合体区系，从黑龙江至秦岭以南的清江、沅江、汉江上源都有分布。在黄河和长江水系呈“点状”分布；在秦岭中一般生活在溪流之中，在 1 200 m 以上的山溪中其个体数占 50% 以上，在一些小溪流竟达 100%。

本次调查，拉氏大吻鲹分布于保护区水系的全境，数量占总捕获量的 70% 以上，是保护区鱼类的绝对优势种。为全面了解其生长状况和特征，本次科考还对保护区境内的拉氏大吻鲹进行了专项调查，测量了所获取样本的相关形态指标，获取了古墓坪、郭家坝、易家湾三地拉氏大吻鲹的形态学特征进行统计和分析（详见表 3–2）。经测量，古墓坪、易家湾两地的生物量、体长、头长等指标都大于郭家坝，平均值易家湾大于古墓坪，但生物量、体长的最大值在古墓坪，郭家坝样地的生物量和形态指标小，与该样地与细鳞鲑为同一水潭可能有关。总体上，易家湾由于该河段流速较缓，水量较大，更适合山区鱼类的生长，数量也较多，捕获率、样本数和样本规模也较大。

七、重要和常见鱼类及资源状况

（一）细鳞鲑（*Brachymytax lenok*）

分类地位：鲑形目 Salmoniformes，鲑科 Salmonidae，我国特有种。

识别特征：体长纺锤形，稍侧扁；头钝，头背部宽坦，中央微凸；吻不突出或微突；口端位，下颌较上颌略短，上颌骨后端达眼中央下方；上下颌、犁骨和腭骨各有 1 行尖齿；舌厚、游离，舌齿约 10 枚；鳞细小，头部无鳞，侧线完全、平直；背鳍短，外缘微凹；脂鳍与臀鳍相对；腹鳍后伸不达肛门，鳍基部具 1 长腋鳞；尾鳍叉状；幽门盲囊 65 ～ 75 个；体背部暗绿色，体侧淡红色，微紫，至腹部渐呈白色，体背及两侧散布有长椭圆形黑斑，斑缘为白环纹状，沿背鳍基及脂鳍上各具 4 ～ 5 个圆黑斑。

生态环境和生活习性：属冷水性山麓鱼类，生活于秦岭地区海拔 900 ～ 2 300 m 的山涧溪流中，属肉食性鱼类，幼鱼主要以水生无脊椎动物为食，成鱼除摄食鱼类外，也食被风吹落的陆生昆虫。

分布范围：本次调查细鳞鲑发现地为郭家坝—碾子坪一带，发现样地经纬度 107.256904，33.761131，发现水体面积 60 m^2、水深 1.8 ～ 2.5 m，共观察到细鳞鲑 18 条，每条体重估计在 500 g 左右；另外，在梨子坝沟和保护区外的范条峪河流中也有分布，尤以水流平缓的深潭较多。

（二）贝氏哲罗鲑（*Hucho bleekeri*）

分类地位：鲑形目 Salmoniformes，鲑科 Salmonidae，我国特有种。

识别特征：体长椭圆形，略侧扁，腹部圆。口大，斜裂，向后延伸至眼球中部或后缘的下方。上颌稍突出，略长于下颌；上颌骨细长，向后伸过眼后缘。颌骨、犁骨和舌骨均有较多的粗壮牙齿，齿锥形，末端锋利，斜向内方。犁骨轴部每侧有四颗大牙齿。鳃孔大，鳃膜和鳃峡不相连。眼较大。鳞小，侧线鳞 125 ～ 152 枚，腹鳍基具腋鳞 3 枚。侧线平直。背部蓝褐色，腹部银白色。体侧和鳃盖上分布有呈小十字形的不规则灰黑色小斑点。

生态环境和生活习性：贝氏哲罗鲑属一种冷水鱼类，多栖息在河道狭窄、水质清澈、水流湍急、水温较低的水域。性活泼健泳、凶猛，喜单独活动，为凶猛肉食性鱼类。其食物主要是鱼类和水生昆虫的成虫及其幼虫，还包括水鸟和水生兽类等，有时也吃腐肉。

分布范围：本次调查哲罗鲑发现地为松坪子以下的较深水潭有分布，但集群大小多为 4 ～ 5 只一群，群数量较细鳞鲑的鱼群小，发现地经纬度为：107.306 844，33.730 607；107.314 382，33.726 989 两处，个体体重估计在 500 g 左右。

第二节　两栖动物

一、调查方法

两栖类动物调查主要以样线法结合样点法进行。在保护区峪长沟、梨子坝沟等地，沿溪流、水流及附近农地、居民点等两栖动物活动频繁的地区设置样线，每条样线长约 2 000 m。沿样线步行进行调查，同时在样线内两栖动物活动频繁的区域（如水体、沼泽、河流坑潭等）选择直径约 10 m 大小的样方作为重点调查区域，统计两栖动物的种类、数量和栖息生境，一共选取样线 10 条，设置样点 24 个。此外针对保护区分布的珍稀和保护物种的分布和种群动态进行了重点调查，并对其变化情况及原因在社区进行了走访。在保护区两栖动物物种区系、种群动态、保护状况分析和报告编写中还结合了该区域及周边已有的两栖动物研究成果以及保护区长期的监测数据和已有生物多样性调查报告。

二、区系组成及特点

（一）种类组成

桑园保护区此次科考记录并调查到两栖类动物 14 种（附录 2），隶属于 2 目 6 科，分别占陕西省两栖类物种的 51.9%，种类组成比较丰富。其中有尾目 2 科 3 种，小鲵科 2 种，为保护区起源较古老的物种，分别为山溪鲵（*Batrachuperus pinchonii*）和黄斑拟小鲵（*Pseudohynobius flavomaculatus*），山溪鲵是本次调查期间采集最多的有尾目标本，保护区已有调查记录有秦巴北鲵（*Pseudohynobius tsinpaensis*），本次调查期间没采集到该物种标本，根据已有描述和对整个秦岭南坡该物种的分布推测，已有记录应为黄斑拟小鲵，本次调查在古墓坪和三道沟以上河段采集到该物种；隐鳃鲵科 1 种、为大鲵（*Andrias davidianus*）。无尾目 4 科 11 种，蟾蜍科 2 种，中华蟾蜍（*Bufo gargarizans*）和华西蟾蜍（*Bufo andrewsi*）均有分布；雨蛙科 1 种，为秦岭雨蛙（*Hyla tsinlingensis*）；蛙科 6 种，分别为中国林蛙（*Rana chensinensis*）、隆肛蛙（*Feirana quadranus*）、棘腹蛙（*Paa boulengeri*）、黑斑侧褶蛙（*Pelophylax nigromaculatus*）、泽陆蛙（*Fejervarya multistriata*）、大绿臭蛙（*Odorrana livida*）；姬蛙科 2 种，为饰纹姬蛙（*Microhyla ornata*）和合征姬蛙（*Microhyla mixtura*）。蛙科是两栖类区系组成的主体，单型科、单型属物种 2 种。较已有区系记录，本次调查新增 2 物种，为大绿臭蛙和合征姬蛙，修正一物种：秦巴北鲵修正为黄斑拟小鲵。

（二）区系组成及分布型

保护区两栖动物有东洋种 10 种，古北种 1 种（为中国林蛙），广布种 3 种，呈现有以东洋界种为主、古北种稀少的特点，区系成分符合秦岭南坡动物区系属性。保护区两栖动物共有 6 种分布型，分别为 E 季风型、H 喜马拉雅—横断山区型、L 局地型、S 南中国型、W 东洋型、X 东北—华北型。其中 S 南中国型物种最多，有 5 种，占物种数的 36%；其次是 E 季风型物种，有 3 种（附录 2）。

（三）特有种

保护区两栖类特有种比例较高，共有 12 种物种仅分布于我国或主要产于我国。特有种中以我国特有种为主，有 8 种只分布于我国，如黄斑拟小鲵（*Pseudohynobius flavomaculatus*）、山溪鲵（*Batrachuperus pinchonii*）、大鲵（*Andrias davidianus*）、华西蟾蜍（*Bufo andrewsi*）、秦岭雨蛙（*Hyla tsinlingensis*）、隆肛蛙（*Feirana quadranus*）、大绿臭蛙（*Odorrana livida*）、合征姬蛙（*Microhyla mixtura*）等；有 4 种两栖类为主要分布于我国的物种，周边国家也有分布，为中华蟾蜍（*Bufo gargarizans*）、中国林蛙（*Rana chensinensis*）、棘腹蛙（*Paa boulengeri*）、黑斑侧褶蛙（*Pelophylax nigromaculatus*）；近泽陆蛙（*Fejervarya multistriata*）饰纹姬蛙（*Microhyla ornata*）是广布种。

（四）保护物种

保护区有 2 种国家重点保护两栖类动物，均为国家 II 级保护动物，分别为大鲵和山溪鲵。

三、空间格局

保护区内两栖类动物主要沿水系、林中的沼泽和湖泊分布，对水环境的依赖性大，栖息地离不开水或湿地环境，对栖息环境的选择较严格，在空间分布上主要分布在 1 800 m 以下的区域，1 800 m 以上仅偶尔有黄斑拟小鲵分布。1 500 ～ 1 600 m 之间的区域是保护区两栖动物分布较为集中的分布区，调查中的遇见率和多度都最高，山溪鲵、华西蟾蜍、隆肛蛙、棘腹蛙等都主要在该区域发现，也是种群密度最大的区域。在低海拔区域是大绿臭蛙、黑斑侧褶蛙、泽陆蛙、饰纹姬蛙和合征姬蛙的分布区，偶有大鲵发现。

保护区为山地峡谷和森林环境，由于水系发达、人为干扰相对较少，在调查季节两栖类的遇见率相对较高，尤其是在其适宜生境，两栖类的遇见率仅次于鸟类。根据调查期间两栖类的观察和采集记录，保护区两栖动物种群多度按遇见频次分为三类：+ 为遇见 1 ～ 10 次物种；++ 为遇见 10 ～ 20 次物种；+++ 为遇见 20 次以上物种。按以上标准在保护区溪流等水环境中遇见率最高的两栖类是隆肛蛙，陆生环境中遇见率最高的是华西蟾蜍，保护区边缘地带和低海拔地区遇见率最高的是饰纹姬蛙。

四、时间格局

两栖动物虽然有包括形态和行为在内的各种生态适应，但抵御极端环境的能力仍然很弱，在保护区内一旦温度下降即进入冬眠状态。保护区冬季时间长，夏季时间短，春季长于秋季，且随海拔高度的升高，夏季缩短，冬季延长。因此保护区两栖动物只能在每年的春末—夏季—秋初有较高的遇见率，具体时间为每年的 4 月下旬、5 月初至 9 月下旬或 10 月初，以 7 ～ 8 月遇见率最高，其余时间为其冬眠季节，遇见率较低。

五、同科属物种空间和多度格局

为认识保护区两栖类物种中形态类似、亲缘关系较近的同一大类群物种之间的分布和种群多度，加深对各类群两栖动物种生存状况的了解，针对同一科内有多个物种的类群，对其分布和相对多度进行详细分析和评价。

（一）小鲵科：黄斑拟小鲵、山溪鲵

山溪鲵是保护区最常见的小鲵，其分布区和种群多度都远大于黄斑拟小鲵，在保护区易家湾（107.254 429， 33.716 616）、红花嶒（107.197 627， 33.706 214）、小川子（107.172 999， 33.701 693）等地分布较多，选择水流小的支沟、溪流栖息。黄斑拟小鲵分布海拔较山溪鲵高，本次调查只在古墓坪以上区域（107.310 175， 33.799 132）和三道沟（107.220 826， 33.687 535）采集到标本，其遇见率远小于山溪鲵，其种群分布和多度格局与秦岭东部地区（宁陕平河梁）差异显著。

（二）蟾蜍科：华西蟾蜍、中华蟾蜍

两物种都分布于保护区的陆生环境中，中华蟾蜍广泛分布，以低海拔地区较常见，华西蟾蜍分布海拔相对较高，在海拔 1 600 m 左右主要就只有华西蟾蜍分布，调查期间在古墓坪只采集到华西蟾蜍，且遇见率极高，在支流下是石缝中密集分布，遇见率远大于秦岭东部地区。

（三）蛙科：中国林蛙、隆肛蛙、棘腹蛙、黑斑侧褶蛙、泽陆蛙、大绿臭蛙

中国林蛙是保护区唯一的古北界物种，在保护区主要分布于 1 600 m 及以下的森林环境中，是适应陆生环境能力较强的物种，遇见率较高；保护区遇见率最高、种群多度最大的两栖类和蛙类是隆肛蛙，在松坪子河、梨子坝河、洞子沟等地最常见；棘腹蛙调查期间仅在峪长沟碾子坪和缭线沟采到标本，遇见率相对较低；黑斑侧褶蛙、泽陆蛙、大绿臭蛙分布海拔低于其他蛙类，遇见率也更低。

（四）姬蛙科：饰纹姬蛙、合征姬蛙

两种姬蛙都分布于保护区低海拔边界区域，尤其是与农地、居民区接壤的区域。饰纹姬蛙最常见，遇见率远高于合征姬蛙。

六、特点

保护区共有两栖类动物 14 种，隶属于 2 目 6 科。保护区两栖动物在区系组成上呈

现以蛙科为主、我国特有种占主体的特点；在区系成分和分布型上东洋界物种均占优势，都符合秦岭南坡动物区系的东洋界属性；两栖类组成上的地理区位特征明显，华西蟾蜍、山溪鲵的遇见率和多度明显高于东部，是两物种在秦岭南坡遇见率较高的区域之一；区系成分原生性明显，保存了有尾目物种黄斑拟小鲵、山溪鲵等起源较古老的物种，也反映了保护区自然环境和生态系统的原生性和稳定性保护较好的实际。

七、重要和常见两栖类及资源状况

（一）大鲵（*Andrias davidianus*）

分类地位：有尾目隐鳃鲵科，国家Ⅱ级保护动物，我国特有种。

识别特征：头部扁平、钝圆，口大，眼不发达，无眼睑，眼间距宽，头长略大于头宽。身体前部扁平，至尾部逐渐转为侧扁。体两侧有明显肤褶，四肢短扁，指、趾前四后五，具微蹼。尾圆形，尾上下有鳍状物。大鲵的体色可随不同的环境而变化，但一般多呈灰褐色。体表光滑无鳞，但有各种斑纹，布满黏液。身体腹面颜色浅淡。

栖息生境及习性：大鲵一般生活在山区水流较平缓的河流、大型溪流的岩洞或深潭中，水流急湍、清澈。栖息地环境的山地断层发育，褶皱紧密，节理裂隙密于蛛网，峡谷、深潭、洞穴发育较多。成体多独栖，幼体常集群于石滩内，夜间活动频繁。成鲵性凶猛，肉食性，以水生昆虫、鱼、虾、蛙、蛇等为食。

分布和种群状况：陕南是大鲵的主要分布区，保护区及所在地留坝县是大鲵传统分布区，保护区水系汇入的范条峪河流曾经是人工养殖大鲵的主要水体。大鲵曾经在保护区内广泛分布，以峪长沟、梨子坝沟、范条峪等河流的数量最多，但由于20世纪的过度捕捞，野生种群遭受毁灭性打击，目前在保护区内只是偶有发现，亟须保护。

（二）山溪鲵（*Batrachuperus pinchonii*）

分类地位：有尾目，小鲵科，我国特有种。

识别特征：躯干浑圆而略扁平，尾粗壮，圆柱形，向后逐渐侧扁。吻端圆，吻棱不明显，鼻孔略近吻端；眼大，口角位于眼后角下方；上唇褶极发达，下唇褶弱，为上唇褶所遮盖；体侧有12条肋沟，少数为11条或13条，偶有14条。四肢适中；前肢前伸指端达眼后角或眼中部；前后肢贴体相对时，指、趾端相距1～2肋沟，仅个别者相遇或略重叠；指、趾扁平，末端钝圆，基部无蹼，指4个，第二、三指几等长，略长于第一指；趾4个，趾长顺序为3、2、4、1；掌突、跖突均不明显。生活时体色变异颇大，背面一般为深棕或棕黄色，也有黑灰、橄榄绿或褐红色者；起自眼后，沿背中线及其两侧有不规则的深色斑若断若续相连成隐约3纵行，少数深色斑交织成麻斑；个别标本的背、腹面均无斑点。腹面色浅，有细密麻斑。液浸标本棕黄色或深棕色，深色斑清晰。

基于本次采集的山溪鲵标本，该物种在保护区内生长状况良好，平均体重16.3 g、最大体重26.2 g（表3-3），最大体长192 mm、平均体长144 mm，栖息地保存较好，遇见率也较高，具有几处稳定的种群。

表 3–3　保护区山溪鲵的形态特征（易家湾）　　长度单位：mm

编号	重量 (g)	体全长	头体长	头长	头宽	吻长	尾长	尾高	尾宽	鼻间距	眼间距
1	22.5	190	100	26	19	6	90	16	11	7	13
2	26.2	190	98	26	21	5	92	15	10	7	13
3	24.8	192	101	26	20	5	91	14	10	7	13
4	7	98	53	16	12	3	45	7	5	4	8
5	0.9	52	33	11	9	2	19	5	4	3	6
平均值	16.3	144.4	77.0	21.0	16.2	4.2	67.4	11.4	8.0	5.6	10.6
中位数	22.5	190.0	98.0	26.0	19.0	5.0	90.0	14.0	10.0	7.0	13.0
最大值	26.2	192.0	101.0	26.0	21.0	6.0	92.0	16.0	11.0	7.0	13.0
最小值	0.9	52.0	33.0	11.0	9.0	2.0	19.0	5.0	4.0	3.0	6.0
标准差	10.3	58.5	28.5	6.3	4.8	1.5	30.1	4.5	2.9	1.7	3.0

栖息生境及习性：山溪鲵生活在海拔 1 500 m 以上的山区流溪内，溪内石块较多，常因雨水冲刷及倒木而阻塞溪面。成鲵多栖息于碎石或腐木下，被翻出后，常弯曲不动，体色与溪底相似，不易发现；捕捉时，因体表有大量黏液而非常滑腻，不易捕捉，脱逃后即迅速潜入浑水处或其他石下隐蔽。

分布和种群状况：山溪鲵在秦岭南坡及各保护区广泛分布。本次调查在易家湾、红花嶒、小川子采集到了标本，在保护区内的遇见率较高。

（三）华西蟾蜍（*Bufo andrewsi*）

分类地位：无尾目，蟾蜍科，我国特有种，是保护区最常见的蟾蜍。

识别特征：体重 18 g 左右，体长 58.4 mm、足长 28.7 mm 左右（表 3–4），头宽大于头长；吻端圆而高，吻棱明显；上眼睑与眼间距约相等；鼓膜较小，有时不显。背面瘰粒少而稀疏，体侧与腹面交界处有土红色与黑色斑相间；胫部瘰粒大而显，跗褶显著。生活时雄蟾背部橄榄绿色或泥绿色，杂有不显的黑斑点；雌体一般色较浅，背面黑色斑点显著。成体雌性体长约 100 mm，雄性略小。体色较中华蟾蜍浅或黄，体型也较小，为了保护自己，华西蟾蜍发展了一种被动的防御方式，通过体色来保护自己，它们的体色以乳黄色为主，与枯树叶、泥土的颜色非常相似，一旦与环境色融为一体，天敌就很难发现。

表 3–4　保护区华西蟾蜍形态特征统计表（古墓坪）　　长度单位：mm

编号	重量 (g)	体长	头长	头宽	吻长	鼻间距	眼间距	前臂及手长	后肢全长	胫长	足长
1	29.2	65.9	26.1	26.3	8.9	5.3	19.9	27.8	86	23.4	33.7
2	24.2	60	24.9	23.6	7.6	5.9	18	29	78.9	24.8	30.6
3	10.8	48.5	17.8	17.3	8	6.9	14.5	20.7	81	21	28.9
4	17.9	58	23	24	6.7	5.7	16.8	28.7	76	25	30
5	16.1	63	23.8	22.9	6.6	6.6	18.6	25	83	27	29
6	11.1	55	21	17.3	8.5	5.3	16.1	23	71	21	20

续表

编号	重量(g)	体长	头长	头宽	吻长	鼻间距	眼间距	前臂及手长	后肢全长	胫长	足长
平均值	18.2	58.4	22.8	21.9	7.7	6.0	17.3	25.7	79.3	23.7	28.7
中位数	17.0	59.0	23.4	23.3	7.8	5.8	17.4	26.4	80.0	24.1	29.5
最大值	29.2	65.9	26.1	26.3	8.9	6.9	19.9	29.0	86.0	27.0	33.7
最小值	10.8	48.5	17.8	17.3	6.6	5.3	14.5	20.7	71.0	21.0	20.0
标准差	6.7	5.6	2.7	3.4	0.9	0.6	1.8	3.1	4.9	2.2	4.2

栖息生境及习性：水陆栖的蟾蜍，生活于保护区的小溪流中较多，喜湿、喜暗、喜暖。喜穴居、喜欢栖息于水边草丛、砖石孔洞、沟塘、水渠、石穴、农田、草地、山间等阴暗潮湿的地方。

分布和种群状况：在陕西省境内秦岭南坡及以南地区广泛分布，也是秦岭南坡山地森林生态系统中最常见的蟾蜍，本次调查保护区在古墓坪区域分布较多。

（四）隆肛蛙（*Feirana quadranus*）

分类地位：无尾目蛙科，我国特有种，是保护区最常见的蛙类。

识别特征：以保护区易家湾标本记录，体重平均 54.6 g，体长 60 mm，最长可达 88 mm（表 3–5）。体背呈橄榄色而略带黄色，体侧棕黄色并有黑色云斑。颌缘及四肢有清晰的黑色横纹，四肢和腹面为鲜黄色。约有 5% ～ 10% 的个体头背中央脊部有一条黄色纵带，由吻端直达肛部，为色斑之变异。头宽略大于头长，吻较圆，吻棱明显，由于腿后端枕部皮肤下陷呈横沟而使头呈三角形，眼大而鼓起，无外声囊，鼓膜小而不显。肛部隆起皮肤雄性较光滑，有微小突起，雌性部分标本具小疣粒。前肢适中而后肢长而粗壮。一般雌性个体较大而肥，雄性略瘦小。

表 3–5 保护区隆肛蛙的形态特征（易家湾） 长度单位：mm

序号	重量(g)	体长	头长	头宽	吻长	鼻间距	眼间距	前臂及手长	后肢全长	胫长	足长
1	72.7	88	31	32	11	9	24	35	140	39	44
2	67.3	80	31	33	11	8	24	37	155	42	45
3	31.6	25	11	10	5	3	9	11	44	14	14
4	67.3	78	29	32	10	7	23	36	153	46	54
5	31.6	25	10	10	4	3	8	11	44	15	17
6	57.2	63	22	24	8	6	18	27	112	35	41
平均值	54.6	60	22	23	8	6	18	26	108	32	36
中位数	62.3	71	25	28	9	7	20	31	126	37	43
最大值	72.7	88	31	33	11	9	24	37	155	46	54
最小值	31.6	25	10	10	4	3	8	11	44	14	14
标准差	16.9	26	9	10	3	2	7	11	48	13	15

栖息生境及习性：生活于山区的大小溪流或沼泽地带，成体栖息于河流、水沟和积水坑，也见于河边山林中，白天多伏于较大石块下或池边洞中，极少外出活动，傍

晚和黎明为其活动高峰期，爬于石块上或水坑旁，被惊动后迅速跳入水中。

分布和种群状况：在陕西省境内秦岭南坡及以南地区广泛分布，也是秦岭南坡山地森林生态系统中最常见的蛙类；由于保护区为峡谷、溪流的地貌特征，植被以森林灌丛为主的环境，隆肛蛙是保护区遇见率最高的蛙类，调查期间在保护区的古墓坪、碾子坪、易家湾、松坪子、三道沟、小川子等地都采集到成体标本。

第三节　爬行动物

一、调查方法

爬行类动物野外调查主要采用样线法，即在常规调查样带上按一定的规律布设若干调查样线，调查人员沿样线调查记录爬行动物的种类、数量和生境。根据样带长度，沿前进方向，在样带内分段均匀布设 3 ～ 5 条、长度 100 ～ 200 m 的样线。沿样线调查时，保持每次行走速度一致，沿样线往返一次为一个调查。同时，根据爬行动物的活动规律，选择合适的调查时间和典型生境如沟谷、草丛等进行样线外的补充调查。调查范围覆盖保护区不同的地貌景观、植被类型和海拔高度，涉及峪长沟、松坪子、三道沟、小川子等地，在区系统计中还结合了保护区的长期监测数据和已有生物多样性调查报告等成果。

二、区系组成及特点

（一）种类组成

此次调查共记录到爬行动物 31 种（附录 3），隶属于 2 目 6 科，分别为蜥蜴目和蛇目，占陕西省爬行动物种类的 59.6%。其中，蜥蜴目 4 科 11 种，分别为壁虎科、鬣蜥科、石龙子科和蜥蜴科；蛇目有 2 科 20 种，为游蛇科和蝰科；游蛇科 17 种，占 58.6%。较 2006 年科考，本次新增物种 6 种，修正物种 1 种，新增物种为多疣壁虎（*Gekko japonicus*）、米仓龙蜥（*Japalura micangshanensis Song*）、丽斑麻蜥（*Eremias argus*）、棕脊蛇（*Achalinus rufescens*）、紫灰锦蛇（*Elaphe porphyracea*）、颈槽蛇（*Rhabdophis nuchalis*）。以上 6 种分别来自本次科考的观测和标本记录，多疣壁虎、米仓龙蜥、丽斑麻蜥发现地为碾子坪，棕脊蛇发现地为梨子坝，紫灰锦蛇发现地为范条峪，颈槽蛇发现地为松坪子、郭家坝；本次科考将原报告中蝰科烙铁头（*Trimeresurus mucrosquamatus*）修正为菜花烙铁头（*Trimeresurus jerdonii*）。

（二）区系组成及分布型

保护区爬行动物有东洋界物种 22 种，占 71%，为保护区爬行类的主体；古北种 4 种，为黄纹石龙子（*Eumeces capito*）、丽斑麻蜥（*Eremias argus*）、秦岭滑蜥（*Scincella tsinlingensis*）、无蹼壁虎（*Gekko swinhonis*）；广布种 5 种，为北草蜥（*Takydromus septentrionalis*）、赤链蛇（*Dinodon rufozonatum*）、黑眉锦蛇（*Elaphe taeniura*）、虎斑颈槽蛇（*Rhabdophis tigrinus*）、蓝尾石龙子（*Eumeces elegans*）；区系组成以东洋界物种为主，有少量古北种分布，呈现区系交汇、融合、过渡的特点，区系组成符合该区

域的生物地理特征。

保护区爬行类共有 7 种分布型，分别为：B 华北型（主要分布于华北区）、D 中亚型（中亚温带干旱区分布）、E 季风型（东部湿润地区为主）、H 喜马拉雅—横断山区型、S 南中国型、W 东洋型、X 东北—华北型。其中 S 南中国型物种 164 种，占爬行类物种数的 51.6%，其次是 W 东洋型物种 7 种，占爬行类物种数的 22.6%，其余类型种数都较少。

（三）特有种

保护区爬行动物有我国特有种 23 种，占爬行动物物种数的 74.2%，占比较高，其中有 10 种爬行动物为我国特有种，有 13 种爬行动物为主要分布于我国、周边国家也有分布的特有种，其中黄纹石龙子（*Eumeces capito*）、丽纹龙蜥（*Japalura splendida*）、米仓龙蜥（*Japalura micangshanensis* Song）、秦岭腹（*Agkistrodon qinlingenis*）、秦岭滑蜥（*Scincella tsinlingensis*）为区域性的代表物种。

（四）保护物种

保护区无国家重点保护爬行类动物。

三、空间格局

基于本次科考记录，保护区爬行动物在 1 800 m 以下区域分布较多，1 800 m 以上区域仅发现秦岭腹和斜鳞蛇；1 400 ～ 1 600 m 是爬行动物最集中的分布区，本次考察的新发现物种观察记录也主要来自该区域，常见物种为颈槽蛇、黑眉锦蛇、斜鳞蛇、王锦蛇、乌梢蛇、菜花烙铁头；1 400 m 以下区域是蜥蜴目物种分布较多的区域，常见物种为多疣壁虎、草绿龙蜥、丽纹龙蜥、米仓龙蜥、北草蜥、丽斑麻蜥，新物种紫灰锦蛇也发现于该区域，黑眉锦蛇也是该区域的常见种。

保护区爬行动物较其他类群遇见率相对较低，根据调查期间所发现爬行动物的频次，对保护区爬行类的种群多度分为三类：+ 为遇见 1 ～ 10 次的物种；++ 为遇见 10 ～ 20 次的物种；+++ 为遇见 20 次以上的物种。以此评估爬行动物的种群数量。总体上，蜥蜴目遇见率最高的是北草蜥，其次是蝘蜓；蛇目遇见率最高的是虎斑颈槽蛇、颈槽蛇和斜鳞蛇，在保护区 1 800 m 以下的区域极为常见，在森林、灌丛、草丛、农地都可遇见，是在道路上记录到死亡个体最多的爬行类物种；黑眉锦蛇、乌梢蛇和菜花烙铁头等物种也较为常见。

四、时间格局

爬行动物是真正意义上摆脱对水依赖的物种，在生理结构上进一步适应陆地生活，是真正适应陆栖生活的变温脊椎动物，其繁殖也脱离了水的束缚，但体温不恒定，没有完善的保温装置和体温调节功能，能量又容易丧失，需要从外界获得必需的热，为所谓的“外热源动物”。保护区气候变化明显，导致爬行动物一年的活动规律也显出季节差异：夏季是活动季节和高峰期，摄食和繁殖都在此期间完成；秋末冬初到次年春季是休眠时期，或称“冬眠”。保护区四季分明，温差大，爬行类只在每年的 5 月至 9 月下旬可遇见（较两栖类动物稍晚），其余时间都为其冬眠季节。

五、同科属物种空间和多度格局

为认识保护区爬行动物中形态类似、亲缘关系较近的同类物种之间的分布和种群多度，加深对各类群爬行种生存状况的了解，本科考针对同一科内有多个物种的类群，对其分布和相对多度进行详细分析和评价。

（一）石龙子科：黄纹石龙子、蝘蜓、秦岭滑蜥、蓝尾石龙子

蝘蜓分布于保护区内的各种生境，海拔跨度大，在石块、林缘、道路等环境中极为常见；黄纹石龙子多栖息于山间溪流两侧的石下或草丛中，较蝘蜓遇见率低；蓝尾石龙子和秦岭滑蜥遇见率低。

（二）蜥蜴科：北草蜥、丽斑麻蜥

两物种在保护区内都常见，生境都相近，都为路边、乱石堆、灌丛及草丛等环境，丽斑麻蜥分布海拔相对高，但北草蜥遇见率较丽斑麻蜥更高。

（三）游蛇科：棕脊蛇、黑脊蛇、平鳞钝头蛇、赤链蛇、王锦蛇、黑眉锦蛇、玉斑锦蛇、紫灰锦蛇、双全白环蛇、黑背白环蛇、锈链腹链蛇、斜鳞蛇、翠青蛇、乌梢蛇、颈槽蛇、虎斑颈槽蛇、黑头剑蛇

17 种游蛇中，遇见率最高的是虎斑颈槽蛇、颈槽蛇和斜鳞蛇，分布于保护区大部分生境，秦岭南坡为斜鳞蛇遇见率较高的地区之一，虎斑颈槽蛇遇见率高于颈槽蛇；其次遇见率较高的物种依次是黑眉锦蛇、王锦蛇、赤链蛇、乌梢蛇，其余游蛇科物种遇见率都比较低。紫灰锦蛇为本次科考发现的新物种，主要分布于低海拔地区，样本采集地为范条峪，相对其他锦蛇遇见率偏低。

（四）蝰科：菜花烙铁头、秦岭蝮、竹叶青

三物种在保护区都有分布。最常见的是菜花烙铁头，在保护区中低山均有分布；其次是秦岭蝮，分布于较高海拔地区的灌丛、岩石区域，遇见率低于菜花烙铁头；竹叶青分布于中低山的森林、竹林等环境，遇见率最低，偶见。

六、特点

保护区爬行动物种类丰富、分布型多样，反映了保护区生境多样、生态环境和植被保存完好的成效；在区系组成上呈现融合、过渡的特点，有以东洋界物种和南中国型为区系的主体、特有种比例较高等特点。蜥蜴目遇见率最高的是北草蜥，其次是蝘蜓；蛇目遇见率较高的是虎斑颈槽蛇、颈槽蛇、斜鳞蛇、黑眉锦蛇、乌梢蛇、菜花烙铁头等物种，秦岭南坡是斜鳞蛇遇见率较高的区域之一。

七、重要和常见爬行动物及资源状况

（一）紫灰锦蛇（*Elaphe porphyracea*）

分类地位：蛇目游蛇科锦蛇属物种，2020 年 9 月在范条峪保护区外发现（107.202814, 33.716 493）。

识别特征：背部紫铜色，头背部有3条黑色带纹，纵向后伸，中间1条起自鼻间，止于鳞末端，一直延伸到尾部。体尾背面有10多条形如马鞍形的淡黑色横斑，每个横斑约有3～5个鳞片宽；腹部玉白色。

栖息生境及习性：锦蛇生活于山区的林缘、路旁、耕地、溪边及居民点，以小型啮齿类动物为食。

分布和种群状况：紫灰锦蛇分布于保护区低海拔地区，遇见率偏低；该物种在秦岭南坡分布也较广泛，但遇见率较黑眉锦蛇、王锦蛇低。

（二）王锦蛇（*Elaphe carinata*）

分类地位：蛇目游蛇科锦蛇属物种，别名臭王蛇、王蛇等。

识别特征：大型无毒蛇，背面鳞片色暗褐，部分鳞沟黑色，形成约2枚鳞长的若干黑褐色斑纹，使身体呈深浅交替的横纹，但体后段及尾背面形成黑色网纹，头背棕黄色，鳞沟黑色，形成黑色的“王”字，瞳孔圆形，吻鳞头背可见，鼻间鳞长宽几相等，前额鳞与鼻间鳞等长。幼蛇枕部具有2条短的黑纵纹，体背呈浅茶褐色，有不规则的细小黑斑纹，尾背有2条细黑纵纹直达尾端，体后段及尾部两侧各有1条黑色点状斑纹，腹面为浅红色，腹鳞两侧具有黑色点状斑，幼蛇的花纹及颜色和成蛇差别很大。

栖息生境及习性：分布于海拔1 000～2 240 m范围，活动于平原、丘陵、山区的灌丛、荒野、草坡岩壁、路边、农耕地及住宅区附近，动作敏捷，性情凶猛，爬行速度快且会攀爬上树。系广食性蛇类，以捕食蛙类、鸟类、鼠类及各种鸟蛋为生。

分布和种群状况：在保护区分布广泛，也是秦岭南坡的常见锦蛇，科考期间在梨子坝沟（107.250 998, 33.727 915）、洞子沟（107.241 361, 33.713 400）、松坪子（107.296 684, 33.735 053）等地的遇见率较高。

（三）菜花烙铁头（*Trimeresurus jerdonii*）

分类地位：蛇目蝰科原矛头蝮属，主要分布于我国的特有种。

识别特征：菜花烙铁头较窄长，三角形，吻棱明显。背面黑黄间杂，由于每一背鳞具有比例不一的黑黄两种颜色构成，有的类似菜花黄色，故称“菜花蛇”。从整体看，有的黑色较少，整体趋近于草黄色；有的黑色较浓，整体偏黑而杂以菜花黄。大多数的正背沿有一行镶黑边的深棕色或深红色斑块。每一斑块约占数枚至十余枚背鳞。腹面黑褐色或黑黄间杂。头背黑色可见黄色圈纹。吻棱经眼斜向口角以下的头侧黄色。眼后有一粗黑线纹；头腹黄色，杂以黑斑。

栖息生境及习性：生活于保护区中低海拔的灌草丛、岩石、乱石堆处等，有时亦可见其在草地间巨石上暴晒太阳，如天气潮湿常外出暴晒，如天气干燥则躲藏于石隙间。主要于晚上活动捕食，多捕食山溪鲵、林蛙、鼠及昆虫。

分布和种群状况：于秦岭南坡广泛分布，为保护区最常见的毒蛇，科考期间在范条峪（107.213 165, 33.706 618）、洞子沟、红花嶒（107.192 106, 33.700 670）等地遇见率较高。

第四节　鸟　类

一、调查方法

鸟类调查采用样线法和样点法进行。调查按保护区的时间格局分春夏（繁殖季）、秋和冬季三次进行，对部分区域适度进行补充调查，共进行5次，调查时间分别在大多数种类分布和数量相对稳定的时期；由于保护区为山地森林生态系统，主要调查时间为鸟类繁殖期。保护区鸟类的繁殖季为每年的4月至7月，调查在晴朗、风力不大（一般在三级以下）的天气条件下进行，具体调查时间为5:00—9:00，16:00—18:30；在10月至冬季主要对迁徙情况和猛禽开展调查。调查时根据保护区鸟类资源分布、地形、后勤保障等情况布设样线，样线覆盖保护区内的地貌和植被类型。调查队员沿样线记录鸟类的种类、数量、栖息地等信息，步行速度约1 km/h。除样线调查外，在调查样线上设置一定数量的样点，以样点的数量估计大多数鸟类的密度，各样点之间至少间隔200 m。到达样点后，宜安静休息5 min后，以调查人员所在地为样点中心，观察并记录四周发现的鸟类名称、数量、距离样点中心距离等信息。每个个体只记录一次，能够判明是飞出又飞回的鸟不进行计数。每个样点的计数时间为10 min。另外，根据保护区鸟类的生态类群，考察中针对林灌鸟类，选择一些鸟类经常活动的地点安放红外相机，对保护区内的林灌鸟类进行定点监测，在样线调查基础上对保护区鸟类物种区系、分布进行完善，并对种群数量和密度进行估算。为充分掌握鸟类的时间格局，调查中每个月对保护区进行一次常见鸟类的监测，以此确定保护区常见鸟类的时间分布。最后，还参考了该区域及周边已有的鸟类研究论文、观鸟报道以及保护区的长期监测数据和已有生物多样性调查报告等成果。

二、区系组成及特点

（一）种类组成

结合样线调查和红外相机监测数据，本次科考共记录到鸟类196种，结合相关文献、监测记录等信息和数据，最后确定保护区鸟类共235种，占陕西省鸟类种数的42%，根据郑光美2019年《中国鸟类分类与分布目录》（第三版），235种鸟类分属于12目54科（表3-6、附录4）。雀形目鸟类最多，共计168种，占鸟类物种数的71%；其次是鹰形目13种，鸮形目8种，啄木鸟8种，鸽形目7种，鹃形目7种，鸡形目6种，隼形目5种；其中猛禽（鹰形目、隼形目、鸮形目）共计26种，比例较高。雀形目鸟类中，鹟科鸟类最多，24种，其次是柳莺科鸟类112种，其余物种较多的科依次为噪鹛科（12种）、莺鹛科（11种）、山雀科（9种）、鹡鸰科（9种）、鸫科（9种）、燕雀科（8种）、鸦科（8种）、鹀科（7种）。12种独科、独目的类群有鸡形目、鸽形目、鸽形目、隼形目4目；54科中单型科单型属的物种有18种，其中单型目、单型科、单型属的物种3科，分别为夜鹰目夜鹰科的普通夜鹰（*Caprimulgus indicus*）、鹈形目鹮科的朱鹮（*Nipponia nippon*）、犀鸟目戴胜科的戴胜（*Upupa epops*），雀形目共有单型科单型属物种 15 种。本次科考较保护区已有鸟类区系记录和研究，本次调查新增鸟类 89 种，更名原报告 3 物种：绿鹦嘴鹎更名为领雀嘴鹎（*Spizixos semitorques*），锈脸钩嘴鹛更名为斑胸钩嘴鹛（*Erythrogenys gravivox*），赤胸灰雀更名为灰头灰雀（*Pyrrhula erythaca*）；更正原报告 3 物种：原鸽应为岩鸽（*Columba rupestris*），褐雀鹛应为褐顶雀鹛（*Alcippe brunneus*），褐山鷦莺应为山鷦莺（*Prinia crinigera*）。原报告中杜鹃在保护区没有调查和监测到，本次名录未将其列入。

表 3-6 保护区鸟类目、科、种组成

目	科	物种数
I. 鸡形目 Galliformes	一、雉科 Phasianidae	6
II. 鸽形目 Columbiformes	二、鸠鸽科 Columbidae	7
III. 夜鹰目 Caprimulgiformes	三、夜鹰科 Caprimulgidae	1
	四、雨燕科 Apodidae	3
	小计	4
IV. 鹃形目 Cuculiformes	五、杜鹃科 Cuculidae	7
V. 鹈形目 Pelecaniformes	六、鹮科 Threskiornithidae	1
	七、鹭科 Ardeidae	3
	小计	4
VI. 鹰形目 Accipitriformes	八、鹰科 Accipitridae	13
VII. 鸮形目 Strigiformes	九、鸱鸮科 Strigidae	8
VIII. 犀鸟目 Bucerotiformes	十、戴胜科 Upupidae	1
IX. 佛法僧目 Coraciiformes	十一、佛法僧科 Coraciidae	1
	十二、翠鸟科 Alcedinidae	3
	小计	4
X. 啄木鸟目 Piciformes	十三、啄木鸟科 Picidae	7
	十四、拟啄木鸟科	1
	小计	8
XI. 隼形目 Falconiformes	十五、隼科 Falconidae	5
XII. 雀形目 Passeriformes	十六、黄鹂科 Oriolidae	1
	十七、莺雀科 Vireonidae	1
	十八、山椒鸟科 Campephagidae	3
	十九、卷尾科 Dicruridae	3
	二十、王鹟科 Monarchidae	1
	二十一、伯劳科 Laniidae	4
	二十二、鸦科 Corvidae	8
	二十三、玉鹟科 Stenostiridae	1
	二十四、山雀科 Paridae	9

续表

目	科	物种数
XII. 雀形目 Passeriformes	二十五、百灵科 Alaudidae	3
	二十六、扇尾莺科 Cisticolidae	1
	二十七、鳞胸鹪鹛科 Pnoepygidae	1
	二十八、蝗莺科 Locustellidae	1
	二十九、燕科 Hirundinidae	4
	三十、鹎科 Pycnonotidae	4
	三十一、柳莺科 Phylloscopidae	12
	三十二、树莺科 Cettiidae	3
	三十三、长尾山雀科 Aegithalidae	3
	三十四、莺鹛科 Sylviidae	11
	三十五、攀雀科 Remizidae	1
	三十六、绣眼鸟科 Zosteropidae	3
	三十七、林鹛科 Timaliidae	4
	三十八、幽鹛科 Pellorneidae	2
	三十九、噪鹛科 Leiothrichidae	12
	四十、旋木雀科 Certhiidae	2
	四十一、䴓科 Sittidae	2
	四十二、鹪鹩科 Troglodytidae	1
	四十三、河乌科 Cinclidae	1
	四十四、椋鸟科 Sturnidae	2
	四十五、鸫科 Turdidae	7
	四十六、鹟科 Muscicapidae	24
	四十七、戴菊科 Regulidae	1
	四十八、花蜜鸟科 Nectariniidae	1
	四十九、岩鹨科 Prunellidae	2
	五十、梅花雀科 Estrildidae	1
	五十一、雀科 Passeridae	2
	五十二、鹡鸰科 Motacillidae	9
	五十三、燕雀科 Fringillidae	8
	五十四、鹀科 Emberizidae	9
	小计	168

（二）区系组成

桑园保护区鸟类有东洋界物种107种，占保护区鸟类种数的46%；古北界鸟类55种，占保护区鸟类种数的23%；广布种73种，占保护区鸟类种数的31%。区系组成以东洋界成分为主，古北界物种具有较高占比，其区系与秦岭南坡其他区域鸟类区系组成类似，组成具有交汇、融合、过渡等特点，尤其是一些以南部地区分布为主的物种在保护区和秦岭南坡的遇见率越来越高，如大拟啄木鸟等物种。

（三）居留型

保护区地处秦岭南坡，以森林景观为主，地处亚热带山地暖温带湿润季风气候区，适宜多种鸟类栖息和生存。在235种鸟类中以留鸟（R）为主，保护区有留鸟133种，占保护区鸟类种数的57%；夏候鸟（S）66种，占保护区鸟类种数的28%；旅鸟27种（P），占保护区鸟类种数的11%；冬候鸟仅9种（W），占保护区鸟类种数的4%。由于全球气候变化和保护区自然生态系统的恢复，保护区内一些鸟类的居留状况也出现了变化，部分夏候鸟在保护区成为留鸟，如大拟啄木鸟、赭红尾鸲等，部分猛禽有成为夏候鸟的趋势，有些过往旅鸟选择在保护区繁殖。这种变化既有环境和气候变化的因素，也有物种适应的结果。

（四）地理型

保护区鸟类共有13种地理分布型，东洋型W鸟类62种，占保护区鸟类种数的26%，是保护区最多的鸟类地理分布型，常见的代表性物种为红腹锦鸡（*Chrysolophus pictus*）、小杜鹃（*Cuculus poliocephalus*）、噪鹃（*Eudynamys scolopaceus*）、赤腹鹰（*Accipiter. soloensis*）、红嘴蓝鹊（*Urocissa erythrorhyncha*）、绿背山雀（*Parus. monticolus*）、强脚树莺（*Horornis. fortipes*）、棕背伯劳（*Lanius schach*）、黄臀鹎（*Pycnonotus xanthorrhous*）、红头长尾山雀（*Aegithalos concinnus*）、棕颈钩嘴鹛（*Pomatorhinus ruficollis*）、黑领噪鹛（*Garrulax pectoralis*）、红嘴相思鸟（*Leiothrix lutea*）、红尾水鸲（*Rhyacornis fuliginosa*）和紫啸鸫（*Myophonus caeruleus*）；其次是古北型U鸟类，有黑鸢（*Milvus migrans*）、大斑啄木鸟（*Dendrocopos major*）、松鸦（*Garrulus glandarius*）、大山雀（*Parus cinereus*）、煤山雀（*Periparus ater*）、黄鹡鸰（*Motacilla flava*）36种，喜马拉雅—横断山区型H有35种，常见的喜马拉雅—横断山区型代表性物种有红腹角雉（*Tragopan temminckii*）、黑冠山雀（*Parus rubidiventris*）、白领凤鹛（*Yuhina diademata*）、白喉噪鹛（*Garrulax albogularis*）、灰头鸫（*Turdus. rubrocanus*）、酒红朱雀（*Carpodacus vinaceus*）和灰头灰雀（*Pyrrhula erythaca*），南中国型鸟类S25种，也是保护区较多的分布型，常见的代表性物种为灰胸竹鸡（*Bambusicola thoracicus*）、黄腹山雀（*Pardaliparus venustulus*）、白头鹎（*P.sinensis*）、领雀嘴鹎（*Spizixos semitorques*）、棕头鸦雀（*Sinosuthora webbiana*）、画眉（*Garrulax canorus*）、白颊噪鹛（*Garrulax sannio*）和丝光椋鸟（*Sturnia sericeus*）；东北型M 20种和全北型C鸟类共15种为典型的北方分布型物种，东北型鸟类，有北红尾鸲（*Phoenicurus aurpreus*）、金翅雀（*Chloris sinica*）、褐柳莺（*Phylloscopus fuscatus*）、红胁蓝尾鸲（*Tarsiger cyanurus*），全北型鸟类有游隼（*Falco peregrinus*）、喜鹊（*Pica pica*）、小嘴乌鸦（*Corvus corone*）、褐头山雀（*Poecile montanus*）、淡色崖沙燕（*Riparia diluta*）等物种。

（五）特有种

保护区鸟类有中国特有种21种，占保护区鸟类种数的8.5%。保护区内遇见率较高的特有种有灰胸竹鸡（*Bambusicola thoracicus*）、血雉（*Ithaginis cruentus*）、红腹锦鸡（*Chrysolophus pictus*）、黄腹山雀（*Pardaliparus venustulus*）、红腹山雀（*Poecile davidi*）、领雀嘴鹎（*Spizixos semitorques*）、银脸长尾山雀（*Aegithalos fuliginosu*）、白领凤鹛（*Yuhina diademata*）、斑背噪鹛（*Garrulax lunulatus*）、画眉（*Garrulax canorus*）、橙翅噪鹛（*Garrulax elliotii*）、大噪鹛（*Garrulax maximus*）、蓝鹀（*Emberiza siemsseni*）等物种，以鸡形目、雀形目的噪鹛科和莺鹛科鸟类为主。

（六）保护物种

保护区共有国家保护鸟类49种，其中Ⅰ级保护鸟类4种、Ⅱ级保护鸟类45种，占保护区鸟类种数的19.9%。国家Ⅰ级保护鸟类为朱鹮、金雕、秃鹫、黄胸鹀，朱鹮在保护区低海拔地区偶见，金雕、秃鹫冬季较常见。国家Ⅱ级保护鸟类较常见的有血雉、红腹角雉、勺鸡、红腹锦鸡、黑鸢、黑冠鹃隼、赤腹鹰、雀鹰、普通鵟、雕鸮、斑头鸺鹠、红隼、三趾鸦雀、白眶鸦雀、画眉、橙翅噪鹛、红嘴相思鸟、蓝鹀等物种。

三、空间格局

根据保护区的景观特征，保护区海拔最高地区为摩天岭，山顶部分区域有少量草丛和杜鹃灌丛分布，往下为中低山森林生态系统，都为次生林，只在三道沟邻近摩天岭区域有少量原始冷杉林保留；除松坪子区域没有进行大规模采伐外，其余区域都经历过采伐，但松坪子区域也是恢复时间较久远的次生林。根据鸟类调查和监测数据，将保护区分为高山区域、中山区域和低山区域三类型，高山区域主要为摩天岭及往东、往西的山脊，低山区域为保护区低海拔区域，主要为边界地区，包括砖头坝、碾子坪、梨子坝、松坪子、范条峪等区域，其余区域为中山地区。根据对鸟类调查和监测情况，将保护区鸟类的空间格局总结如下：

保护区高山地区是猛禽遇见率较高的区域，如大鵟、金雕、秃鹫、游隼在该区域较常见，鸡形目的血雉和鹃形目的小杜鹃也是该区域较常见的大型鸟类，常见的鸟类为雀形目物种，如凤头百灵、云雀、黄鹡鸰、银脸长尾山雀、三趾鸦雀、橙翅噪鹛、红嘴鸦雀、灰头灰雀、灰头鸫和灰眉岩鹀等物种。

分布于中山的鸟类有红腹锦鸡、山斑鸠、珠颈斑鸠、噪鹃、黑冠鹃隼、白颈鸦、松鸦、领雀嘴鹎、绿背山雀、黑冠山雀、棕头鸦雀、红嘴相思鸟、白领凤鹛、白喉噪鹛、黑领噪鹛、黑脸噪鹛、斑背噪鹛、棕颈钩嘴鹛、虎斑地鸫、蓝喉太阳鸟、栗头鹟莺、普通䴓等，该区域也是鸟类物种多样性和种群数量最大的区域。

分布于低山区域的以保护区常见种为主，如赤腹鹰、红隼、戴胜、家燕、金腰燕、环颈雉、黄臀鹎、白头鹎、大山雀、白鹡鸰、棕背伯劳、红嘴蓝鹊、强脚树莺、棕头鸦雀、白颊噪鹛、北红尾鸲、麻雀、褐河乌、红尾水鸲、普通翠鸟、鹊鸲、金翅雀等物种。

四、时间格局（常见鸟类动态监测）

为掌握保护区常见鸟类的组成情况，本次调查开展了每月一次的常见鸟类监测，结合样线调查、近年来保护区野外监测数据和红外相机监测数据，基于鸟类区系和居留情况将保护区鸟类组成的时间按月进行了统计（表3–7），以此分析保护区常见鸟类的时间格局，并对其遇见率、多度等特征进行总结。

近年来保护区境内 1 月常记录到的鸟类有 36 种，除大山雀 、红尾水鸲、白鹡鸰、环颈雉 、褐河乌、北红尾鸲、棕头鸦雀、喜鹊、红嘴蓝鹊等保护区境内最常见的物种外，遇见率高的物种有红腹锦鸡、白头鹎、绿翅短脚鹎、燕雀、灰头灰雀等物种。

保护区境内 2 月常记录到的鸟类有 37 种，除常见物种外，2 月最常见的物种有红腹锦鸡、环颈雉、灰胸竹鸡、红腹角雉、勺鸡、黄脚渔鸮、棕头雀鹛、灰眶雀鹛、鹪鹩、灰头鸫、栗腹矶鸫、蓝额红尾鸲、白顶溪鸲等。

保护区境内 3 月常记录到的鸟类有 46 种，除常见物种外，3 月最常见的物种有红腹锦鸡、雀鹰、斑头鸺鹠、戴胜、冠鱼狗、绿背山雀、棕头鸦雀、斑鸫等物种。

保护区境内 4 月常记录到的鸟类有 33 种，除常见物种外，4 月最常见的物种有红腹锦鸡、戴胜、松鸦、大山雀、绿背山雀、红头长尾山雀、棕头鸦雀、火冠雀、白喉噪鹛等。

保护区境内 5 月常记录到的鸟类有 36 种，除常见物种外，5 月最常见的物种有红腹锦鸡、珠颈斑鸠、噪鹃、鹰鸮、长尾山椒鸟、绿背山雀、红头长尾山雀、红嘴相思鸟、乌鸫、黄头鹡鸰等。

保护区境内 6 月常记录到的鸟类有 40 种，除常见物种外，6 月最常见的物种有红腹角雉、赤腹鹰、大杜鹃、冠鱼狗、黑冠鹃隼、红脚隼、栗头鹟莺、大拟啄木鸟、戴胜、红尾伯劳等。

保护区境内 7 月常记录到的鸟类有 24 种，除常见物种外，7 月最常见的物种有星鸦、小杜鹃、松鸦、领雀嘴鹎、灰胸竹鸡、灰林䳭、红嘴蓝鹊、红腹锦鸡、大杜鹃、斑头鸺鹠、白眶鸦雀、白颊噪鹛、白喉噪鹛等。

保护区境内 8 月常记录到的鸟类有 17 种，除常见物种外，8 月最常见的物种有红腹锦鸡、斑头鸺鹠、戴胜、灰卷尾、松鸦、星鸦、白顶溪鸲等。7 月、8 月记录物种少可能与气候炎热，人的监测强度和红外相机记录到的鸟类活动频次降低有关系。

保护区境内 9 月常记录到的鸟类有 33 种，除常见物种外，9 月最常见的物种有星头啄木鸟、普通䴓、金翅雀、黄臀鹎、红腹锦鸡、黑枕黄鹂、黑领噪鹛、黑冠山雀、冠鱼狗、戴胜、大杜鹃、赤胸啄木鸟、白颊噪鹛、白顶溪鸲等。

保护区境内 10 月常记录到的鸟类有 27 种，除常见物种外，10 月最常见的物种有苍鹭、赤腹鹰、松雀鹰、雀鹰、普通鵟、黄脚渔鸮、红隼、斑头鸺鹠、红尾伯劳、灰胸竹鸡、环颈雉、山斑鸠、棕背伯劳、白领凤鹛、黑领噪鹛、红嘴相思鸟等鸟类，猛禽遇见率开始增加。

保护区境内 11 月常记录到的鸟类有 33 种，除常见物种外，11 月最常见的物种有普通鵟、白头鹎、红胁蓝尾鸲、环颈雉、灰林鸮、星鸦、沼泽山雀、橙翅噪鹛、灰椋鸟、燕雀、金翅雀、灰头灰雀、小鹀等。

保护区境内 12 月常记录到的鸟类有 25 种，除常见物种外，12 月最常见的物种有白喉噪鹛、斑头鸺鹠、普通鵟、黑领噪鹛、斑背噪鹛、橙翅噪鹛、红嘴相思鸟、灰头鸫、虎斑地鸫、栗腹矶鸫、灰头灰雀等。

表 3-7 保护区鸟类监测记录（2020–2021 年）

月	目	科	种
1 月	鸡形目 Galliformes	雉科 Phasianidae	红腹角雉 *Tragopan temminckii*
		雉科 Phasianidae	勺鸡 *Pucrasia macrolopha*
		雉科 Phasianidae	环颈雉 *Phasianus colchicus*
		雉科 Phasianidae	红腹锦鸡 *Chrysolophus pictus*
	鹰形目 Accipitriformes	鹰科 Accipitridae	凤头鹰 *Accipiter trivirgatus*
		鹰科 Accipitridae	雀鹰 *Accipiter nisus*
		鹰科 Accipitridae	松雀鹰 *Accipiter virgatus*
	鸮形目 Strigiformes	鸱鸮科 Strigidae	斑头鸺鹠 *Glaucidium cuculoides*
		鸱鸮科 Strigidae	黄腿鱼鸮 *Ketupa flavipes*
	啄木鸟目 Piciformes	啄木鸟科 Picidae	灰头绿啄木鸟 *Picus canus*
		啄木鸟科 Picidae	大斑啄木鸟 *Dendrocopos major*
	隼形目 Falconiformes	隼科 Falconidae	红隼 *Falco tinnunculus*
	雀形目 Passeriformes	莺雀科 Vireonidae	淡绿鵙鹛 *Pteruthius xanthochlorus*
		山雀科 Paridae	沼泽山雀 *Poecile palustris*
		鹎科 Pycnonotidae	白头鹎 *Pycnonotus sinensis*
			领雀嘴鹎 *Spizixos semitorques*
			绿翅短脚鹎 *Hypsipetes mcclellandii*
		莺鹛科 Sylviidae	棕头雀鹛 *Fulvetta ruficapilla*
		莺鹛科 Sylviidae	褐头雀鹛 *Fulvetta cinereiceps*
		林鹛科 Timaliidae	斑胸钩嘴鹛 *Erythrogenys gravivox*
			红头穗鹛 *Cyanoderma ruficeps*
		幽鹛科 Pellorneidae	褐顶雀鹛 *Alcippe brunneus*
		噪鹛科 Leiothrichidae	矛纹草鹛 *Babax lanceolatus*
			斑背噪鹛 *Garrulax lunulatus*
		䴓科 Sittidae	普通䴓 *Sitta europaea*
		鹪鹩科 Troglodytidae	鹪鹩 *Troglodytes troglodytes*
		河乌科 Cinclidae	褐河乌 *Cinclus cinclus*
		鸫科 Turdidae	斑鸫 *Turdus eunomus*
			红尾斑鸫 *Turdus naumanni*
		鹟科 Muscicapidae	蓝额红尾鸲 *Phoenicuropsis frontalis*
			红尾水鸲 *Rhyacornis fuliginosa*
		鹡鸰科 Motacillidae	白鹡鸰 *Motacilla alba*
		燕雀科 Fringillidae	燕雀 *Fringilla montifringilla*
			灰头灰雀 *Pyrrhula erythaca*
			黑尾蜡嘴雀 *Eophona migratoria*

续表

月	目	科	种
2月	鸡形目 Galliformes	雉科 Phasianidae	红腹锦鸡 *Chrysolophus pictus*
			环颈雉 *Phasianus colchicus*
			灰胸竹鸡 *Bambusicola thoracicus*
			红腹角雉 *Tragopan temminckii*
			勺鸡 *Pucrasia macrolopha*
	鸮形目 Strigiformes	鸱鸮科 Strigidae	斑头鸺鹠 *Glaucidium cuculoides*
			黄腿鱼鸮 *Ketupa flavipes*
	佛法僧目 Coraciiformes	翠鸟科 Alcedinidae	冠鱼狗 *Megaceryle lugubris*
	啄木鸟目 Piciformes	啄木鸟科 Picidae	大斑啄木鸟 *Dendrocopos major*
	雀形目 Passeriformes	莺雀科 Vireonidae	淡绿鵙鹛 *Pteruthius xanthochlorus*
		鸦科 Corvidae	喜鹊 *Pica pica*
		山雀科 Paridae	大山雀 *Parus cinereus*
			红腹山雀 *Poecile davidi*
		莺鹛科 Sylviidae	棕头雀鹛 *Fulvetta ruficapilla*
			棕头鸦雀 *Sinosuthora webbiana*
		绣眼鸟科 Zosteropidae	白领凤鹛 *Yuhina diademata*
		林鹛科 Timaliidae	红头穗鹛 *Cyanoderma ruficeps*
		幽鹛科 Pellorneidae	灰眶雀鹛 *Alcippe morrisonia*
		噪鹛科 Leiothrichidae	白喉噪鹛 *Garrulax albogularis*
			橙翅噪鹛 *Garrulax elliotii*
		旋木雀科 Certhiidae	欧亚旋木雀 *Certhia familiaris*
		鹪鹩科 Troglodytidae	鹪鹩 *Troglodytes troglodytes*
		椋鸟科 Sturnidae	灰椋鸟 *Sturnia cineraceus*
		鸫科 Turdidae	灰头鸫 *Turdus rubrocanus*
			斑鸫 *Turdus eunomus*
			栗腹矶鸫 *Monticola rufiventris*
		鹟科 Muscicapidae	黑喉红尾鸲 *Phoenicurus hodgsoni*
			北红尾鸲 *Phoenicurus aurpreus*
			蓝额红尾鸲 *Phoenicuropsis frontalis*
			白顶溪鸲 *Chaimarrornis leucocephalus*
			小燕尾 *Enicurus scouleri*
		鹡鸰科 Motacillidae	白鹡鸰 *Motacilla alba*
		燕雀科 Fringillidae	燕雀 *Fringilla montifringilla*
			金翅雀 *Chloris sinica*
			酒红朱雀 *Carpodacus vinaceus*
			黄喉鹀 *Emberiza elegans*

续表

月	目	科	种
3月	鸡形目 Galliformes	雉科 Phasianidae	红腹锦鸡 *Chrysolophus pictus*
			灰胸竹鸡 *Bambusicola thoracicus*
			红腹角雉 *Tragopan temminckii*
			环颈雉 *Phasianus colchicus*
	鸽形目 Columbiformes	鸠鸽科 Columbidae	山斑鸠 *Streptopelia orientalis*
	鹰形目 Accipitriformes	鹰科 Accipitridae	雀鹰 *Accipiter nisus*
	鸮形目 Strigiformes	鸱鸮科 Strigidae	斑头鸺鹠 *Glaucidium cuculoides*
			黄腿鱼鸮 *Ketupa flavipes*
			灰林鸮 *Strix aluco*
	犀鸟目 Bucerotiformes	戴胜科 Upupidae	戴胜 *Upupa epops*
	佛法僧目 Coraciiformes	翠鸟科 Alcedinidae	冠鱼狗 *Megaceryle lugubris*
	啄木鸟目 Piciformes	啄木鸟科 Picidae	灰头绿啄木鸟 *Picus canus*
			星头啄木鸟 *Dendrocopos canicapillus*
	雀形目 Passeriformes	鸦科 Corvidae	红嘴蓝鹊 *Urocissa erythrorhyncha*
			白颈鸦 *Corvus pectoralis*
		山雀科 Paridae	绿背山雀 *Parus monticolus*
			黑冠山雀 *Periparus rubidiventris*
			沼泽山雀 *Poecile palustris*
		鹎科 Pycnonotidae	绿翅短脚鹎 *Hypsipetes mcclellandii*
		长尾山雀科 Aegithalidae	红头长尾山雀 *Aegithalos concinnus*
			银脸长尾山雀 *Aegithalos fuliginosu*
		莺鹛科 Sylviidae	红嘴鸦雀 *Conostoma aemodium*
			棕头鸦雀 *Sinosuthora webbiana*
		攀雀科 Remizidae	火冠雀 *Cephalopyrus flammiceps*
		噪鹛科 Leiothrichidae	白喉噪鹛 *Garrulax albogularis*
			橙翅噪鹛 *Garrulax elliotii*
			红嘴相思鸟 *Leiothrix lutea*
		鸫科 Turdidae	斑鸫 *Turdus eunomus*
			栗腹矶鸫 *Monticola rufiventris*
			北红尾鸲 *Phoenicurus aurpreus*
		鹟科 Muscicapidae	蓝额红尾鸲 *Phoenicuropsis frontalis*
			红尾水鸲 *Rhyacornis fuliginosa*
		戴菊科 Regulidae	戴菊 *Regulus regulus*
		鹡鸰科 Motacillidae	白鹡鸰 *Motacilla alba*
		燕雀科 Fringillidae	灰头灰雀 *Pyrrhula erythaca*
			黑头蜡嘴雀 *Eophona personata*

续表

月	目	科	种
4月	鸡形目 Galliformes	雉科 Phasianidae	血雉 *Ithaginis cruentus*
			勺鸡 *Pucrasia macrolopha*
			环颈雉 *Phasianus colchicus*
			红腹锦鸡 *Chrysolophus pictus*
	犀鸟目 Bucerotiformes	戴胜科 Upupidae	戴胜 *Upupa epops*
	啄木鸟目 Piciformes	啄木鸟科 Picidae	灰头绿啄木鸟 *Picus canus*
	雀形目 Passeriformes	莺雀科 Vireonidae	淡绿鵙鹛 *Pteruthius xanthochlorus*
		伯劳科 Laniidae	棕背伯劳 *Lanius schach*
		鸦科 Corvidae	松鸦 *Garrulus glandarius*
		山雀科 Paridae	大山雀 *Parus cinereus*
			绿背山雀 *Parus monticolus*
			沼泽山雀 *Poecile palustris*
			红腹山雀 *Poecile davidi*
		长尾山雀科 Aegithalidae	银喉长尾山雀 *Aegithalos caudatus*
			红头长尾山雀 *Aegithalos concinnus*
		莺鹛科 Sylviidae	棕头鸦雀 *Sinosuthora webbiana*
		攀雀科 Remizidae	火冠雀 *Cephalopyrus flammiceps*
		噪鹛科 Leiothrichidae	白喉噪鹛 *Garrulax albogularis*
			橙翅噪鹛 *Garrulax elliotii*
		河乌科 Cinclidae	褐河乌 *Cinclus cinclus*
		鹟科 Muscicapidae	红喉歌鸲 *Calliope calliope*
			金色林鸲 *Tarsiger chrysaeus*
		花蜜鸟科 Nectariniidae	蓝喉太阳鸟 *Aethopyga gouldiae*
		鹀科 Emberizidae	小鹀 *Emberiza pusilla*
			蓝鹀 *Emberiza siemsseni*
5月	鸡形目 Galliformes	雉科 Phasianidae	红腹角雉 *Tragopan temminckii*
			勺鸡 *Pucrasia macrolopha*
			环颈雉 *Phasianus colchicus*
			红腹锦鸡 *Chrysolophus pictus*
	鸽形目 Columbiformes	鸠鸽科 Columbidae	珠颈斑鸠 *Streptopelia chinensis*
	鹃形目 Cuculiformes	杜鹃科 Cuculidae	噪鹃 *Eudynamys scolopaceus*
			小鸦鹃 *Centropus bengalensis*
	鹰形目 Accipitriformes	鹰科 Accipitridae	黑冠鹃隼 *Aviceda leuphotes*
			鹰雕 *Nisaetus nipalensis*
	鸮形目 Strigiformes	鸱鸮科 Strigidae	鹰鸮 *Ninox scutulata*
	雀形目 Passeriformes	山椒鸟科 Campephagidae	长尾山椒鸟 *Pericrocotus ethologus*

续表

月	目	科	种
5月	雀形目 Passeriformes	鸦科 Corvidae	喜鹊 *Pica pica*
		玉鹟科 Stenostiridae	方尾鹟 *Culicicapa ceylonensis*
		山雀科 Paridae	绿背山雀 *Parus monticolus*
		柳莺科 Phylloscopidae	冕柳莺 *Phylloscopus coronatus*
			栗头鹟莺 *Seicercus castaniceps*
		长尾山雀科 Aegithalidae	银喉长尾山雀 *Aegithalos caudatus*
			红头长尾山雀 *Aegithalos concinnus*
		莺鹛科 Sylviidae	金胸雀鹛 *Lioparus chrysotis*
			褐头雀鹛 *Fulvetta cinereiceps*
		噪鹛科 Leiothrichidae	红嘴相思鸟 *Leiothrix lutea*
		旋木雀科 Certhiidae	高山旋木雀 *Certhia himalayana*
		鸫科 Turdidae	虎斑地鸫 *Zoothera aurea*
			乌鸫 *Turdus mandarinus*
		鹟科 Muscicapidae	白顶溪鸲 *Chaimarrornis leucocephalus*
			红尾水鸲 *Rhyacornis fuliginosa*
			小燕尾 *Enicurus scouleri*
			黑喉石䳭 *Saxicola maurus*
			灰林䳭 *Saxicola ferreus*
			白眉姬鹟 *Ficedula zanthopygia*
			橙胸姬鹟 *Ficedula strophiata*
			白腹蓝鹟 *Ficedula cyanomelana*
		花蜜鸟科 Nectariniidae	蓝喉太阳鸟 *Aethopyga gouldiae*
		鹡鸰科 Motacillidae	白鹡鸰 *Motacilla alba*
			黄鹡鸰 *Motacilla flava*
			黄头鹡鸰 *Motacilla citreola*
6月	鸡形目 Galliformes	雉科 Phasianidae	红腹角雉 *Tragopan temminckii*
			血雉 *Ithaginis cruentus*
			勺鸡 *Pucrasia macrolopha*
			环颈雉 *Phasianus colchicus*
	鹃形目 Cuculiformes	杜鹃科 Cuculidae	红翅凤头鹃 *Clamator coromandus*
			大鹰鹃 *Hierococcyx sparverioides*
			大杜鹃 *Cuculus canorus*
			小鸦鹃 *Centropus bengalensis*
	鹰形目 Accipitriformes	鹰科 Accipitridae	黑冠鹃隼 *Aviceda leuphotes*
			赤腹鹰 *Accipiter soloensis*
			雀鹰 *Accipiter nisus*
			松雀鹰 *Accipiter virgatus*

续表

月	目	科	种
6月	鸮形目 Strigiformes	鸱鸮科 Strigidae	领鸺鹠 *Glaucidium brodiei*
			黄腿鱼鸮 *Ketupa flavipes*
			鹰鸮 *Ninox scutulata*
	犀鸟目 Bucerotiformes	戴胜科 Upupidae	戴胜 *Upupa epops*
	佛法僧目 Coraciiformes	佛法僧科 Coraciidae	三宝鸟 *Eurystomus orientalis*
		翠鸟科 Alcedinidae	冠鱼狗 *Megaceryle lugubris*
			蓝翡翠 *Halcyon pileata*
	啄木鸟目 Piciformes	拟啄木鸟科 Capitonidae	大拟啄木鸟 *Psilopogon virens*
			星头啄木鸟 *Dendrocopos canicapillus*
	隼形目 Falconiformes	隼科 Falconidae	红脚隼 *Falco amurensis*
	雀形目 Passeriformes	卷尾科 Dicruridae	发冠卷尾 *Dicrurus hottentottus*
		王鹟科 Monarchidae	寿带 *Terpsiphone incei*
		伯劳科 Laniidae	红尾伯劳 *Lanius cristatus*
			牛头伯劳 *Lanius bucephalus*
		鸦科 Corvidae	红嘴蓝鹊 *Urocissa erythrorhyncha*
		山雀科 Paridae	绿背山雀 *Parus monticolus*
		柳莺科 Phylloscopidae	栗头鹟莺 *Seicercus castaniceps*
		树莺科 Cettiidae	黄腹树莺 *Horornis acanthizoides*
		长尾山雀科 Aegithalidae	银脸长尾山雀 *Aegithalos fuliginosu*
		莺鹛科 Sylviidae	白眶鸦雀 *Sinosuthora conspicilata*
		绣眼鸟科 Zosteropidae	暗绿绣眼鸟 *Zosterops erythropleurus*
		林鹛科 Timaliidae	红头穗鹛 *Cyanoderma ruficeps*
		噪鹛科 Leiothrichidae	红嘴相思鸟 *Leiothrix lutea*
		鹟科 Muscicapidae	紫啸鸫 *Myophonus caeruleus*
			灰林䳭 *Saxicola ferreus*
		花蜜鸟科 Nectariniidae	蓝喉太阳鸟 *Aethopyga gouldiae*
		燕雀科 Fringillidae	金翅雀 *Chloris sinica*
7月	鸡形目 Galliformes	雉科 Phasianidae	灰胸竹鸡 *Bambusicola thoracicus*
			勺鸡 *Pucrasia macrolopha*
			红腹锦鸡 *Chrysolophus pictus*
	鸽形目 Columbiformes	鸠鸽科 Columbidae	红翅绿鸠
	鹃形目 Cuculiformes	杜鹃科 Cuculidae	小杜鹃 *Cuculus poliocephalus*
			大杜鹃 *Cuculus canorus*
	鹰形目 Accipitriformes	鹰科 Accipitridae	雀鹰 *Accipiter nisus*
	鸮形目 Strigiformes	鸱鸮科 Strigidae	斑头鸺鹠 *Glaucidium cuculoides*
			黄腿鱼鸮 *Ketupa flavipes*

续表

月	目	科	种
7月	啄木鸟目 Piciformes	啄木鸟科 Picidae	灰头绿啄木鸟 *Picus canus*
	雀形目 Passeriformes	伯劳科 Laniidae	红尾伯劳 *Lanius cristatus*
		鸦科 Corvidae	松鸦 *Garrulus glandarius*
			红嘴蓝鹊 *Urocissa erythrorhyncha*
			星鸦 *Nucifraga caryocatactes*
			大嘴乌鸦 *Corvus macrorhynchos*
		鹎科 Pycnonotidae	领雀嘴鹎 *Spizixos semitorques*
		长尾山雀科 Aegithalidae	银脸长尾山雀 *Aegithalos fuliginosu*
		莺鹛科 Sylviidae	白眶鸦雀 *Sinosuthora conspicilata*
		噪鹛科 Leiothrichidae	白喉噪鹛 *Garrulax albogularis*
			白颊噪鹛 *Garrulax sannio*
		鹟科 Muscicapidae	北红尾鸲 *Phoenicurus aurpreus*
			紫啸鸫 *Myophonus caeruleus*
			灰林䳭 *Saxicola ferreus*
			棕腹仙鹟 *Niltava sundara*
8月	鸡形目 Galliformes	雉科 Phasianidae	红腹锦鸡 *Chrysolophus pictus*
	鸽形目 Columbiformes	鸠鸽科 Columbidae	点斑林鸽 *Columba hodgsoni*
	夜鹰目 Caprimulgiformes	夜鹰科 Caprimulgidae	普通夜鹰 *Caprimulgus indicus*
	鸮形目 Strigiformes	鸱鸮科 Strigidae	斑头鸺鹠 *Glaucidium cuculoides*
			黄腿鱼鸮 *Ketupa flavipes*
	犀鸟目 Bucerotiformes	戴胜科 Upupidae	戴胜 *Upupa epops*
	雀形目 Passeriformes	卷尾科 Dicruridae	灰卷尾 *Dicrurus leucophaeus*
		鸦科 Corvidae	松鸦 *Garrulus glandarius*
			星鸦 *Nucifraga caryocatactes*
		绣眼鸟科 Zosteropidae	白领凤鹛 *Yuhina diademata*
		林鹛科 Timaliidae	红头穗鹛 *Cyanoderma ruficeps*
		噪鹛科 Leiothrichidae	橙翅噪鹛 *Garrulax elliotii*
		鹟科 Muscicapidae	白顶溪鸲 *Chaimarrornis leucocephalus*
			红尾水鸲 *Rhyacornis fuliginosa*
			紫啸鸫 *Myophonus caeruleus*
			棕腹仙鹟 *Niltava sundara*
		鹡鸰科 Motacillidae	白鹡鸰 *Motacilla alba*
9月	鸡形目 Galliformes	雉科 Phasianidae	灰胸竹鸡 *Bambusicola thoracicus*
			勺鸡 *Pucrasia macrolopha*
			环颈雉 *Phasianus colchicus*
			红腹锦鸡 *Chrysolophus pictus*

续表

月	目	科	种
9月	鸽形目 Columbiformes	鸠鸽科 Columbidae	山斑鸠 *Streptopelia orientalis*
	鹃形目 Cuculiformes	杜鹃科 Cuculidae	大杜鹃 *Cuculus canorus*
			噪鹃 *Eudynamys scolopaceus*
	鸮形目 Strigiformes	鸱鸮科 Strigidae	黄腿鱼鸮 *Ketupa flavipes*
	犀鸟目 Bucerotiformes	戴胜科 Upupidae	戴胜 *Upupa epops*
	佛法僧目 Coraciiformes	翠鸟科 Alcedinidae	普通翠鸟 *Alcedo atthis*
			冠鱼狗 *Megaceryle lugubris*
	啄木鸟目 Piciformes	啄木鸟科 Picidae	赤胸啄木鸟 *Dendrocopos cathpharius*
			星头啄木鸟 *Dendrocopos canicapillus*
	雀形目 Passeriformes	黄鹂科 Oriolidae	黑枕黄鹂 *Oriolus chinensis*
		鸦科 Corvidae	红嘴蓝鹊 *Urocissa erythrorhyncha*
		山雀科 Paridae	黑冠山雀 *Periparus rubidiventris*
		鳞胸鹪鹛科 Pnoepygidae	小鳞胸鹪鹛 *Pnoepyga pusilla*
		鹎科 Pycnonotidae	黄臀鹎 *Pycnonotus xanthorrhous*
		噪鹛科 Leiothrichidae	黑领噪鹛 *Garrulax pectoralis*
			白颊噪鹛 *Garrulax sannio*
			红嘴相思鸟 *Leiothrix lutea*
		䴓科 Sittidae	普通䴓 *Sitta europaea*
		鹟科 Muscicapidae	红喉歌鸲 *Calliope calliope*
			白顶溪鸲 *Chaimarrornis leucocephalus*
			红尾水鸲 *Rhyacornis fuliginosa*
			黑喉石䳭 *Saxicola maurus*
		鹡鸰科 Motacillidae	山鹡鸰 *Dendronanthus indicus*
			白鹡鸰 *Motacilla alba*
			树鹨 *Anthus hodgsoni*
		燕雀科 Fringillidae	金翅雀 *Chloris sinica*
			普通朱雀 *Carpodacus erythrinus*
			酒红朱雀 *Carpodacus vinaceus*
		鹀科 Emberizidae	蓝鹀 *Emberiza siemsseni*
10月	鸡形目 Galliformes	雉科 Phasianidae	灰胸竹鸡 *Bambusicola thoracicus*
			环颈雉 *Phasianus colchicus*
	鸽形目 Columbiformes	鸠鸽科 Columbidae	山斑鸠 *Streptopelia orientalis*
	鹈形目 Pelecaniformes	鹭科 Ardeidae	苍鹭 *Ardea cinerea*
	鹰形目 Accipitriformes	鹰科 Accipitridae	赤腹鹰 *Accipiter soloensis*
			雀鹰 *Accipiter nisus*
			松雀鹰 *Accipiter virgatus*
			普通鵟 *Buteobuteo buteo*
	鸮形目 Strigiformes	鸱鸮科 Strigidae	斑头鸺鹠 *Glaucidium cuculoides*
			黄腿鱼鸮 *Ketupa flavipes*

续表

月	目	科	种
10月	隼形目 Falconiformes	隼科 Falconidae	红隼 *Falco tinnunculus*
	雀形目 Passeriformes	伯劳科 Laniidae	棕背伯劳 *Lanius schach*
			红尾伯劳 *Lanius cristatus*
		鸦科 Corvidae	红嘴蓝鹊 *Urocissa erythrorhyncha*
			喜鹊 *Pica pica*
		鹎科 Pycnonotidae	领雀嘴鹎 *Spizixos semitorques*
		柳莺科 Phylloscopidae	褐柳莺 *Phylloscopus fuscatus*
			黄腰柳莺 *Phylloscopus proregulus*
		莺鹛科 Sylviidae	棕头鸦雀 *Sinosuthora webbiana*
		绣眼鸟科 Zosteropidae	白领凤鹛 *Yuhina diademata*
		噪鹛科 Leiothrichidae	黑领噪鹛 *Garrulax pectoralis*
			红嘴相思鸟 *Leiothrix lutea*
		鸫科 Turdidae	栗腹矶鸫 *Monticola rufiventris*
		鹟科 Muscicapidae	北红尾鸲 *Phoenicurus aurpreus*
		鹡鸰科 Motacillidae	白鹡鸰 *Motacilla alba*
		鹀科 Emberizidae	小鹀 *Emberiza pusilla*
			蓝鹀 *Emberiza siemsseni*
11月	鸡形目 Galliformes	雉科 Phasianidae	灰胸竹鸡 *Bambusicola thoracicus*
			环颈雉 *Phasianus colchicus*
			红腹锦鸡 *Chrysolophus pictus*
	鸽形目 Columbiformes	鸠鸽科 Columbidae	珠颈斑鸠 *Streptopelia chinensis*
	鹈形目 Pelecaniformes	鹮科 Threskiornithidae	朱鹮 *Nipponia nippon*
		鹭科 Ardeidae	苍鹭 *Ardea cinerea*
	鹰形目 Accipitriformes	鹰科 Accipitridae	普通鵟 *Buteobuteo buteo*
			金雕 *Aquila chrysaetos*
	鸮形目 Strigiformes	鸱鸮科 Strigidae	灰林鸮 *Strix aluco*
	雀形目 Passeriformes	莺雀科 Vireonidae	淡绿鵙鹛 *Pteruthius xanthochlorus*
		鸦科 Corvidae	星鸦 *Nucifraga caryocatactes*
		山雀科 Paridae	沼泽山雀 *Poecile palustris*
		鹎科 Pycnonotidae	白头鹎 *Pycnonotus sinensis*
		长尾山雀科 Aegithalidae	红头长尾山雀 *Aegithalos concinnus*
			银脸长尾山雀 *Aegithalos fuliginosu*
		莺鹛科 Sylviidae	棕头雀鹛 *Fulvetta ruficapilla*
			褐头雀鹛 *Fulvetta cinereiceps*
			棕头鸦雀 *Sinosuthora webbiana*
			白眶鸦雀 *Sinosuthora conspicilata*
		噪鹛科 Leiothrichidae	白喉噪鹛 *Garrulax albogularis*
			橙翅噪鹛 *Garrulax elliotii*

续表

月	目	科	种
11 月	雀形目 Passeriformes	䴓科 Sittidae	红翅旋壁雀 *Tichodroma muraria*
		河乌科 Cinclidae	褐河乌 *Cinclus cinclus*
		椋鸟科 Sturnidae	灰椋鸟 *Sturnia cineraceus*
		鹟科 Muscicapidae	红胁蓝尾鸲 *Tarsiger cyanurus*
			北红尾鸲 *Phoenicurus aurpreus*
			蓝额红尾鸲 *Phoenicuropsis frontalis*
			小燕尾 *Enicurus scouleri*
			白额燕尾 *Enicurus leschenaultia*
		燕雀科 Fringillidae	燕雀 *Fringilla montifringilla*
			金翅雀 *Chloris sinica*
			灰头灰雀 *Pyrrhula erythaca*
		鹀科 Emberizidae	小鹀 *Emberiza pusilla*
12 月	鸡形目 Galliformes	雉科 Phasianidae	灰胸竹鸡 *Bambusicola thoracicus*
			红腹锦鸡 *Chrysolophus pictus*
	鹈形目 Pelecaniformes	鹭科 Ardeidae	苍鹭 *Ardea cinerea*
	鹰形目 Accipitriformes	鹰科 Accipitridae	普通鵟 *Buteobuteo buteo*
			灰脸鵟鹰 *Butastur indicus*
			鹰雕 *Nisaetus nipalensis*
	鸮形目 Strigiformes	鸱鸮科 Strigidae	斑头鸺鹠 *Glaucidium cuculoides*
			黄腿鱼鸮 *Ketupa flavipes*
	啄木鸟目 Piciformes	啄木鸟科 Picidae	斑姬啄木鸟 *Picumnus innominatus*
	雀形目 Passeriformes	鸦科 Corvidae	红嘴蓝鹊 *Urocissa erythrorhyncha*
		山雀科 Paridae	褐冠山雀 *Lophophanes dichrous*
		长尾山雀科 Aegithalidae	银脸长尾山雀 *Aegithalos fuliginosu*
		林鹛科 Timaliidae	红头穗鹛 *Cyanoderma ruficeps*
		噪鹛科 Leiothrichidae	白喉噪鹛 *Garrulax albogularis*
			黑领噪鹛 *Garrulax pectoralis*
			斑背噪鹛 *Garrulax lunulatus*
			橙翅噪鹛 *Garrulax elliotii*
			红嘴相思鸟 *Leiothrix lutea*
		河乌科 Cinclidae	褐河乌 *Cinclus cinclus*
		鸫科 Turdidae	虎斑地鸫 *Zoothera aurea*
			灰头鸫 *Turdus rubrocanus*
			栗腹矶鸫 *Monticola rufiventris*
		鹟科 Muscicapidae	北红尾鸲 *Phoenicurus aurpreus*
		燕雀科 Fringillidae	灰头灰雀 *Pyrrhula erythaca*
			黑尾蜡嘴雀 *Eophona migratoria*

五、同科属物种空间和多度格局

认识保护区鸟类中形态类似、亲缘关系较近的同类物种之间的分布和种群多度，加深对各类群鸟类种群状况、相对多度和分布的了解，针对同一科内有多个物种的类群，对其分布和相对多度进行详细分析和评价，以便了解保护区相同类群鸟类的生存状况。

（一）鸡形目雉科

该科共有 6 种雉类，在保护区内种群数量和遇见率最大的是红腹锦鸡和环颈雉，其次是红腹角雉，第三是勺鸡，其余遇见率都较低。红腹锦鸡、红腹角雉和勺鸡主要分布于中山区域的森林生态系统内，血雉分布于高海拔区域有灌丛的生境，环颈雉和灰胸竹鸡分布海拔都较低，保护区边缘常见，但遇见率较低，主要是其适宜生境在保护区偏少。

（二）鸽形目鸠鸽科

该科共 6 种鸟类，山斑鸠、珠颈斑鸠最常见，主要分布于中低山，其余鸽类都少见，本次调查在松坪子新发现了红翅绿鸠。

（三）鹃形目杜鹃科

杜鹃科鸟类在保护区有 9 种。噪鹃在保护区遇见率最高，尤其是凌晨；其次是小杜鹃，尤其在高海拔区域遇见率比其他杜鹃都高；大杜鹃、大鹰鹃、四声杜鹃在保护区也常见；红翅凤头鹃分布于低海拔区域，较偶见。

（四）鹰形目鹰科

该科共 13 种猛禽。遇见率最高的是赤腹鹰，主要分布于低海拔区域；其次是黑鸢、雀鹰，大鵟是秋冬季保护区内遇见率较高的鹰类，黑冠鹃隼也是境内遇见率较高的猛禽，其余鹰类遇见率总体偏低。

（五）鸮形目鸱鸮科

鸱鸮科共有 8 种，主要分布在中低山区域。斑头鸺鹠遇见率最高，分布于保护区的各个生境；其次是雕鸮，在保护区砖头坝、梨子坝等地有较为稳定的巢和栖息地；黄腿渔鸮也分布于低海拔区域，尤其是沿范条峪河分布有多处巢穴。

（六）啄木鸟目啄木鸟科和拟啄木鸟科

保护区共有 8 种啄木鸟。大斑啄木鸟为遇见率最高的种类，在全境有分布；其次是星头啄木鸟、赤胸啄木鸟和灰头绿啄木鸟，其他啄木鸟为偶见；本次调查期间，在松坪子的过熟林中发现了大拟啄木鸟，该物种是近年来由夏候鸟逐渐在秦岭地区演变成留鸟的一个物种。

（七）雀形目伯劳科

伯劳科共有 4 种伯劳，棕背伯劳是最常见的物种，主要分布在低海拔地区，其次是红尾伯劳，其余物种偶见。

（八）雀形目鸦科

该科有 8 种鸦类，除大嘴乌鸦、白颈鸦外，其余鸦类都在保护区常见，其中在低海拔和保护区周边最常见的依次为红嘴蓝鹊、喜鹊、小嘴乌鸦、灰喜鹊等，在森林内遇见率最高的是松鸦，其次是星鸦。

（九）雀形目山雀科

山雀科共有 9 种鸟类。大山雀是分布最广、遇见率最高的山雀，也是保护区内最常见的鸟类之一；其次是绿背山雀，但分布海拔略高于大山雀；其余常见的山雀为沼泽山雀和黑冠山雀；高海拔地区遇见率最高的是绿背山雀和黄腹山雀，其次是沼泽山雀和黑冠山雀。

（十）雀形目鹎科

鹎科共有 4 种。白头鹎是低海拔地区最常见的鹎类，也是最常见的鸟类之一；领雀嘴鹎是林缘最常见的种类；黄臀鹎和绿翅短脚鹎也常见，但遇见率较前两种低，黄臀鹎繁殖季在低海拔地区常见，绿翅短脚鹎秋季在低海拔地区常见。

（十一）雀形目柳莺科

柳莺科共有 16 种，褐柳莺、黄眉柳莺、黄腰柳莺、冕柳莺、金眶鹟莺是本次调查遇见率最高的柳莺。

（十二）雀形目长尾山雀科

该科共有 3 种长尾山雀，低海拔地区的林灌边缘和农地疏林以红头长尾山雀为主，在高海拔地区以银喉长尾山雀为主，银脸长尾山雀遇见率低、分布较少。

（十三）雀形目莺鹛科

该科共有 11 种，棕头鸦雀是遇见率最高的种类，在保护区各种生境都有分布，也是保护区最常见的鸟类之一；红嘴鸦雀和白眶鸦雀是保护区较常见的莺鹛，但这两种鸦雀主要分布在高海拔地区；棕头雀鹛、褐头雀鹛、金胸雀在保护区偶见。

（十四）雀形目噪鹛科

噪鹛科是保护区种群数量较大的一种鸟类群，在鸟类区系成分中比重较大，尤其是森林灌丛生境中该类型鸟类占主体。低海拔地区灌丛中最常见的是白颊噪鹛，其次是画眉，部分区域有红嘴相思；森林环境中遇见率最高的是白喉噪鹛、黑领噪鹛；橙翅噪鹛是高海拔地区遇见率最高的噪鹛，偶见斑背噪鹛。

（十五）雀形目鸫科

鸫科鸟类共有 6 种，种群多度总体不高，繁殖季低海拔最常见的是乌鸫，中山森林灌丛中常见的鸫有虎斑地鸫和栗腹矶鸫。

（十六）雀形目鹟科

鹟科鸟类 28 种，是保护区鸟类物种和种群数量最大的类群，是保护区区系成分的主体。遇见率最高的物种有北红尾鸲、灰林䳭、红胁蓝尾鸲、紫啸鸫、红尾水鸲等物种，北红尾鸲、灰林䳭主要分布在低海拔区域的林缘，极常见。

（十七）雀形目鹡鸰科

鹡鸰科共有 9 种鸟类。白鹡鸰是遇见率最高的种类，也是保护区最常见的鸟类之一；灰鹡鸰较常见，但分布较白鹡鸰高；粉红胸鹨是保护区秋季低海拔区域较常见的种类。

（十八）雀形目燕雀科

燕雀科共9种鸟类。非迁徙季节遇见率最高是金翅，低海拔地区、保护区周边最常见；

其次是普通朱雀，遇见率较高，也在低海拔地区。迁徙季节种群数量最大的是燕雀，常见上百只种群；灰头灰雀只在高海拔的森林分布，也较常见；黑尾蜡嘴雀在低海拔地区常见。

（十九）雀形目鹀科

鹀科有8种鸟类，蓝鹀、小鹀在保护区为常见的鹀类，其次为三道眉草鹀、黄喉鹀、黄胸鹀，灰眉岩鹀只在高海拔地区偶见。

六、特点

保护区鸟类种类丰富，在组成上以雀形目为主，我国特有种和国家保护鸟类较多，由于保护区海拔高差、区域离散等因素，鸡形目较少，较其他区域遇见率偏低。在空间分布上，峪长沟是雀形目鸟类中莺鹛科、柳莺科、噪鹛科、鹟科等林灌鸟类分布较多的区域，松坪子区域过熟林较多，啄木鸟、杜鹃等物种较多，摩天岭山脊线以北红花嶆、三道沟、洞子沟等区域干扰较少，但地形陡峻、断层多，猛禽和鸦科鸟类较其他区域遇见率更高，但鸟类组成总体上还是以雀形目林灌鸟类为主，尤其是柳莺科和山雀科鸟类较多。

保护区鸟类区系成分与秦岭南坡其他区域特征一致，区系以东洋界成分为主，古北界物种占一定比例，具有交汇、融合、过渡等特点；居留型以留鸟为主，夏候鸟其次，但呈现居留变化的情况，出现了大拟啄木鸟等夏候鸟定居的案例；地理分布型组成多样，以东洋型为主，横断山脉型和北方型物种也有较高比例，反映了保护区所在区位秦岭南坡的地域特征。

第五节 兽 类

一、调查方法

兽类动物调查采用样线法进行，在保护区内根据兽类分布、地形地貌、植被状况、食物分布、海拔、动物习性以及后勤保障条件等因素布设调查样线，开展调查。在实际调查中，沿样线收集各种兽类信息，包括各种兽类的痕迹、实体、粪便的位置、数量和生境数据，填写野外调查记录表，采集物种及栖息地的相关数据和指标，收集头骨、粪便、毛发等样品。为提高调查效果，调查样线应以最短的距离尽可能多地穿过调查区域内各种生境和植被类型，尽可能地覆盖调查区域的所有兽类栖息地类型。在区系统计和分析过程中，还参考了保护区长期的监测数据和已有生物多样性调查报告等成果，并在此基础上形成了本次科考成果。

另外，结合保护区开展的监测工作，选择一些兽类经常活动的地点安放红外相机，对保护区内的大、中型兽类活动进行定点监测，结合监测数据对保护区物种区系、分布进行完善，以此分析保护区动物群落的时间和空间格局，并对种群数量和密度进行估计。同时，还整理和分析了保护区2018年以来的红外相机监测数据，以此充实和丰富调查数据。在对红外相机数据进行初步筛查基础上，对数据完整、时间和位置信息准确的数据卡中的物种及数量进行逐一读取和记录，对 2018 年 10 月至 2019 年 5 月、2019 年 5 月至 2019 年 12 月、2019 年 12 月至 2020 年 5 月共 3 个时段、98 台红外相机数据进行了分析和统计。经统计，共获取野生动物物种记录 1 004 条，每条记录信息包含物种名称、数量、成体、亚成体、幼体、雄体、雌体、红外经纬度、监测时间等信息，并在此基础上对监测数据按物种为单位进行了汇总和简单统计，各主要保护对象的种群统计与分析则结合 GIS 等方法单独进行。

在红外相机监测数据分析和样线调查基础上，本次兽类调查报告专门对大熊猫、金丝猴、羚牛、林麝、青鼬、黑熊、毛冠鹿、小麂、豪猪、猪獾、野猪等 11 种保护区常见和珍稀兽类的分布和种群数量进行了分析和估计，对各物种遇见率高、成对或成群的出现地点及频率进行了统计，相关数据和信息可以指导后续针对该物种的监测、科学研究及保护对策分析。

二、区系组成及特点

（一）种类组成

基于本次科考，结合保护区监测数据、已有科考成果，最后确定保护区兽类共 83 种（表 3–8、附录 5），隶属于 7 目 25 科，占陕西省兽类物种的 56%。物种数最多的目是啮齿目，7 科 33 种，占兽类物种数的 39.8%；其次是食虫目（劳亚食虫目），3 科 17 种，占兽类物种数的 20.2%；食肉目第三，6 科 13 种，占兽类物种数的 15.7%。物种数最多的科是啮齿目鼠科，有 14 种；其次是食虫目鼩鼱科和啮齿目仓鼠科，各有 9 种。单科单属哺乳动物 11 种；单目单科单属兽类 1 种，为灵长目猴科川金丝猴（*Rhinopithecus roxellana*）。较保护区已有科考记录，本次科考对兽类名录进行了补充，并根据《中国兽医名录》（2021）的分类系统进行区系调整。其中，东北刺猬（*Erinaceus amurensis*）、侯氏猬（*Mesechinus hughi*）为原报告刺猬和林猬，长吻鼩鼹（*Nasillus gracilis*）为原报告多齿鼩鼹，长吻鼹（*Euroscaptor longirostris*）为原报告长吻鼩鼹，川西缺齿鼩鼱（*Chodsigoa hypsibius*）为原报告川西长尾鼩；微尾鼩为四川短尾鼩（*Anourosorex squamipes*），安氏白腹鼠是最大的白腹鼠，已有研究中报道的白腹巨鼠很可能是该物种。经监测和相关文献检索，原报告中的中华鼢鼠在保护区没有分布，本次报告未将其列入；黄腹鼬在已有报告和部分文献中有记载，本次调查和结合秦岭其他地区调查，未将其列入保护区物种。基于本次科考，保护区最新的兽类种数为 83 种，较上次科考增加 22 种。

表 3–8 保护区兽类目、科、种组成

目	科	种	小计
I. 劳亚食虫目 Eulipotyphlain	一、猬科 Erinaceidae	2	17
	二、鼹科 Talpidae	6	
	三、鼩鼱科 Soricidae	9	

续表

目	科	种	小计
Ⅱ.翼手目 Chiroptera	四、菊头蝠科 Rhinolophidae	3	9
	五、蝙蝠科 Vespertilionidae	6	
Ⅲ.兔形目 Lagomorpha	六、鼠兔科 Ochotonidae	2	3
	七、兔科 Leporidae	1	
Ⅳ.啮齿目 Rodentia	八、松鼠科 Sciuridae	5	33
	九、鼯鼠科 Petauristidae	3	
	十、仓鼠科 Cricetidae	8	
	十一、竹鼠科 Rhizomyidae	1	
	十二、鼠科 Muridae	14	
	十三、刺山鼠科 Platacanthomyidae	1	
	十四、豪猪科 Hystricidae	1	
V.灵长目 Primates	十五、猴科 Cercopithecidae	1	1
VI.食肉目 Carnivora	十六、犬科 Canidae	1	13
	十七、熊科 Ursidae	1	
	十八、大熊猫科 Ailuropodidae	1	
	十九、鼬科 Mustelidae	5	
	二十、灵猫科 Viverridae	2	
	二十一、猫科 Felidae	3	
VII.鲸偶蹄目 Cetartiodactyla	二十二、猪科 Suidae	1	7
	二十三、麝科 Moschidae	1	
	二十四、鹿科 Cervidae	2	
	二十五、牛科 Bovidae	3	
总计		83	

（二）区系组成

保护区兽类物种中东洋界物种52种，占保护区兽类物种数的63%；食虫类和啮齿目物种占东洋界物种的主体地位，保护区内的一些保护物种也属于该类群，如川金丝猴、大熊猫、金猫、林麝、毛冠鹿、中华斑羚、中华鬣羚和羚牛；古北界兽类8种，占保护区兽类物种数的10%，主要是一些分布于秦岭以北的食虫类和啮齿类，如陕西鼩鼱、花鼠、长尾仓鼠、大仓鼠、甘肃仓鼠、秦岭鼢鼠、棕背䶄、苛岚绒䶄；广布种23种，占保护区兽类种数的27%，区系组成以东洋界成分为主，并具有南北物种过渡的特点。

（三）地理型

按张荣祖（1999）对中国动物地理的区划，保护区应属于东洋界、中印亚界、华中区、西部山地高原亚区、秦岭—武当省。保护区兽类分布型共有10种地理型，分别为W东洋型、H喜马拉雅—横断山区型、S南中国型、U古北型、B华北型（主要分布于华北区）、E季风型（东部湿润地区为主）、P或I高地型、X东北—华北型、D中亚型（中亚温带干旱区分布）、G蒙古高原（草原型）、O不易归类的分布。其中，分布型为W东洋型的物种最多，有22种，占保护区兽类物种数的26.2%，如常见的小型兽类社鼠、中华竹鼠、隐纹花鼠，常见大型兽类为豹猫、青鼬、猪獾和中华鬣羚等；H喜马拉雅—横断山区型兽类18种，占保护区兽类物种数的21.4%，为分布型物种数第二，小型兽类较多，常见物种有鼩鼹、纹背鼩鼱、四川短尾鼩和中华豪猪等，常见大型兽类为川金丝猴、大熊猫、羚牛；S南中国型兽类15种，占保护区兽类物种数的17.9%，常见小型兽类为中华姬鼠、高山姬鼠、黑腹绒鼠，常见大型兽类为鼬獾、林麝、小麂等；U古北型兽类10种，常见小型兽类有花鼠、黑线姬鼠、褐家鼠，该分布型大型兽类为水獭、野猪；保护区还有典型的古北界分布型物种中亚型D长尾仓鼠，东北—华北型X大仓鼠和大林姬鼠等物种。

（四）特有种

保护区有中国特有兽类18种，有主要分布于我国的特有兽类8种，共有兽类特有种26种，占保护区兽类物种数的31%，特有种比例较高。保护区较常见、遇见率较高的小型兽类特有种有长吻鼩鼹、纹背鼩鼱、川西缺齿鼩鼱、黄河鼠兔、岩松鼠、复齿鼯鼠、洮州绒䶄、中华姬鼠和高山姬鼠，常见大型兽类特有种有川金丝猴、小麂、毛冠鹿、羚牛和旗舰物种大熊猫。这些特有种也是保护区的主要保护对象。

（五）保护物种

保护区有国家Ⅰ级保护兽类8种、国家Ⅱ级保护兽类7种，共15种，占保护区兽类种数的18%。国家Ⅰ级保护兽类为大熊猫、豹、林麝、羚牛、川金丝猴、豺、大灵猫、金猫，其中羚牛、林麝、川金丝猴为常见种，尤其是羚牛在保护区一致保有较大的种群规模，保护区国家Ⅰ级保护兽类占陕西省Ⅰ级保护兽类的57.1%；国家Ⅱ级保护兽类为黑熊、青鼬、豹猫、毛冠鹿、中华斑羚、中华鬣羚和水獭，保护区国家Ⅱ级保护兽类占陕西省Ⅱ级保护兽类的43.8%，其中毛冠鹿、青鼬、黑熊为常见种，在保护区内遇见率较高。水獭是保护区第一次科考时认为野外消失的物种，为20年后再发现物种，具有重要意义。

三、空间格局

（一）小型兽类

2020—2021年，本次科考组与中国科学院动物研究所联合对保护区小型兽类中的食虫类、啮齿类、兔形目动物进行了调查，主要利用铗日法在样线上进行标本和信息采集，基于标本数据及标本采集地的经纬度及环境因子分析保护区小型兽类的空间及多度格局。本次调查共在保护区采集到15种小型兽类，其中，食虫类3种，啮齿类11种，兔形目1种。基于遇见率，食虫类中四川短尾鼩占绝对优势，其次是纹背鼩鼱和川西缺齿鼩鼱，四川短尾鼩在海拔1 400 m左右捕获率较高；啮齿类捕获率最高的是高山姬鼠、大林姬鼠、苛岚绒䶄，其次才是社鼠和针毛鼠，其他鼠类捕获率都较低。从海拔区间上看，1 400 m以上区域捕获率高的是社鼠、针毛鼠、大林姬鼠、苛岚绒䶄等物种，1 400 m以下区域高山姬鼠、大林姬鼠、中华姬鼠捕获率较高，从物种的海拔适宜区间分析，针毛鼠和苛岚绒䶄为跨度大、捕获率高的种类。

（二）大型兽类

保护区常见的大型兽类种类不多，除豹、豺和水獭之外，其余物种均采集到影像数据，包括主要保护对象大熊猫、金丝猴等；常见种主要为有蹄类的野猪、毛冠鹿和羚牛等物种。由于保护区海拔高差相对较小，根据各物种分布地的海拔数据表明，有蹄类对海拔没有明显的选择偏好，食肉类包括大熊猫分布地海拔总体较高，主要分布于 1 500 m 以上区域，但黑熊海拔偏好不明显。从空间格局上分析，大型兽类物种聚集和种群数量高的区域为古墓坪周边地区，是大熊猫、金丝猴、羚牛等主要保护对象的密集分布区，其次是松坪子区域，在保护区南部摩天岭北坡尽管干扰较少、植被完整、恢复情况较好，有保护区仅有的原始冷杉林和阔叶林，但发现兽类的频率并不高，包括常见的野猪、羚牛和黑熊遇见率也不高。摩天岭北部区域植被尤其是中上坡植被保存较好，除调查强度外，动物少的原因可能与该区域坡度较陡峻，地表基质岩石较多，地质滑坡体多等因素有一定关系，也与该区域中下坡经历过采伐，尽管恢复较快，但仍处于恢复演替状态有关，而古墓坪、松坪子区域尽管也为次生林，但新中国成立以来并没有经过大规模采伐，演替时间较长，栖息地的原生性较好。

四、时间格局

兽类时间格局相对较简单，小型兽类由于代谢水平高，大多只在春、夏、秋活动，冬季活动频率显著减少，遇见率也较低；小型兽类主要在低海拔地区，高海拔地区冬季穴居生活，如藏鼠兔、竹鼠和鼢鼠等。大型兽类时间格局在遇见率上区别不明显，总体上春夏分布较离散、在高海拔分布较多，冬季较集群、在低海拔区域分布较多，以有蹄类的羚牛、中华斑羚，灵长目的金丝猴等物种最为明显。也有时间格局不明显的物种，如豹猫、黑熊、野猪等在时间尺度上没有明显的界限，尤以食肉目物种较难区分其时间格局。

五、同科属物种空间和多度格局

（一）食虫目鼹科

该科共有 6 种鼹，长尾鼩鼹是遇见率和捕获率最高的物种，主要分布在保护区中高山地区；其次是鼩鼹和长吻鼹，在保护区全境分布，较常见。

（二）食虫目鼱鼩科

该科共 9 种鼩鼱，物种数较多，遇见率最高的是四川短尾鼩，其次是纹背鼩鼱、川西缺齿鼩鼱，主要分布在中低山地区较多，其余物种偶见。

（三）翼手目菊头蝠科、蝙蝠科

该目共有 9 种，全部都分布于低海拔地区，以社区的房舍和部分山洞为栖息地，最常见的是灰伏翼、鲁氏菊头蝠和白腹管鼻蝠，大耳菊头蝠在山洞等环境中常见。

（四）兔形目鼠兔科和兔科

该目共 3 物种。草兔较常见，在中低山均有分布；鼠兔科以藏鼠兔为主，主要分布于高山地区；黄河鼠兔在保护区罕见，本次调查由中科院动物研究所研究人员在大范条峪采到此标本。

（五）啮齿目松鼠科

该科共有5种松鼠。岩松鼠是遇见率最高的物种，也是保护区遇见率最高的兽类之一，各种生境均有分布，低海拔地区遇见率较高；隐纹花鼠遇见率明显低于岩松鼠，主要分布于中山森林灌丛，也较常见。

（六）啮齿目鼯鼠科

保护区有3种鼯鼠。遇见率最高的是复齿鼯鼠，在保护区全境分布，中高山地区较低海拔地区更常见；其次是红白鼯鼠，在保护区也较常见。

（七）啮齿目仓鼠科

该科共有9种小型兽类。捕获率最高的是黑腹绒鼠、苛岚绒鼾，在保护区各个生境都有分布；秦岭鼢鼠是中高海拔区域较常见的仓鼠科物种；大仓鼠是低海拔地区最常见的物种，捕获率较高。

（八）啮齿目鼠科

鼠科是兽类最大的科，有14种鼠类分布。根据本次调查的捕获率，最常见的大林姬鼠和高山姬鼠，分布也较广；其次是针毛鼠和社鼠，主要分布在中低海拔的林缘地带，科考期间在古墓坪捕获较多；本次还在古墓坪捕获了安氏白腹鼠（*Niviventer andersoni*），其体型较白腹鼠大，估计以前的白腹鼠巨鼠即为该物种。

（九）食肉目鼬科

鼬科共5种兽类，是食肉目物种最多的科。青鼬遇见率最高、分布广，尤其是中山地区森林环境中最常见，也是食肉目中最常见的物种之一，通过红外相机，保护区发现了2只、3只群，在秦岭保护区中极为少见，桑园保护区为该物种成对或2只以上发现频率较高的区域；遇见率次高的是猪獾，主要分布于中、低山，保护区也多次发现2只群，也是成对发现率较高的地区，秦岭地区也不常见；黄鼬是低山地区常见的小型兽类，在保护区内的遇见率低于猪獾；水獭为保护区野外消失后重发现的物种，发现时间和地点为2021年7月的三道沟口（107.225 240, 33.691 253），该物种的再次发现对评估保护区的保护成效和生态系统状况具有重要意义，标志着保护区生态系统及栖息地环境实现了根本性好转。

（十）食肉目猫科

猫科有3物种，豹猫是保护区最常见的兽类和动物物种之一，金猫在保护区内仅有1次监测记录，豹目前没有任何痕迹和记录被监测到，相对秦岭其他保护区，桑园保护区大型猫科动物较少，其他保护区常见的豹猫粪便等痕迹在保护区并不多。

（十一）偶蹄目猪科、麝科、鹿科、牛科

偶蹄目（鲸偶蹄目）共有4科7种兽类，物种少，但生物量较大。野猪、毛冠鹿是保护区内遇见率最高的物种，在各个生境均有记录和分布，保护区的野猪群也较大，最大监测到14只；其次是羚牛，中华斑羚和中华鬣羚遇见率较以上物种更低；林麝主要分布在古墓坪区域，科考期间红外相机在20处监测到实体，表明该物种在保护区已经形成了一定规模的种群量。

六、特点

保护区兽类在组成上以啮齿目、食虫目、食肉目、有蹄目动物为主体。在生物量和种群规模上有蹄目占优势，尤其以羚牛、野猪、毛冠鹿等种类明显，肉食性的食肉目以黑熊遇见率较高，猫科动物在保护区遇见率并不高；在空间格局上，物种聚集和种群数量高的区域为古墓坪周边地区，是大熊猫、金丝猴、羚牛等主要保护对象的密集分布区，其次是松坪子区域，在保护区南部摩天岭尽管干扰较少、植被完整、恢复情况较好，有保护区仅有的原始冷杉林和阔叶林，但发现兽类的频率并不高，包括常见的羚牛和黑熊。

在区系成分上，保护区兽类的单型科较多，小型动物组成复杂、大型动物相对简单；区系成分以东洋种为主，南北物种交汇、过渡；分布型多样、多类型交汇分布明显；特有种丰富，具有多个旗舰物种，保护价值和意义较大。由于秦岭的地质演化、地貌特征和保护状况，保护区除有大量食虫类物种分布外，从更新世早期分化并延续到现代的种类有黑熊、大熊猫、豪猪、猪獾、花面狸、豺等，从更新世中期分化并演化到现代的种类有毛冠鹿、中华鬣羚、竹鼠、大灵猫、麝和青鼬等。近年来，随着保护区的设立和保护工作加强，除已有物种分布区扩展、种群增长外，一些因猎捕等原因在保护区绝迹的物种又在保护区重新发现（水獭），大熊猫不断被捕捉到新影像，金丝猴多次进入人居区，都说明了保护区的兽类生存状况改善、保护区生态环境不断好转的事实。

七、主要保护对象分布及种群空间格局

（一）大熊猫

大熊猫是保护区的首要保护对象，是秦岭大熊猫核心种群的西部边缘，该区域大熊猫种群的生存状况直接关系整个秦岭大熊猫种群的空间格局和保护成效。全国第四次大熊猫调查确定桑园保护区有大熊猫 4 只。保护区成立以来，保护区加强了对大熊猫及栖息地的巡护管理和监测工作，在三道沟、碾子坪等地实施了栖息地恢复工程，使境内大熊猫的生存环境不断改善，本次在 12 处分别采集到大熊猫影像，部分影像资料和发现已由中央电视台于 2019 年 5 月 23 日、2020 年 07 月 27 日对外公布。

第四次调查公布的保护区大熊猫数量为 4 只，本次科考基于影像判定，保护区大熊猫至少为 5 只，加上松坪子发现的幼仔及母体（采集到熊猫幼仔粪便，但没有采集到其影像数据），保护区大熊猫数量初步估计应为 7 只。

2011 年，在全国第四次大熊猫调查中，共在陕西省内 18 处采集到大熊猫粪便，主要分布于古墓坪以上三岔河至乌木梁两边山地，另外还分布于缭线沟与平顶关、梨子坝沟之间的山地（图 3–1）。2020 年监测数据所采集大熊猫影像的地点主要为峪长沟古墓坪以东的山坡，另外在洞子沟与松坪子之间有几处也采集到影像，但较少，主体在古墓坪区域，是目前熊猫影像的主要来源。保护区在松坪子区域曾发现大熊猫幼仔粪便，采集到幼仔粪便样品多次，表明该区域有一个较为稳定的大熊猫家族在活动。

总体上，保护区的大熊猫种群属于边缘种群，种群数量较小，除本身的地理区位外，也与保护区内大熊猫栖息地受到的干扰有关。根据调查和与保护区工作人员的交流，目前对大熊猫影响最大的是保护区的流浪狗。保护区有一定数量的流浪狗，这些流浪狗及二代狗长期生活在保护区，逐渐壮大成 3 ~ 5 只的小群，这些狗与大熊猫在栖息地、分布区上高度重叠。在古墓坪红外相机采集的动物影像中发现，采集到大熊猫影像后不到 1 min 即采集到流浪狗的影像，充分说明了流浪狗会直接对大熊猫的生存、发展和扩散造成影响。另外，这些流浪狗也是犬瘟热等疫病进入大熊猫或其他动物栖息地的一个重要途径，是大熊猫及其他野生动物生存和发展面临的持续性隐患。

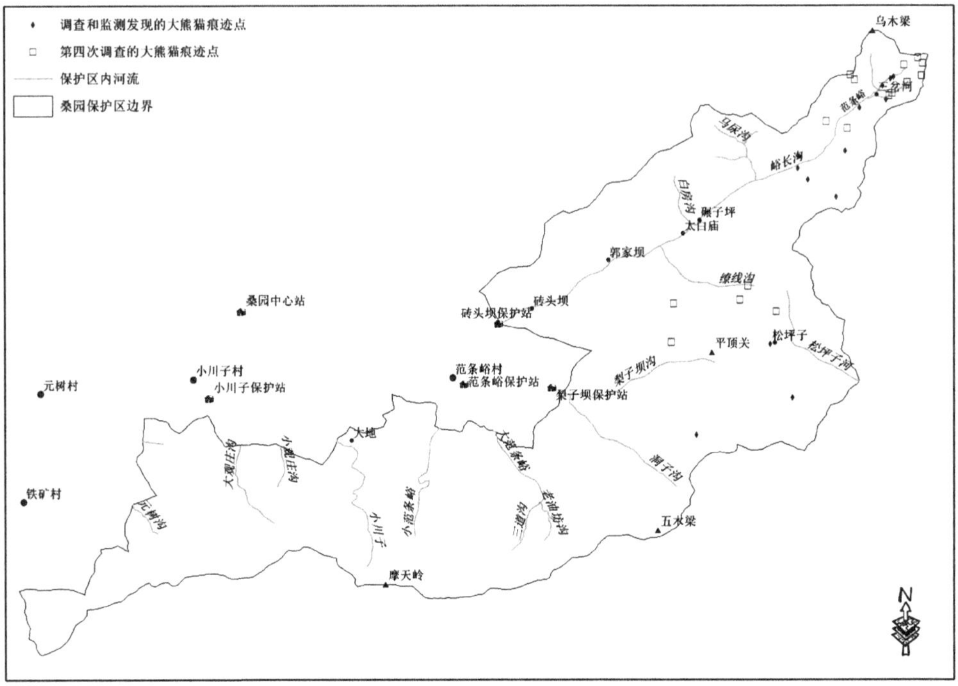

图 3-1　桑园保护区大熊猫分布图

（二）羚牛

羚牛是保护区的主要保护对象，该物种在保护区分布较为广泛，遇见率较高。从 2018 年 10 月至 2019 年 5 月、2019 年 5 月至 2019 年 12 月、2019 年 12 月至 2020 年 5 月 3 个时段，保护区 98 个红外相机位点中有 76 个位点采集到羚牛影像。经对每台红外相机采集影像进行分析和辨识，共在 76 个位点采集到 156 次、593 个羚牛个体。基于保护区红外相机监测数据，羚牛是所有红外相机监测记录中出现频率最高的物种（15.5%），也是采集物种个体数量最多的物种（30.6%），为保护区常见的兽类和生物量最大的动物。根据调查和监测数据，分布密度最大的区域为峪长沟流域古墓坪以上区域，具体为碾子坪—古墓坪—乌木梁区域，是保护区羚牛种群数量最多的地区，占整个保护区记录到的羚牛总量的 70% 以上；其次为松坪子、洞子沟和三道沟等地区，其余区域偶有分布，但密度较低。

保护区内羚牛数据采集频次高、数量多的仍为古墓坪周边区域，10 只以上的最大群都集中在古墓坪及马尿沟区域，是保护区羚牛种群数量最大的区域（表 3–9）；20 只左右的大群全部位于古墓坪以上河谷区域，具体经纬度位置为：107.299 36，33.784 4；107.304 769，33.79；107.299 36，33.784 4；107.304 1，33.795 022；107.308 832，33.797 094。根据调查和监测数据，保护区碾子坪以上区域三年来监测到羚牛种群密度分别为 0.04 只 / hm^2、0.08 只 / hm^2、0.09 只 / hm^2，平均值为 0.068 只 / hm^2；最高密度为古墓坪—乌木梁之间的区域，三年监测到的种群密度分别为 0.06 只 /hm^2、0.1 只 / hm^2、0.16 只 / hm^2，平均值为 0.11 只 / hm^2，最高记录数量为 2019 年 12 月至 2020 年 5 月记录到的 228 只。

松坪子、三道沟等地种群密度较低，监测数据表明其密度值在 0.03 ～ 0.022 之间，松坪子区域密度值略高于三道沟、洞子沟等地。考虑到整个保护区均有羚牛分布，但种群密度差异巨大，保护区羚牛种群数量的估计按区域分别进行，对碾子坪以上的高密度区作为羚牛分布的核心区单独计算，对低密度区域基于松坪子、三道沟等地三年来监测数据的种群密度平均值估算其羚牛数量。基于此，保护区低密度区羚牛的种群密度平均值为 0.011 只 / hm^2，以此计算低密度区羚牛的种群总量为 124 只左右。加上高密度区羚牛的种群数量监测数据，保护区羚牛种群数量在 225 ～ 352 只之间。

表 3–9 保护区内羚牛影像采集频次和数量高的位置

东经	北纬	频次	数量
107.280523	33.792692	10	31
107.29936	33.7844	7	69
107.277451	33.794255	6	24
107.326927	33.809612	6	19
107.307289	33.779608	5	25
107.308822	33.801449	5	22
107.313022	33.789194	4	19
107.302244	33.781175	4	17
107.312195	33.77556	4	13
107.308832	33.797094	3	21
107.310358	33.776336	3	19
107.284308	33.763104	3	18
107.289875	33.770467	3	15
107.255349	33.686016	3	9
107.30713	33.726791	3	7
107.288077	33.761564	3	4
107.323801	33.807234	3	3
107.304769	33.79	2	25
107.3041	33.795022	2	21
107.309263	33.79084	2	13
107.306917	33.79779	2	13
107.325177	33.8033335	2	10

基于含有幼体的羚牛群数据分析保护区羚牛的年龄结构，总体上保护区羚牛的年龄结构成体：亚成体：幼体的比例为 2 ： 1 ： 2.1，均分布在古墓坪周边地区，最大的羚牛幼体群记录时间为 2019 年 5 月至 2019 年 12 月，2018 年、2020 年都监测到较大的羚牛幼体群，总体上羚牛保持增长态势，种群规模和分布都较为稳定。

保护区古墓坪及以上区域是最大的羚牛及羚牛群的分布地，以古墓坪周边、古墓坪沿乌木梁河谷分布较多，羚牛群聚集主要在的冬春季节，夏天在摩天岭邻近山脊区域有小群分布（图 3-2）。总体上，古墓坪区域是保护区羚牛分布最多、集群和种群密度最高的区域，主要原因在于栖息地质量较好、人为干扰较少，且毗邻牛尾河保护区，两保护区之间的羚牛相互间交流扩散也是导致该区域羚牛种群较大的因素。古墓坪以下仅马尿沟等地有少量羚牛分布，与人为干扰频繁有关。松坪子区域地形平缓，理论上羚牛应多，该区域羚牛少的主要原因是人为干扰多，当地社区在该区域放养了大量养殖牛群，相关的人为活动对野生羚牛造成干扰；同时，松坪子东是太白县二郎坝乡，人为干扰较大。以上原因造成该区域羚牛分布较少。三道沟、小范条峪等地地形陡峻，岩石较多，地形不适宜羚牛大规模栖息，因此羚牛分布和集群较少，多为单独或成小群活动的羚牛，其中在中上坡接近五木梁、摩天岭等山脊区域，夏季有从南部境外区域扩散过来的羚牛，成为偶见的集小群羚牛。

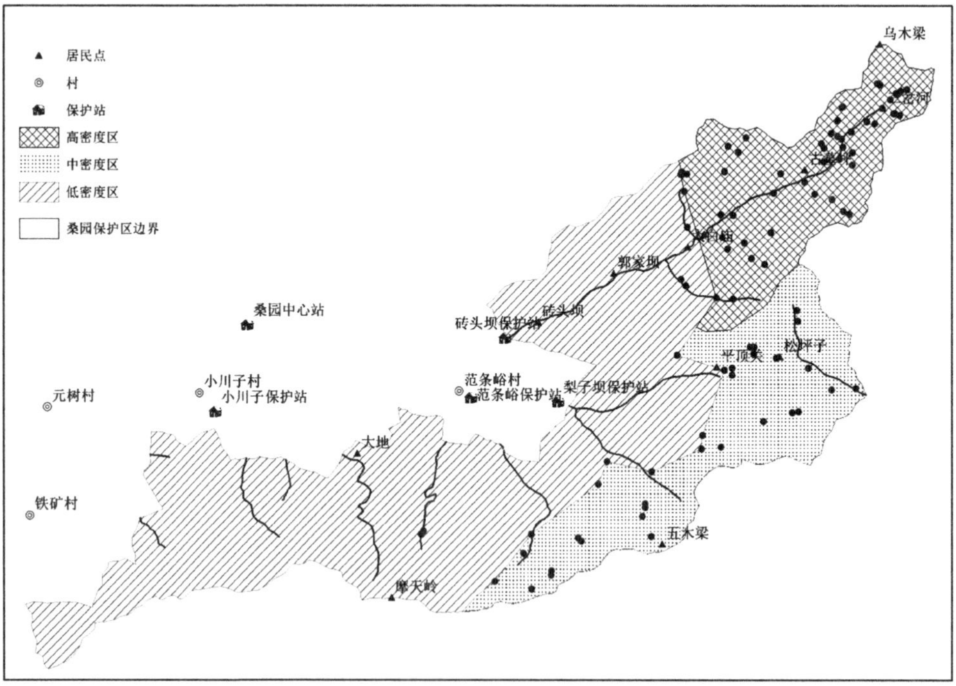

图 3-2 桑园保护区羚牛分布及种群密度分区图

（三）金丝猴

金丝猴是保护区重要的保护对象，国家一级保护动物，调查期间在峪长沟发现金丝猴痕迹较多，其他区域较少发现，总体上在保护区遇见率较低。基于红外相机监测数据，其分布区目前共有两处，均位于古墓坪往乌木梁方向两侧山谷，经纬度位置为

107.309 93，33.796 371；107.325 18，33.803 334（图 3–3），冬季较多、常见，集群分布。目前，保护区内的金丝猴种群增长较快，进入人居环境的现象逐渐出现，2020 年 10 月下旬，保护区社区范条峪村出现一只成年金丝猴在村里停留近半个月的现象。

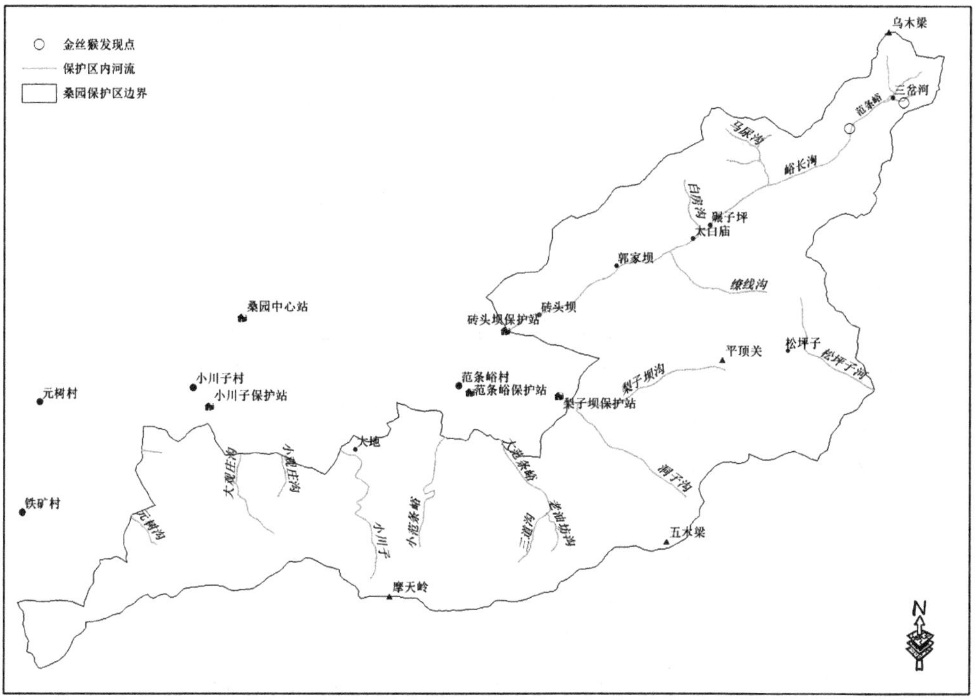

图 3–3　桑园保护区金丝猴分布图

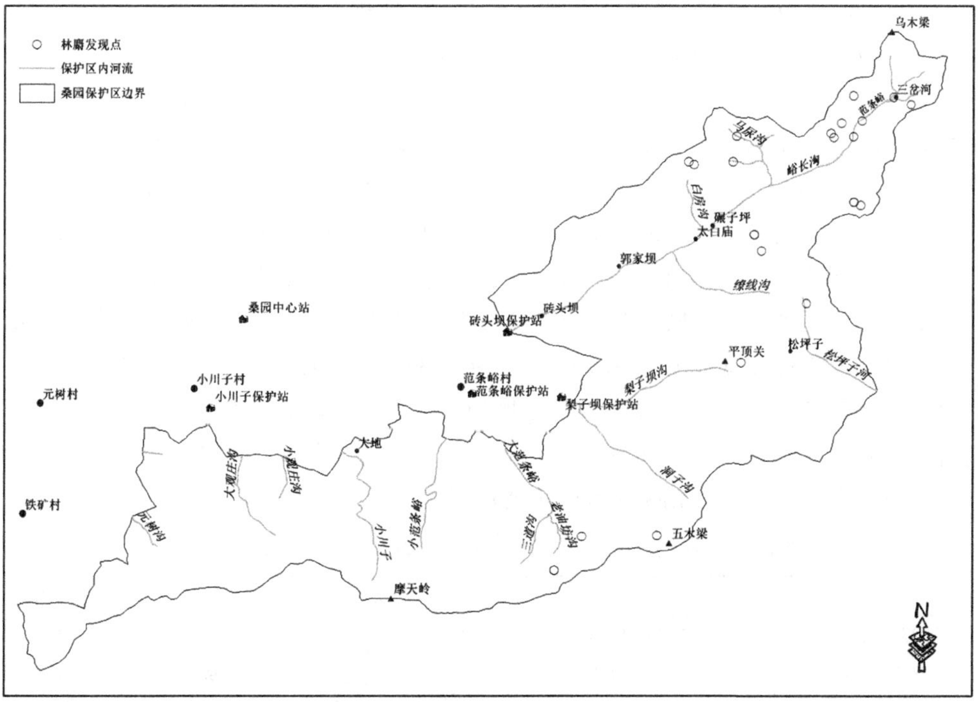

图 3–4　桑园保护区林麝分布图

（四）林麝

林麝是保护区内的重要保护对象，国家一级保护动物。除了警惕性高、应激反应剧烈外，该物种属于恢复性增长阶段，种群数量较低，遇见率低。根据本次调查和三个时段红外相机监测数据，保护区 98 个红外相机位点中有 21 个位点采集到林麝影像，共采集到 24 次 24 只林麝个体（图 3–4）。林麝主要分布于峪长沟碾子坪以上区域，尤以古墓坪以上最为密集，其余区域在三道沟、五木梁和平顶关等地也有分布，同一地点 2 次采集的只有 3 处，分别为缭线沟北和三道沟，具体经纬度位置：107.282 3，33.767 482；107.284 96，33.736 774；107.282 3，33.767 482。

（五）青鼬

青鼬是保护区最常见的兽类之一，当地人称黄喉貂，体长 56 ～ 65 cm，尾长 38 ～ 43 cm，体重约 2 ～ 3 kg。因前胸部具有明显的黄橙色喉斑而得名。耳部短而圆，尾毛不蓬松，体形细长，大小如小狐狸。体形柔软而细长，呈圆筒状。头较为尖细，略呈三角形；圆耳朵；腿较短，四肢虽然短小，但却强健有力，前后肢各有 5 个趾，趾爪粗壮弯曲而尖利。由于它喜欢吃蜂蜜，因而又有“蜜狗”之称，共有 10 个亚种。青鼬貂对环境的适应能力很强，以食物及隐蔽性为主要栖息条件，多活动于森林中。这种食肉动物性情凶狠，常单独或数只集群捕猎较大的草食动物。其行动快速敏捷，尤其是在追赶猎物时更加迅猛，在跑动中还能进行大距离的跳跃，还具有很高的爬树本领。常在白天活动，但早晚活动更加频繁。

青鼬在保护区较常见，是红外相机监测中获取影像数据最多的兽类之一。根据本次的样线调查数据，结合保护区 2018 年 10 月至 2019 年 5 月、2019 年 5 月至 2019 年 12 月、2019 年 12 月至 2020 年 5 月共 3 个时段的红外相机监测数据，项目组对保护区青鼬的种群分布、规模、结构进行了分析、评估和总结。

保护区共 98 个红外相机位点中有 62 个位点采集到青鼬影像（表 3–10）。经对每台红外相机采集影像进行分析和辨识，共在 62 个位点采集到 97 次 145 个青鼬个体，其中采集到 3 只个体位点有 6 处、采集 2 只个体位点有 16 处，为秦岭地区青鼬发现频率较高的区域。

青鼬在保护区分布较密集的区域为保护区东北峪长沟古墓坪以上区域，南部三道沟、摩天岭区域和东部松坪子区域尽管有发现，但发现频率较低。保护区 3 只群发现地主要集中在古墓坪以上区域，发现点经纬度为：107.282 302，33.767 482；107.299 36，33.784 4；107.308 822，33.801 449；107.312 594，33.798 339；107.309 263，33.790 84；107.326 617，33.802 82，能密集发现 3 只群的青鼬群在秦岭地区较少见。发现 2 只群的青鼬也主要集中在峪长沟，其余地区仅在三道沟，共 16 处（表 3–10）。以上区域可作为该物种种群动态监测和相关研究的重要位置。

表 3–10　发现有 3、2 只青鼬群以及多次捕捉到青鼬的位置

东经	北纬	频次	总量	3 只群
107.282302	33.767482	5	9	*
107.29936	33.7844	5	9	*
107.308822	33.801449	4	8	*

续表

东经	北纬	频次	总量	3 只群
107.312594	33.798339	3	7	*
107.312624	33.798263	4	6	
107.309934	33.796371	3	5	
107.2906	33.781322	3	4	
107.264827	33.78188	3	4	
107.302244	33.781175	2	4	
107.280523	33.792692	2	4	
107.310315	33.805199	2	4	
107.252776	33.691659	2	3	
107.274085	33.752304	2	3	
107.284308	33.763104	2	3	
107.289875	33.770467	2	3	
107.312195	33.77556	2	3	
107.307289	33.779608	2	3	
107.313022	33.789194	2	3	
107.308832	33.797094	2	3	
107.317212	33.801102	2	3	
107.309263	33.79084	1	3	*
107.326617	33.80282	1	3	*

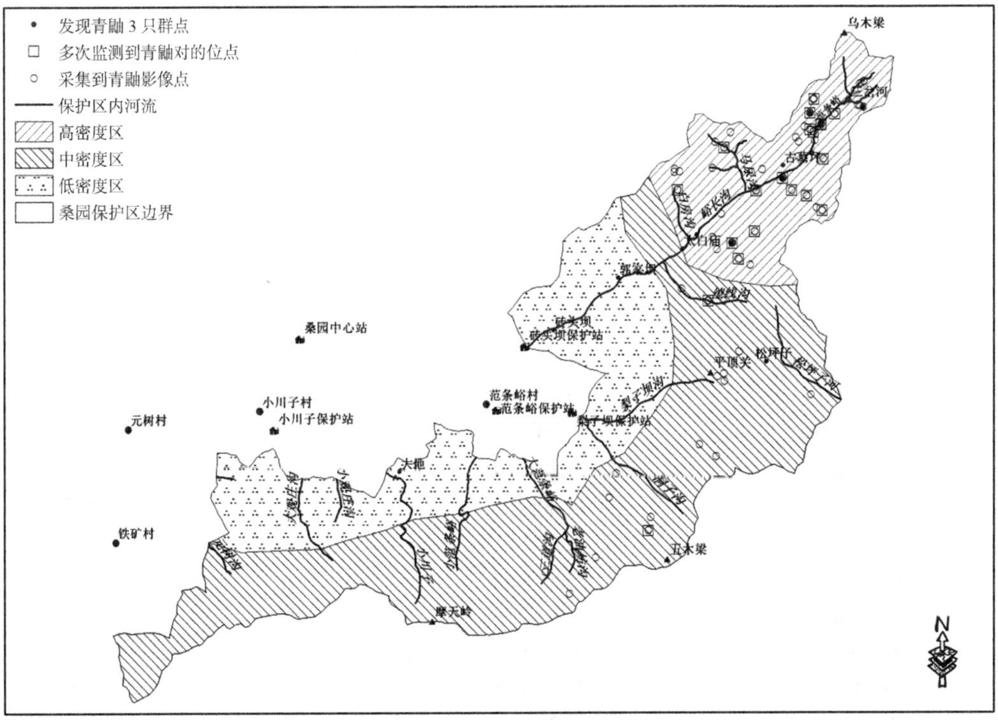

图 3-5 桑园保护区青鼬分布及种群密度分区图

保护区3个监测时段所采集到的青鼬数量分别为52、36、57只，根据地貌特征和采集数据，峪长沟太白庙和白房沟以上区域为高密度区（图3–5），其余区域1 600 m以上范围为中密度区，1 600 m以下为低密度区。基于监测数据和调查样线数据进行青鼬种群密度估计，高密度区青鼬种群密度为0.032只/hm^2，种群数量估计值为85 ± 15；中密度区群密度为0.007只/hm^2，种群数量估计值为55 ± 10；低密度区群密度为0.004只/hm^2，种群数量估计值为20 ± 10。基于以上估计，保护区青鼬种群量在160～200只之间。

（六）黑熊

黑熊是保护区的保护物种，2018年10月至2019年5月、2019年5月至2019年12月、2019年12月至2020年5月共3个时段，保护区98个红外相机位点中有59个位点采集到黑熊影像。经对每台红外相机采集影像进行分析和辨识，共在59个位点采集到70次105个黑熊个体。

其中采集到2～3只黑熊群的位点有4处（表3–11），峪长沟碾子坪以上东侧有3处（107.289 875，33.770 467；107.307 289，33.779 608；107.299 36，33.784 4），洞子沟西侧1处（107.252 776，33.691 659）。采集2只个体或以上位点有23处，共采集34次69只黑熊个体，主要分布在峪长沟两侧，其余在平顶关、洞子沟、三道沟等地也有分布（图3–6）。

表3–11　保护区内黑熊影像采集频次和数量高的位置

东经	北纬	频次	数量
107.307289	33.779608	3	5
107.252776	33.691659	3	4
107.309934	33.796371	2	5
107.29936	33.7844	2	5
107.308822	33.801449	2	4
107.289875	33.770467	2	4
107.324802	33.803345	2	3
107.310278	33.794084	2	3
107.282302	33.767482	2	3
107.31942	33.800587	1	3
107.28388	33.738607	1	3
107.278759	33.730837	1	3
107.30713	33.726791	1	3
107.242554	33.706937	1	3
107.326927	33.809612	1	2
107.310315	33.805199	1	2
107.326617	33.80282	1	2
107.280523	33.792692	1	2
107.292607	33.786723	1	2
107.264827	33.78188	1	2
107.269824	33.710386	1	2
107.240015	33.700606	1	2
107.235234	33.684773	1	2

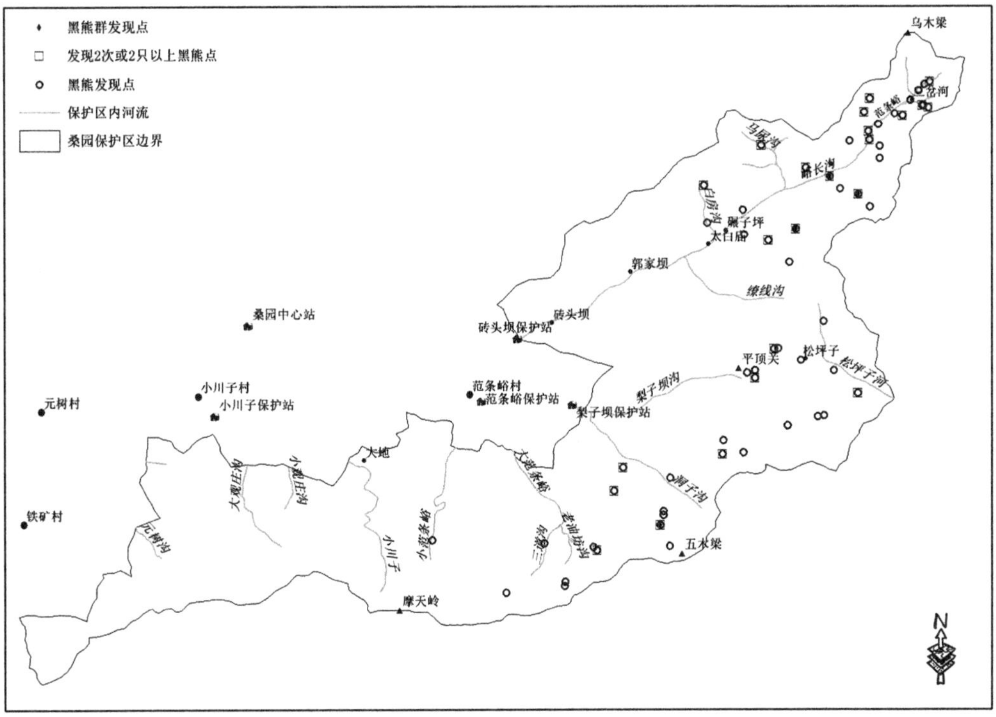

图 3–6 桑园保护区黑熊分布图

（七）毛冠鹿

毛冠鹿是保护区最常见的兽类，遇见率最高。从 2018 年 10 月至 2019 年 5 月、2019 年 5 月至 2019 年 12 月、2019 年 12 月至 2020 年 5 月共 3 个时段，保护区 98 个红外相机位点中有 80 个位点采集到毛冠鹿影像。经对每台红外相机采集影像进行分析和辨识，共在 80 个位点采集到 123 次 163 只毛冠鹿个体，是保护区内影像采集频次和数量都最多的野生动物。

毛冠鹿大多单独活动，较少成群，此次调查中采集到 2 只毛冠鹿群的位点有 10 处，采集频次较多、毛冠鹿数量较大的地点有 24 处（表 3–12），主要分布在峪长沟两侧，古墓坪以上尤为集中，其余区域只有松坪子平顶关有一处（图 3–7）。

表 3–12 保护区内毛冠鹿影像采集频次和数量高的位置

东经	北纬	频次	数量
107.282302	33.767482	4	5
107.277451	33.794255	3	6
107.310315	33.805199	3	6
107.29936	33.7844	3	5
107.2906	33.781322	3	4
107.264827	33.78188	3	4
107.313022	33.789194	3	4

续表

东经	北纬	频次	数量
107.280523	33.792692	3	4
107.312594	33.798339	3	4
107.309934	33.796371	3	3
107.289875	33.770467	2	5
107.324802	33.803345	2	5
107.288077	33.761564	2	4
107.317212	33.801102	2	4
107.284957	33.736774	2	3
107.28388	33.738607	2	3
107.285027	33.73868	2	3
107.27906	33.775201	2	3
107.307289	33.779608	2	3
107.3129905	33.792511	2	3
107.308832	33.797094	2	3
107.321528	33.804791	2	3
107.323801	33.807234	2	3
107.328655	33.810113	2	3

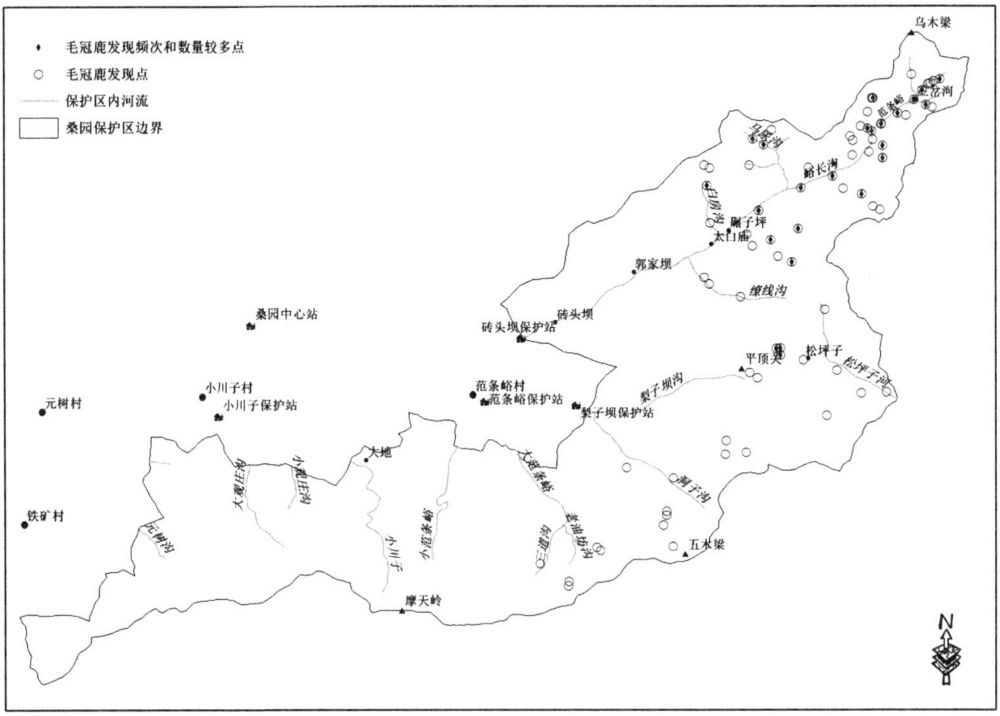

图 3-7　桑园保护区毛冠鹿分布图

（八）小麂

小麂是保护区较为常见的有蹄类，总体上遇见率不高。根据本次调查和三个时段红外相机监测数据，保护区 98 个红外相机位点中有 14 个位点采集到小麂影像。经对每台红外相机采集影像进行分析和辨识，共在 14 个位点采集到 24 次 24 只小麂个体，采集率较低。

小麂大多单独活动，较少成群，此次调查中采集到 2 只的小麂位点有 3 处，两处位于碾子坪东的中下坡地，一处位于平顶关山脊（图 3–8）。

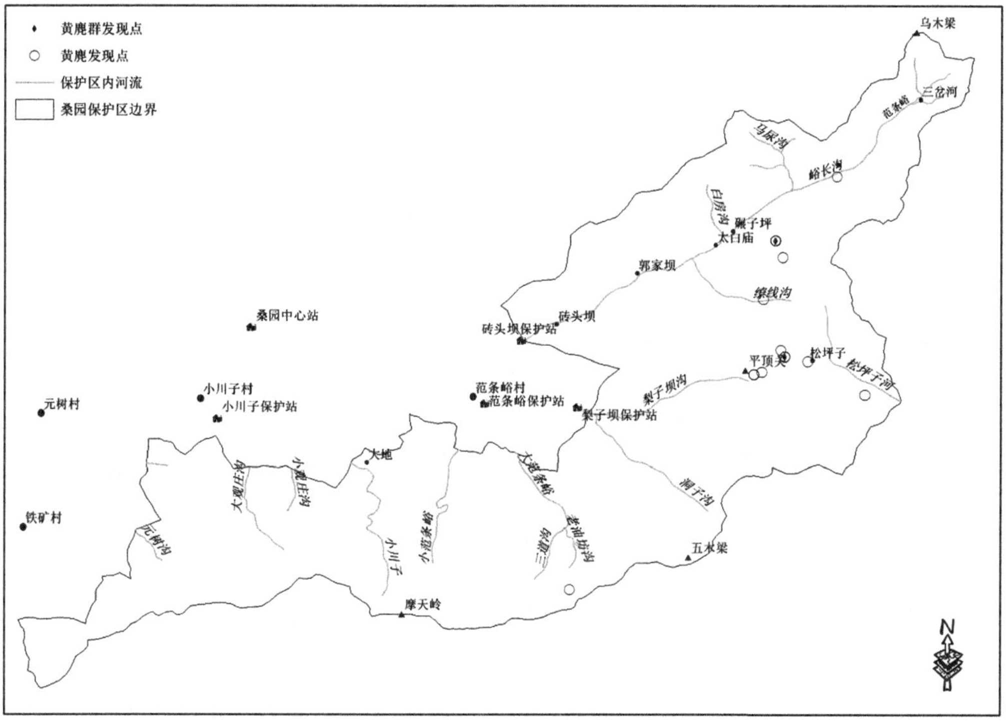

图 3–8 桑园保护区小麂分布图

（九）豪猪

豪猪是保护区较常见的兽类，2018 年 10 月至 2019 年 5 月、2019 年 5 月至 2019 年 12 月、2019 年 12 月至 2020 年 5 月共 3 个时段，保护区 98 个红外相机位点中有 47 个位点采集到豪猪影像。经对每台红外相机采集影像进行分析和辨识，共在 47 个位点采集到 71 次 103 个豪猪个体（图 3–9），其中采集到 3 只个体位点有 3 处、采集 2 只个体或以上位点有 24 处（多次采集到个体），采集 2 次位点 12 个，采集 3 次或以上位点 5 个，保护区豪猪发现频率为秦岭较高的区域。

古墓坪、马尿沟是发现有 3 个豪猪群个体的位置（107.277 451，33.794 255；107.313 022，33.789 194；107.299 36，33.784 4），其余区域都有豪猪分布，单只较多，成对的区域主要分布在峪长沟两侧沟谷（表 3–13），调查期间发现的毛刺等痕迹也较多，另外在松坪子平顶关两侧、洞子沟等地也采集到豪猪的影像。

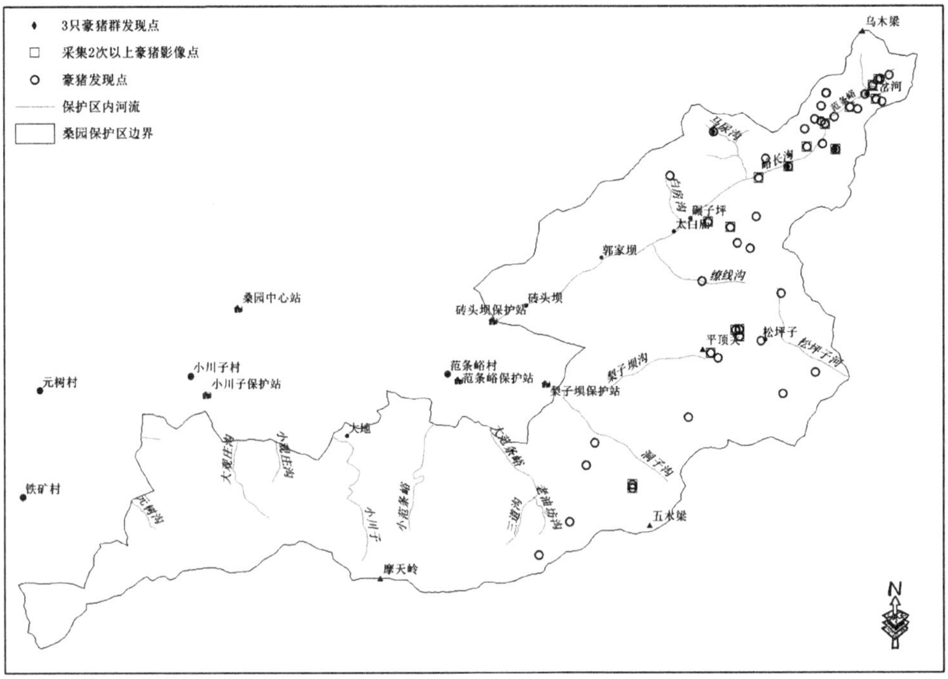

图 3-9　桑园保护区豪猪分布图

表 3-13　桑园保护区内豪猪影像采集频次和数量高的位置

东经	北纬	采集频次	数量
107.2906	33.781322	5	7
107.313022	33.789194	3	6
107.2536	33.695254	3	5
107.309934	33.796371	3	5
107.317212	33.801102	3	4
107.253645	33.694248	2	4
107.29936	33.7844	2	4
107.323801	33.807234	2	4
107.276538	33.732221	2	3
107.284957	33.736774	2	3
107.28388	33.738607	2	3
107.282302	33.767482	2	3
107.275866	33.769035	2	3
107.304769	33.79	2	3
107.324802	33.803345	2	3
107.277451	33.794255	1	3
107.285027	33.73868	2	2
107.325429	33.808954	2	2
107.242554	33.706937	1	2
107.270089	33.714146	1	2
107.297691	33.720729	1	2
107.312594	33.798339	1	2

续表

东经	北纬	采集频次	数量
107.326617	33.80282	1	2
107.321528	33.804791	1	2
107.328655	33.810113	1	2

（十）猪獾

猪獾也是保护区较为常见的兽类，遇见率较高。根据本次调查和三个时段红外相机监测数据，保护区 98 个红外相机位点中有 34 个位点采集到猪獾影像。经对每台红外相机采集影像进行分析和辨识，共在 34 个位点采集到 43 次 46 只猪獾个体。

影像调查发现，保护区内采集到有 2 只、3 只的猪獾群各 1 次，都在同一位置，位于古墓坪以上峪长沟西岸中下坡，经纬度位置为 107.306 92，33.797 79。其余监测到猪獾频次和数量较多的位置主要位于峪长沟碾子坪以上两侧山坡，在保护区南部三道沟中上坡区域也有 1 处多次监测到猪獾影像（表 3-14，图 3-10）。

表 3-14　保护区内猪獾影像采集频次和数量多的位置

东经	北纬	频次	数量
107.3238	33.80723	3	3
107.2265	33.67649	2	2
107.2823	33.76748	2	2
107.2657	33.77194	2	2
107.2648	33.78188	2	2
107.2775	33.79426	2	2
107.3069	33.79779	2	5
107.3103	33.8052	2	2

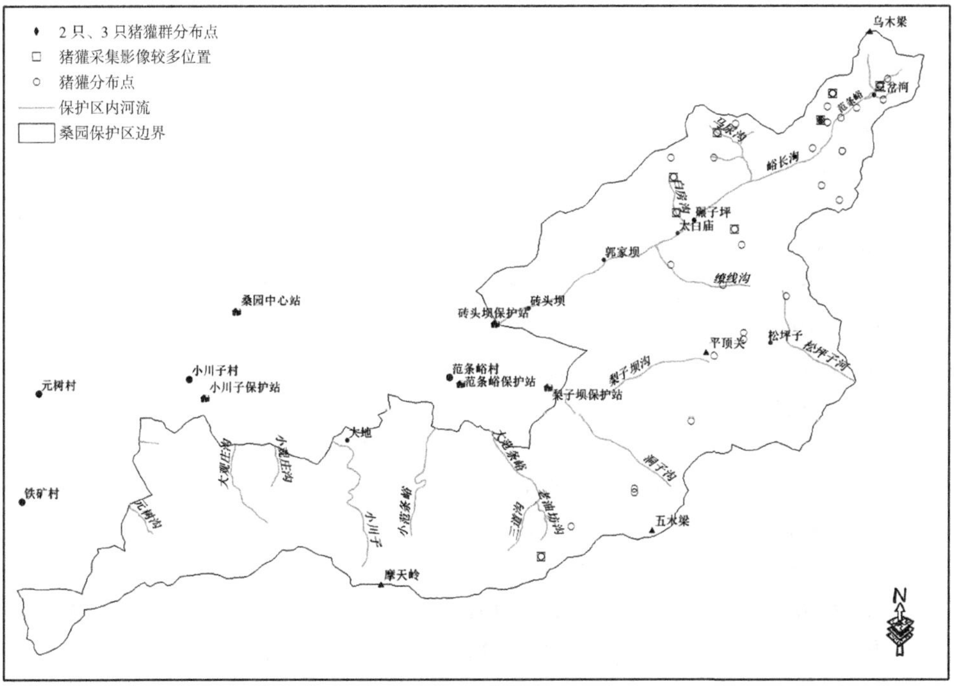

图 3-10　桑园保护区猪獾分布图

（十一）野猪

野猪是红外相机监测物种中遇见率较高的物种，在保护区广泛分布。2018 年 10 月至 2019 年 5 月、2019 年 5 月至 2019 年 12 月、2019 年 12 月至 2020 年 5 月共 3 个时段，保护区 98 个红外相机位点中有 78 个位点采集到野猪影像。经对每台红外相机采集影像进行分析和辨识，共在 78 个位点采集到 147 次 363 个野猪个体，为保护区最常见的兽类之一和生物量较大的类群。

保护区野猪种群密度最高区域为郭家坝—古墓坪—乌木梁区域，尤其是大规模的野猪群全部聚集在古墓坪西北，是保护区野猪种群密度最高的区域（表 3–15，图 3–11），规模 10 只以上的大野猪群共有 6 群，平均群规模为 7.6 只，发现点全部位于古墓坪往上的峪长沟河谷两岸，具体经纬度位置为：107.3041，33.795022；107.304769，33.79；107.306917，33.79779；107.309934，33.796371；107.310278，33.794084；107.312594，33.798339。另几处发现野猪次数较多、数量较大的地点也位于峪长沟东部的山坡，具体为缭线沟、碾子坪和古墓坪之间的山坡；还有一些发现较多的点较分散，位于松坪子、洞子沟、三道沟等地。根据监测数据，郭家坝—古墓坪—乌木梁区域的种群密度平均值为 0.028 只 /hm^2，平顶关—洞子沟—三道沟区域的平均值为 0.014 只 /hm^2。由于郭家坝—古墓坪—乌木梁区域红外相机密度较高，种群数量以记录值作为其估计值，该区域种群数量在 87 ～ 136 只之间；该区域以外的低密度地区则以松坪子—三道沟等区域种群密度的平均值估计种群数量。根据以上估计原则，保护区低密度地区野猪种群数量为 155 只左右，结合高密度地区的记录值，保护区野猪总量在 243 ～ 292 只之间。

表 3–15　保护区内野猪影像采集频次和数量多的位置

东经	北纬	频次	数量
107.309934	33.796371	6	20
107.304769	33.79	2	16
107.3041	33.795022	2	16
107.2906	33.781322	5	14
107.310278	33.794084	2	14
107.306917	33.79779	2	14
107.312594	33.798339	3	13
107.284308	33.763104	4	12
107.308822	33.801449	4	12
107.312624	33.798263	4	10
107.289875	33.770467	3	9
107.2536	33.695254	3	8
107.308832	33.797094	2	8
107.226494	33.676488	4	7
107.313022	33.789194	4	7
107.310358	33.776336	3	7
107.29936	33.7844	3	7

续表

东经	北纬	频次	数量
107.220676	33.671526	2	7
107.282302	33.767482	4	6
107.253645	33.694248	3	6
107.285027	33.73868	3	6
107.302244	33.781175	3	6
107.297691	33.720729	2	6
107.310272	33.805191	1	6

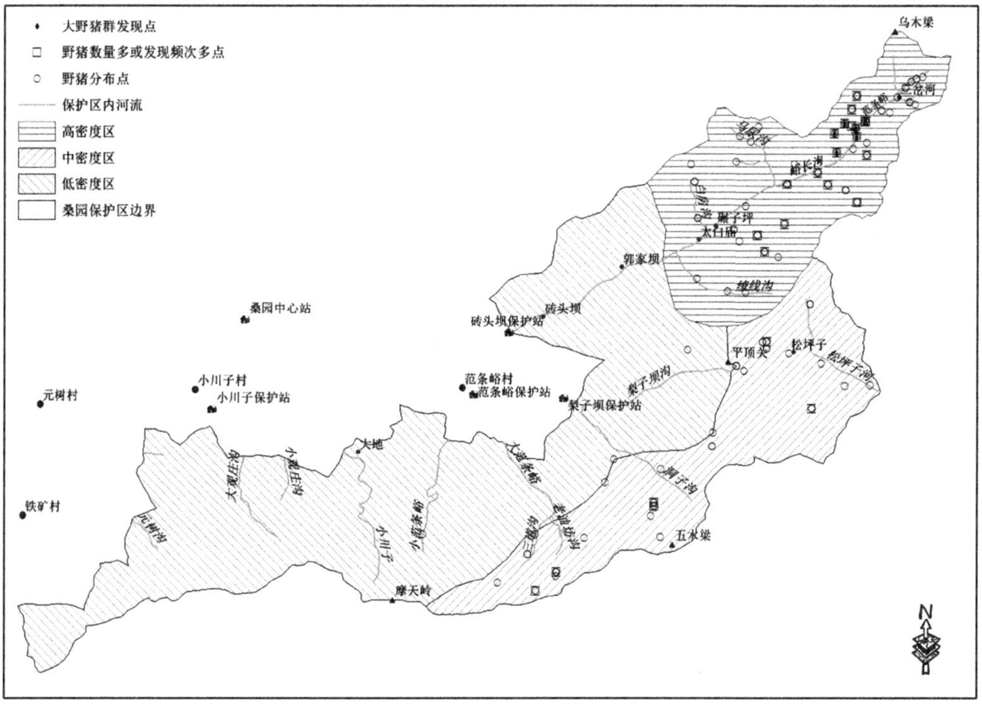

图 3-11 桑园保护区野猪分布及种群密度分区图

第六节 国家重点保护野生动物

一、保护物种组成概况

本次科学考察发现保护区共有国家重点保护野生脊椎动物 68 种，其中国家 I 级保护物种 13 种，国家 II 级保护物种 55 种，保护区国家 I 级保护物种占陕西省 I 级保护脊椎动物的 33%，国家 II 级保护物种占陕西省 II 级保护脊椎动物的 40%。保护区脊椎动物由鱼类、两栖类、爬行类、鸟类和兽类 5 大类群组成。其中鱼类保护物种 2 种；两栖类有 2 种国家重点保护动物，有国家Ⅰ级保护动物 1 种、国家 II 级保护动物 1 种；爬行类无国家重点保护动物；鸟类有国家Ⅰ级保护鸟类 4 种、国家Ⅱ级保护鸟类 45 种，共 49 种；兽类有国家Ⅰ级保护兽类 8 种、国家Ⅱ级保护兽类 7 种，共 15 种。

二、保护物种名录

保护区分布的68种国家重点保护野生脊椎动物按类别分为兽类15种，鸟类49种，两栖类2种，鱼类2种，详见表3–16。

表3–16 桑园保护区国家重点保护物种名录

类别	保护物种名称	保护等级
鱼类	贝氏哲罗鲑 *Hucho bleekeri*	Ⅰ
	细鳞鲑 *Brachymytax lenok*	Ⅱ
两栖类	山溪鲵 *Batrachuperus pinchonii*	Ⅱ
	大鲵 *Andrias davidianus*	Ⅱ
鸟类	朱鹮 *Nipponia nippon*	Ⅰ
	金雕 *Aquila chrysaetos*	Ⅰ
	秃鹫 *Aegypius monachus*	Ⅰ
	黄胸鹀 *Emberiza aureola*	Ⅰ
	血雉 *Ithaginis cruentus*	Ⅱ
	红腹角雉 *Tragopan temminckii*	Ⅱ
	勺鸡 *Pucrasia macrolopha*	Ⅱ
	红腹锦鸡 *Chrysolophus pictus*	Ⅱ
	红翅绿鸠 *Treron sieboldii*	Ⅱ
	小鸦鹃 *Centropus bengalensis*	Ⅱ
	黑鸢 *Milvus migrans*	Ⅱ
	黑冠鹃隼 *Aviceda leuphotes*	Ⅱ
	凤头鹰 *Accipiter trivirgatus*	Ⅱ
	赤腹鹰 *Accipiter soloensis*	Ⅱ
	雀鹰 *Accipiter nisus*	Ⅱ
	松雀鹰 *Accipiter virgatus*	Ⅱ
	大鵟 *Buteo hemilasius*	Ⅱ
	普通鵟 *Buteo buteo*	Ⅱ
	白尾鹞 *Circus cyaneus*	Ⅱ
	灰脸鵟鹰 *Butastur indicus*	Ⅱ
	鹰雕 *Nisaetus nipalensis*	Ⅱ
	红角鸮 *Otus scops*	Ⅱ
	领角鸮 *Otus lettia*	Ⅱ
	雕鸮 *Bubo bubo*	Ⅱ
	斑头鸺鹠 *Glaucidium cuculoides*	Ⅱ
	领鸺鹠 *Glaucidium brodiei*	Ⅱ
	黄腿鱼鸮 *Ketupa flavipes*	Ⅱ
	灰林鸮 *Strix aluco*	Ⅱ

续表

类别	保护物种名称	保护等级
鸟类	鹰鸮 *Ninox scutulata*	Ⅱ
	燕隼 *Falco subbuteo*	Ⅱ
	游隼 *Falco peregrinus*	Ⅱ
	灰背隼 *Falco columbarius*	Ⅱ
	红隼 *Falco tinnunculus*	Ⅱ
	红脚隼 *Falco amurensis*	Ⅱ
	红腹山雀 *Poecile davidi*	Ⅱ
	云雀 *Alauda arvensis*	Ⅱ
	金胸雀鹛 *Lioparus chrysotis*	Ⅱ
	三趾鸦雀 *Paradoxornis paradoxus*	Ⅱ
	白眶鸦雀 *Sinosuthora conspicilata*	Ⅱ
	红胁绣眼鸟 *Zosterops japonicus*	Ⅱ
	斑背噪鹛 *Garrulax lunulatus*	Ⅱ
	画眉 *Garrulax canorus*	Ⅱ
	橙翅噪鹛 *Garrulax elliotii*	Ⅱ
	红嘴相思鸟 *Leiothrix lutea*	Ⅱ
	大噪鹛 *Garrulax maximus*	Ⅱ
	蓝喉歌鸲 *Luscinia svecica*	Ⅱ
	红喉歌鸲 *Calliope calliope*	Ⅱ
	红交嘴雀 *Loxia curvirostra*	Ⅱ
	蓝鹀 *Emberiza siemsseni*	Ⅱ
兽类	川金丝猴 *Rhinopithecus roxellana*	Ⅰ
	豺 *Cuon alpinus fumosus*	Ⅰ
	大熊猫 *Ailuropoda melanoleuca*	Ⅰ
	大灵猫 *Viverra zibetha ashtoni*	Ⅰ
	金猫 *Profelis temminckii*	Ⅰ
	豹 *Panthera pardus*	Ⅰ
	林麝 *Moschus berezovs*	Ⅰ
	羚牛 *Budorcas taxicolor bedfordi*	Ⅰ
	黑熊 *Selenarctos thibetanus mupinensis*	Ⅱ
	青鼬 *Martes flavigula*	Ⅱ
	水獭 *Lutra lutrachinensisGray*	Ⅱ
	豹猫 *Prionailurus bengalensis*	Ⅱ
	毛冠鹿 *Elaphodus cephalophus*	Ⅱ
	中华斑羚 *Naemorhedus griseus*	Ⅱ
	中华鬣羚 *Capricornis sumatraensis milneedwardsi*	Ⅱ

第四章 昆虫

昆虫是保护区生物多样性的重要组成部分，与生态系统功能和人类生产生活关系密切。本次科考在上次科考的基础上，重点对昆虫研究领域与社会公众感兴趣和关注的蝶类进行专项调查，并在此基础上对昆虫区系进行了更新。调查仍然采用样线法，采用网捕、灯光诱捕等方法，从孵化到成虫阶段进行了一个较为完整的生活史周期内的蝶类调查和监测。基于本次调查，结合已有科考成果，保护区已知有各类昆虫 18 目、162 科、1 362 种，增加 9 种，均为蝶类。

一、区系概况

本次调查新增蝶类 9 种，涉及 4 个科，即鳞翅目昆虫由 404 种增加到 413 种，昆虫物种数由 1 353 种增加到 1 362 种（表 4-1、附录 6），为保护区目前昆虫最新的区系种数。1 362 种昆虫隶属于 18 目、162 科，分别分布于乔木林、草灌丛、地栖（各种植被下的腐殖质和土壤）、水域及水生植物中。其中鳞翅目昆虫种类最为丰富，多达 33 科、413 种，占保护区昆虫总种类的 30.3%；其次为鞘翅目，有 27 科、359 种，占保护区昆虫总种类的 26.4%；其余种类较多的昆虫有膜翅目、半翅目、同翅目、直翅目及双翅目等类群。

表 4-1　陕西桑园自然保护区各目昆虫的科、种数及所占比例

目	科	种类	比例 (%)	目	科	种类	比例 (%)
鳞翅目	33	413	30.3	等翅目	2	7	0.5
鞘翅目	27	359	26.4	蜚蠊目	2	5	0.4
膜翅目	26	169	12.4	蜉蝣目	2	5	0.4
半翅目	14	120	8.8	竹节虫目	2	5	0.4
同翅目	21	111	8.1	缨翅目	1	4	0.3
直翅目	8	62	4.6	广翅目	1	4	0.3
双翅目	11	55	4.0	革翅目	1	3	0.2
蜻蜓目	4	15	1.1	弹尾目	2	2	0.1
脉翅目	4	15	1.1				
螳螂目	1	8	0.6	合计	162	1362	

桑园自然保护区地处秦岭中段南坡，在昆虫地理区划上隶属于中国—喜马拉雅区系。由于秦岭是东洋界和古北界在我国的分界线，区内昆虫既有东洋界的北扩种，又有部分古北界的南侵种，具有以东洋界区系为主，南北种类过渡交叉分布的显著特点。尽管不同类群、各目科之间存在东洋界、古北界、广布种物种比例不同的情况，比如鞘翅目以古北界为主、鳞翅目以东洋界为主，但各区系成分在保护区均有分布，形成了东洋、古北成分混杂，过渡性明显的特点，这与秦岭地区昆虫区系特征是一致的。

二、蝶类调查

中国蝶类资源和生物多样性非常丰富，具有巨大的美学、经济和生态价值。蝶类的种群生存与温度、植被状况及生态系统生产力关系密切，人类干扰和全球气候变化对其种群分布和动态造成直接影响。为掌握保护区主要蝶类类群、分布及生长状况，本次科考对保护区的蝶类进行了专项调查，调查时段涵盖了蝶类在保护区的一个完整生活史阶段，3～9月通过样线法对每个月蝶类的主要种类及多度进行调查和统计，并在此基础上总结每个月蝶类的优势种及区系组成。蝶类调查样线主要为梨子坝、范条峪、砖头坝等区域，每次调查时间为1天。

（一）蝶类区系组成

保护区原记载有蝶类138种（表4–2），共有11科，分别为弄蝶科、绢蝶科、眼蝶科、环蝶科、蛱蝶科、灰蝶科、喙蝶科、珍蝶科、粉蝶科、凤蝶科、蚬蝶科。本次调查在保护区共调查到常见的蝶类有6科、16种，新增9种蝶类，但没有新的科发现，蝶类种数由138种增加为147种，其中弄蝶科由17种增加到18种，眼蝶科由22种增加到25种，蛱蝶科由45种增加到48种，凤蝶科由16种增加到18种。尽管种类有所增加，但各科在蝶类种数中的比例没有发生改变，蛱蝶科仍然是最大的科，其次是眼蝶，弄蝶科、粉蝶科、凤蝶科也为种数较多的类群。

表4–2 保护区蝶类组成及常见蝶类

科	物种数	百分比(%)	本次调查发现物种	新增物种
弄蝶科	18	12.2	曲纹袖弄蝶 *Notocrypta curvifascia*	曲纹袖弄蝶
绢蝶科	1	0.7		
眼蝶科	25	17.0	矍眼蝶 *Ypthima motschulskyi*、紫线黛眼蝶 *Lethe violaceopicta*、华西黛眼蝶 *Lethe dura*	矍眼蝶、紫线黛眼蝶、华西黛眼蝶
环蝶科	2	1.4	箭环蝶 *Stichophthalma howqua*	
蛱蝶科	48	32.7	黄环蛱蝶 *Neptis ananta Moore*、黄钩蛱蝶 *Polygonia c–aureum*、中华黄葩蛱蝶 *Limenitis sinensium*、玄珠带蛱蝶 *Athyma perius*、小红蛱蝶 *Vanessacardui Linnaeus*	黄钩蛱蝶、中华黄葩蛱蝶、玄珠带蛱蝶
灰蝶科	11	7.5		
喙蝶科	1	0.7		

续表

科	物种数	百分比 (%)	本次调查发现物种	新增物种
珍蝶科	1	0.7		
粉蝶科	19	12.9	东方菜粉蝶 *Pieris canidia Sparrman*、红襟粉蝶 *Anthocharis cardamines*、黑纹粉蝶 *Pieris melete Menetries*	
凤蝶科	18	12.2	碧凤蝶 *Papilio bianor cramer*、乌克兰剑凤蝶 *Pazala tamerlana*、柑橘凤蝶 *Papilio xuthus*	乌克兰剑凤蝶、柑橘凤蝶
蚬蝶科	3	2.0		
合 计	147		16	9

（二）蝶类组成的时间格局及多度

尽管保护区记载的蝶类较多，但常见种并不多，除了调查区域的因素外，调查区域的生境主要为次生林及灌丛，其常见的种类也多为与之相适应的物种。为有效统计保护区的常见蝶类，分析中将每次遇见大于 3 次以上的种类确定为所在月的常见种。黄钩蛱蝶是保护区最早出现的蝶类，也是在 3 月记录到的唯一的常见蝶类；4 月有两种粉蝶开始出现，东方粉蝶最多；6 ～ 8 月是保护区蝶类常见种最多的时段，也是蝶类生物多样性、种群数量最多的季节，以后逐渐减少，10 月份只记录到柑橘凤蝶 1 种，以后再没有发现。从时间上看，最早孵化和出现的是黄钩蛱蝶、东方菜粉蝶等物种，持续时间最长的是柑橘凤蝶和东方菜粉蝶，柑橘凤蝶更久，但孵化时间比东方菜粉蝶晚（表 4–3）。

根据调查期间对保护区常见种的记录及多度统计，保护区遇见率最高的蝶类为东方菜粉蝶、小红蛱蝶、箭环蝶、碧凤蝶、柑橘凤蝶这 5 种，其中东方菜粉蝶和柑橘凤蝶为常见种中的绝对优势种，其余蝶类总体上遇见率和种群数量均低于以上 5 种。

表 4–3 每月监测的主要蝴蝶种类

时间	主要常见种类
三月	黄钩蛱蝶
四月	东方菜粉蝶、红襟粉蝶
五月	乌克兰剑凤蝶、红襟粉蝶、东方菜粉蝶
六月	小红蛱蝶、黄环蛱蝶、黑纹粉蝶、柑橘凤蝶、东方菜粉蝶
七月	箭环蝶、中华黄葩蛱蝶、东方菜粉蝶、黑长喙天蛾、柑橘凤蝶
八月	金凤蝶、碧凤蝶、矍眼蝶、曲纹袖弄蝶、柑橘凤蝶、紫线黛眼蝶、东方菜粉蝶
九月	碧凤蝶、柑橘凤蝶、华西黛眼蝶、玄珠带蛱蝶
十月	柑橘凤蝶

三、昆虫的生态分布

桑园自然保护区的植被类型丰富多样，既有高大的乔木林，又有较为茂盛的灌木丛、草本植物、竹林及林下肥沃的腐殖质和溪流。而不同习性的昆虫则分别分布于乔木林、灌草丛、各种植被下的腐殖质和土壤、水溪之中。整个昆虫结构包括植食性、捕食性、寄生性和腐食性等类群，其中植食性的种类数量最多，是构成区内昆虫群落结构的基础，同时也是保护区鸟类、爬行类和其他食虫动物的重要食物资源。根据昆虫的栖息地类型，保护区有乔木林型、灌草丛型、地栖型和水生昆虫型 4 大类群。其中生活在灌草丛环境中的类型最多，约占保护区昆虫总量的 47%，主要有鞘翅目、鳞翅目、同翅目、半翅目、膜翅目、等翅目、竹节虫目等目，包括鳞翅目的蛾类、同翅目的蝉类、半翅目的蝽类、直翅目的蝗虫类及鞘翅目的叶甲类等物种；其次是生活在乔木森林中的昆虫，约占保护区昆虫总量的 40%，主要有直翅目、缨翅目、同翅目、膜翅目、半翅目、鞘翅目、鳞翅目、竹节虫目等类群，以食叶类鞘翅目的叶甲和鳞翅目尺蛾、天蛾等种类最多，主要以林木树干为食，如天蛾类、木蠹蛾类和白蚁类，大多数是重要的林木蛀干害虫；生活在林下肥沃的腐殖质层及土壤中的昆虫约占保护区昆虫总量的 10%，主要有弹尾目、蜚蠊目、革翅目、半翅目、鞘翅目、直翅目、双翅目、鳞翅目等类群，如鞘翅目的金龟甲类、直翅目的蝼蛄成幼虫、鳞翅目的地老虎等农林害虫；生活于保护区水体环境中的昆虫最少，约占保护区昆虫总量的 3%，主要有蜉蝣目、蜻蜓目、广翅目、半翅目、鞘翅目、螳螂目等类群物种。

四、昆虫资源

根据昆虫的资源类型和生态服务功能，保护区昆虫分为传粉昆虫、药用昆虫、观赏昆虫、天敌昆虫、食用昆虫 5 大类群。天敌昆虫中以鞘翅目、膜翅目、脉翅目种类最多，如捕食鳞翅目、鞘翅目害虫幼虫的中华大刀螳螂（*Tenodera sinensis*）、乌猎蝽（*Pirates turpis*）、环斑猛猎蝽（*Sphedanolestes gularis*）、金环胡蜂（*Vespa mandarinia*）等；其次是观赏昆虫，主要是蝶类；传粉昆虫主要为膜翅目的蜜蜂科昆虫；有药用价值的昆虫有 8 目、20 科、64 种，以虻科、刺蛾科、芫菁科、天牛科、金龟科的种类较多，是传统中药的成分；食用昆虫较少，主要是直翅目蝗科和同翅目蝉科等物种。

五、珍稀濒危及特有、新记录昆虫

（一）保护昆虫及红色名录昆虫

保护区有国家二级重点保护昆虫两种，分别为金裳凤蝶、黑紫蛱蝶。依据《中国物种红色名录》（2004）一书，桑园自然保护区现有红色名录昆虫 12 科、140 种，均为鳞翅目种类，以蝶类为主，蛾类仅 1 科、11 种。

1. 凤蝶科 Papilionidae

（1）燕尾凤蝶 *Papilio xuthus* Linnaeus

（2）玉带凤蝶 *Papilio polytes* Linnaeus

（3）碧凤蝶 *Papilio bianor* Cramer

（4）兰凤蝶 *Papilio protenor* Cramer

（5）窄斑翠凤蝶 *Papilio arcturus* Westwood

（6）金凤蝶 *Papilio machaon* Linnaeus

（7）巴黎翠凤蝶 *Papilio paris* Linnaeus

（8）升天剑凤蝶 *Pazala euroa* Leech

（9）丝带凤蝶 *Sericinus montela* Gray

（10）金裳凤蝶 *Troides aeacus* Felder

（11）褐斑凤蝶 *Chilasa agestor restrictat* Leeck

（12）麝凤蝶 *Byasa alcinous* Klug

（13）长尾麝凤蝶 *Byasa impedens* Rothschild

（14）褐钩凤蝶 *Meandrusa sciron* Leech

（15）红珠凤蝶 *Pachliopta aristolochiae* Fabricius

2. 绢蝶科 Parnassiidae

（16）冰清绢蝶 *Parnassius glacialis* Butler

3. 粉蝶科 Pieridae

（17）菜粉蝶 *Pieris rapae* Linnaeus

（18）黑纹粉蝶 *Pieris melete* Menetries

（19）暗脉菜粉蝶 *Pieris napi* Linnaeus

（20）东方菜粉蝶 *Pieris canidia* Sparrman

（21）红襟粉蝶 *Anthocharis cardamines* Linnaeus

（22）绢粉蝶 *Aporia crataeg* Linnaeus

（23）酪色绢粉蝶 *Aporia potanini* Alpheraky

（24）箭纹绢粉蝶 *Aporia procris* Leech

（25）黄粉蝶 *Colias erate* Esper

（26）豆粉蝶 *Colias hyale* Linnaeus

（27）宽边黄粉蝶 *Eurema hecabe* Linnaeus

（28）云斑粉蝶 *Pontia daplidice* Linnaeus

（29）黑角方粉蝶 *Dercas lycorias* Doubleday

（30）突角小粉蝶 *Leptidea amurensis* Menetries

（31）角翅粉蝶 *Gonepteryx rhamni* Linnaens

4. 环蝶科 Morphidae

（32）箭环蝶 *Stichophthalma howqua* Westwood

（33）小箭环蝶 *Stichophthalma neumogeni* Leech

5. 眼蝶科 Satyridae

（34）黛眼蝶 *Lethe diana* Butler

（35）直带黛眼蝶 *Lethe lanaris* Fabricius

（36）罗丹黛眼蝶 *Lethe laodamia* Leech

（37）隐纹黛眼蝶 *Lethe marginalis* Motschulsky

（38）连纹黛眼蝶 *Lethe syrcis* Hewitson

（39）黑带黛眼蝶 *Lethe nigrifascia* Leech

（40）明带黛眼蝶 *Lethe helle* Leech

（41）古眼蝶 *Palaeonympha opalina* Butler
（42）黄斑荫眼蝶 *Neope pulaha* Moore
（43）黑斑荫眼蝶 *Neope pulahoides* Leech
（44）网眼蝶 *Rhapcera dumicola* Oberthur
（45）幽瞿眼蝶 *Ypthima conjuncta* Leech
（46）中华瞿眼蝶 *Ypthima chinensis* Leech
（47）宁眼蝶 *Ninguta schrenkii* Menetries
（48）红眼蝶 *Erebia alcmena* Grum
（49）稻眉眼蝶 *Mycalesis gotama* Moore
（50）白眼蝶 *Melanargla halimede* Menetries
（51）黑纱白眼蝶 *Melanargla lugens* Honrath
（52）白斑眼蝶 *Penthema adelma* Felder
（53）蛇眼蝶 *Minois dryas* Linnaeus
6. 蛱蝶科 Nympulidae
（54）大红蛱蝶 *Vanessa indica* Herbst
（55）小红蛱蝶 *Vanessa cardui* Linnaeus
（56）黄钩蛱蝶 *Polygoniac-aureum* Linnaeus
（57）黑脉蛱蝶 *Hestina assimilis* Linnaeus
（58）孔雀蛱蝶 *Inachis io* Linnaeus
（59）紫闪蛱蝶 *Apatura iris* Linnaeus
（60）大紫蛱蝶 *Sasakia charonda* Hewitson
（61）黑紫蛱蝶 *Sasakia funebris* Leech
（62）婀蛱蝶 *Abrota ganga* Moore
（63）布纹蛛蛱蝶 *Araschnia burejana* Bremer
（64）曲纹蛛蛱蝶 *Araschnia doris* Leech
（65）云豹蛱蝶 *Argynnis anadyomene* Felder
（66）绿豹蛱蝶 *Argynnis paphia* Linnaeus
（67）斐豹蛱蝶 *Argyreus hyperbus* Linnaeus
（68）倒钩带蛱蝶 *Athyma recurva* Leech
（69）绢蛱蝶 *Calinaga Buddha* Moore
（70）美目蛱蝶 *Junonia almanac* Linnaeus
（71）红线蛱蝶 *Limenitis populi* Linnaeus
（72）扬眉线蛱蝶 *Limenitis helmanni* Lederer
（73）愁眉线蛱蝶 *Limenitis disjucta* Leech
（74）横眉线蛱蝶 *Limenitis moltrechti* Kardakoff
（75）折线蛱蝶 *Limenitis sydyi* Lederer
（76）网蛱蝶 *Melitaea fezabel* Oberthur

（77）黄带铠蛱蝶 *Chitoria fasciola* Leech
（78）武铠蛱蝶 *Chitoria ulupi* Doherty
（79）嘉翠蛱蝶 *Euthalia lardama* Moore
（80）玻璃蛱蝶 *Kaniska canace* Linnaeus
（81）二尾蛱蝶 *Polyura narcaea* Hewitson
（82）黄环蛱蝶 *Neptis ananta* Moore
（83）重环蛱蝶 *Neptis alwina* Bremer
（84）伊洛环蛱蝶 *Neptis ilos* Fruhstorfer
（85）齿纹环蛱蝶 *Neptis armandia* Oberthur
（86）啡环蛱蝶 *Neptis phylia* Menetries
（87）单环蛱蝶 *Neptis rivularis* Scopoli
（88）断环蛱蝶 *Neptis sankara* Kollar
（89）提环蛱蝶 *Neptis thisbe* Menetries
（90）小环蛱蝶 *Neptis sappho* pallas
（91）中环蛱蝶 *Neptis hylas* Linnaeus
（92）锦瑟蛱蝶 *Seokia pratti* Leech
（93）黄帅蛱蝶 *Sephisa princes* Fixsen
（94）朱蛱蝶 *Nympbalis xanthomelas* Denis
（95）猫蛱蝶 *Timelaea albescens* Oberrthur

7. 珍蝶科 Acraeidae

（96）苎麻珍蝶 *Acraea issoria* Hiibner

8. 喙蝶科 Libytheidae

（97）朴喙蝶 *Libythea celtis* Laicharting

9. 蚬蝶科 Riodinidae

（98）豹蚬蝶 *Takashia nana* Leech
（99）花蚬蝶 *Dodona eugenes* Bates
（100）黄带褐蚬蝶 *Abisara fylla* Doubleday

10. 灰蝶科 Lycaenidae

（101）蓝灰蝶 *Everes argidaes* Pallas
（102）尖翅银灰蝶 *Curetis acuta* Moore
（103）黑灰蝶 *Niphanda fusca* Bremer et Grey
（104）黑俳灰蝶 *Panchala paragonsa* De Niceville
（105）珞灰蝶 *Scolitantides orion* Pallas
（106）白灰蝶 *Phengaris atroguttata* Oberthur
（107）豆灰蝶 *Plebejus argus* Linnaeus
（108）玄灰蝶 *Tongeia fischery* Eversmann
（109）陕西珂灰蝶 *Cordelia kitawakii* Koiwaya

（110）琉璃灰蝶 *Celastrina argiolus* Linnaeus
（111）艳灰蝶 *Favonius orientalis* Murray
11. 弄蝶科 Hesperiidae
（112）白弄蝶 *Abraximorpha davidii* Mabille
（113）豹弄蝶 *Thymelicus leonineus* Butler
（114）双色舟弄蝶 *Barca bicolor* Oberthur
（115）花弄蝶 *Pyrgus maculatus* Bremer
（116）绿弄蝶 *Choaspes benjaminii* de Niceville
（117）黄弄蝶 *Potanthus confucius* Felder
（118）曲纹黄室弄蝶 *Potanthus flavus* Murray
（119）黄窗弄蝶 *Coladenia laxmi* de Niceville
（120）幽窗弄蝶 *Coladenia sheila* Evans
（121）黑弄蝶 *Danimio tethys* Menetries
（122）直纹稻弄蝶 *Parnara guttata* Bremer et Grey
（123）隐纹谷弄蝶 *Pelopidas mathias* Fabricius
（124）中华谷弄蝶 *Pelopidas sinensis* Mabille
（125）花裙陀弄蝶 *Thoressa submacula* Leech
（126）宽缘赭弄蝶 *Ochlodes ochracea* Bremer
（127）小赭弄蝶 *Ochlodes subhyalina* Bremer
（128）飒弄蝶 *Satarupa gopala* Moore
12. 大蚕蛾科 Saturniidae
（129）绿尾大蚕蛾 *Actias selene ningpoana* Felder
（130）红尾大蚕蛾 *Dendrolimus rhodopneuma* Rober
（131）黄尾大蚕蛾 *Dendrolimus heterogyna* Mell
（132）华尾大蚕蛾 *Dendrolimus sinensis* Walker
（133）明目大蚕蛾 *Antheraea frithii* Javanensis
（134）柞蚕 *Antheraea pernyi* Guerin
（135）半目大蚕蛾 *Antheraea yamamai* Guerin
（136）黄豹大蚕蛾 *Loepa katinka* Westwood
（137）樟蚕 *Eriogyna pyretorum* Westwood
（138）樗蚕 *Philosamia cynthia* Walker
（139）透目大蚕蛾 *Rhodinia fugax* Butler
（140）猫目大蚕蛾 *Salassa thespis* Leech

（二）特有及新记录昆虫

已有科考报告中记载桑园自然保护区有陕西特有及新记录昆虫 18 种（表 4–4），隶属于 4 目、10 科，其中陕西特有昆虫 4 种，陕西新记录昆虫 11 种。本次科考增加 3

种我国特有昆虫，均为蝶类，分别为中华黄葩蛱蝶、紫线黛眼蝶和华西黛眼蝶，共有我国特有昆虫 18 种。

表 4-4 陕西桑园自然保护区陕西特有及新记录昆虫

目	科	种 名	陕西特有	陕西新记录	中国特有种
直翅目	蝗科	秦岭束颈蝗 *Sphigonotus tsinlingensis* Cheng		+	√
		太白秦岭蝗 *Qinlingacris taibaiensis* Chou		+	√
鞘翅目	小蠹科	秦岭梢小蠹 *Cryphalus chinlingensis* Tsai et Li		+	√
同翅目	叶蝉科	秦岭长柄叶蝉 *Alebrdes discretus* Chou	+		√
鳞翅目	凤蝶科	升天剑凤蝶 *Pazala euroa* Leech		+	√
		褐斑凤蝶 *Chilasa agestor restrictat* Leeck		+	√
		太白虎凤蝶 *Luehdorfia taibai* Chou	+		√
	眼蝶科	紫线黛眼蝶 *Lethe violaceopicta*			√
		华西黛眼蝶 *Lethe dura*			√
	蛱蝶科	黑紫蛱蝶 *Sasakia funebris* Leech		+	√
		绢蛱蝶 *Calinaga buddha* Moore		+	√
		中华黄葩蛱蝶 *Limenitis sinensium*			√
	灰蝶科	陕西珂灰蝶 *Cordelia kitawakii* Koiwaya	+		√
	弄蝶科	黄窗弄蝶 *Coladenia laxmi* de Niceville		+	√
		幽窗弄蝶 *Coladenia sheila* Evans		+	√
	枯叶蛾科	留坝天幕毛虫 *Malacosoma liuba* Hou	+		√
		秦岭松毛虫 *Dendrolimus qinlingensis* Tsai		+	√
	木蠹蛾科	秦岭木蠹蛾 *Sinicossus terebrus* Schiff		+	√
合计：4 目、10 科、18 种			4	11	18

第五章

大型真菌

菌类生物是生态系统重要的组成部分，是自然界物质循环的分解器，对维持生态平衡有非常重要的作用。本次科考于 2020 年 6 ～ 9 月和 2021 年 5 ～ 6 月对桑园自然保护区的大型真菌进行了调查，采集了大量标本和野外影像资料，结果表明桑园自然保护区共有大型真菌 77 种，分属 2 亚门、33 科、64 属，本次调查较已有保护区大型真菌记录物种增加 3 科、7 属、9 种。

一、种类及区系组成

通过野外调查和实验室鉴定，发现陕西桑园自然保护区已知有大型真菌 2 亚门、33 科、64 属、77 种（表 5-1，附录 8），种类统计如下表。本次调查较已有保护区大型真菌记录物种增加 3 科，分别是丝盖伞科（Inocybaceae）、口蘑科（Omphalotaceae）、硬皮马勃科（Sclerodermataceae）；6 属分别是丝盖伞属（*Inocybe*）、金钱菌属（*Rhodocollybia*）、球盖菇属（*Stropharia*）、鳞伞属（*Pholiota*）、拟鬼伞属（*Coprinopsis*）、硬皮马勃属（*Scleroderma*）；9 种分别是污白丝盖伞（*Inocybe geophylla*）、乳酪粉金钱菌（*Rhodocollybia butyracea*）、金盖褐环柄菇（*Phaeolepiota aurea*）、大孢硬皮马勃（*Scleroderma bovista*）、厚环乳牛肝菌（*Suillus grevillei*）、灰乳牛肝菌（*Suillus viscidus*）、皱环球盖菇（*Stropharia rugosoannulata* f. *lutea*）、粘盖环锈伞（*Pholiota lubrica*）、鹊拟鬼伞（*Coprinopsis picacea*）。

从表 5-1 中可以看出，在 2 个亚门中，以担子菌亚门的种类最多。在 30 个科中，种类最多的科是多孔菌科，有 11 种；其次是牛肝菌科，有 6 种；白蘑科，有 5 种；红菇科、侧耳科和灰包科各有 4 种；其他科的种类都比较少。

表 5-1　保护区大型真菌种类统计表（* 为新记录）

序号	亚门	科名	属数	种类数
1	子囊菌亚门 Ascomycotina	地舌科 Geoglossaceae	3	3
2		蜡钉菌科 Helotiaceae	1	2
3		盘菌科 Pezizaceae	2	2
4		马鞍菌科 Helvellaceae	1	1
5		羊肚菌科 Morchellaceae	1	1

续表

序号	亚门	科名	属数	种类数
6	担子菌亚门 Basidiomycotina	木耳科 Auriculariaceae	1	1
7		银耳科 Tremellaceae	2	2
8		花耳科 Dacrymycetaceae	3	3
9		革菌科 Thelephorceae	2	2
10		珊瑚菌科 Clavariaceae	1	1
11		冠瑚菌科 Clavicoronceae	1	1
12		鸡油菌科 Cantharellaceae	2	2
13		齿菌科 Hydnaceae	3	3
14		猴头菌科 Hericiaceae	1	1
15		多孔菌科 Polyporaceae	7	11
16		灵芝科 Ganodermataceae	1	2
17		牛肝菌科 Boletaceae	3	6
18		松塔牛肝菌科 Strobilomycetaceae	1	1
19		蜡伞科 Hygrophoraceae	1	1
20		丝盖伞科 Inocybaceae*	1	1
21		红菇科 Russulaceae	2	4
22		侧耳科 Pleurotaceae	4	4
23		白蘑科 Tricholomataceae	5	5
24		口蘑科 Omphalotaceae*	2	2
25		鹅膏菌科 Amanitaceae	1	1
26		球盖菇科 Strophariaceae	3	3
27		鬼伞科 Psathyrellaceae	2	2
28		鬼笔科 Phallaceae	1	1
29		笼头菌科 Clathraceae	1	1
30		灰包科 Lycoperdaceae	2	4
31		硬皮马勃科 Sclerodermataceae*	1	1
32		硬皮地星科 Astraeaceae	1	1
33		地星科 Geastruaceae	1	1
小计	2	33	64	77

二、资源价值及生活习性

桑园自然保护区大型真菌种类比较丰富，它们与保护区其他生物一起，构成了丰富的生物多样性。真菌是宝贵的自然资源，其中已知有些种类可以食用，而有些兼具药用价值，这些种类长期被当地群众采食或拿到市场上贩售，还有少数种类为有毒真菌，误食会危及人的生命。而大多数种类对人的利用价值未知，尚待研究和发掘。

各类真菌的生活习性有很大差别，需要根据其生物学特性制定考察、采集和利用的对策，同时有的可食用，有的则有毒害，必须准确识别，充分了解其安全状况。例如：地舌科的黄地锤和地勺多生于海拔较高地带的针叶林地上和苔藓间，黄柄胶地锤生于林中地上。蜡钉菌科种类生于枯木或枯枝上。盘菌科的地耳生于林中地上，红毛盘生于腐木上。马鞍菌科种类生于林中地上。羊肚菌科种类生于林缘空旷草地中，子实体可食用和药用。木耳科种类生于栎树、杨树、榆树等腐木上，子实体可食用和药用。银耳科的黑耳生于阔叶树的朽木上，焰耳生于针叶林内埋在土中的腐木上。花耳科的种类都生于腐朽的木头上。革菌科的红绣革菌生于腐木上，掌状革菌则生于林中地上。珊瑚菌科的豆芽菌生于林中草地上，群生。冠瑚菌科种类生于腐木上。鸡油菌科种类生于阔叶林的林中地上。齿菌科的耳匙菌生于针叶树的腐朽球果上，齿菌生于海拔较高地带针阔混交林的林中地上，肉齿耳主要生于栎树的朽木上。猴头菌科的猴头菌生于海拔较高地带的树干上，子实体可食用和药用，有治疗肿瘤的作用。多孔菌科的钹孔菌生于林中地上，大孔属、针孔属、云芝属、栓菌属的种类以及多孔属的黄多孔菌、小褐多孔菌、黑柄仙盏主要生于阔叶树的腐木上，猪苓生于林下树桩旁地上。木蹄生于树干上。云芝、木蹄的子实体以及猪苓的菌核均可入药，用于治疗肿瘤。灵芝科的树舌生于阔叶树的树干上，有柄树舌则生于腐木及树干上。牛肝菌科的种类都生于林中地上，子实体可药用，有抗癌作用。松塔牛肝菌科、蜡伞科和红菇科的种类也都生于林中地上。侧耳科的种类都生于林中腐木上，除革耳外，子实体都可食用和药用。白蘑科的假蜜环菌、冬菇生于腐木上，子实体可食用和药用；亚白环菌生于林中落叶上；红蜡蘑生于林中地上；白微皮伞生于林下枯枝上。鹅膏菌科的橙盖伞生于林中地上。球盖菇科的簇生黄韧伞生于腐木上，为有毒真菌。鬼伞科的小假鬼伞生于林中朽木上。鬼笔科的黄裙竹荪生于林中地上，为有毒真菌，子实体可药用。笼头菌科的爪哇尾花菌以及灰包科的灰包、粒皮灰包都生于林中地上；黑刺灰包生于腐木上；大马勃生于旷野草地上，子实体可药用，幼时可食。硬皮地星和尖顶地星都生于林中地上，子实体可药用。所有的大型真菌都具有明显的时令特性，每年的夏季和秋季是地面上或其他生活介质表面许多种类子实体大量集中出现的季节。

三、主要类群

大型真菌不仅是生态系统的重要组成部分，在维持生态平衡、促进系统物质循环和能量流动等方面具有重要的作用，而且是我们人类重要的生物资源，是食品加工、医药、生物农药制造等方面的重要原料，与人类生产生活关系密切，大型真菌按其应用价值可分为食用菌、药用菌、毒菌三大类。保护区内大部分真菌可食用，如鸡油菌科、齿菌科、猴头菌科、多孔菌科、牛肝菌科等类型真菌是保护区及陕南地区的传统美食，味道鲜美，也具有较高的滋补价值，近年来市场需求很大；多孔菌科云芝、木蹄的子实体、猪苓的菌核、灵芝科真菌、白蘑科的假蜜环菌等物种是传统中药，具有不同疗效，广泛用于药疗和食疗；球盖菇科和鬼伞科的种类尽管外形艳丽，但毒性极大，不能食用。

》》第六章《《

旅游资源

保护区所在地留坝县地处秦岭南麓腹地，留坝县境内自然风光宜人，两汉三国文化积淀深厚，旅游资源独具特色。留坝县已建成较为完备的旅游和交通基础设施，背靠西安都市圈、成渝都市圈，发挥资源优势、发展旅游产业是留坝县政府长期以来持续实施的发展战略，成为社会各界和公众的共识。境内具有独特而富有科学价值的地质、地貌景观，溪流河叉遍布，瀑布跌水随处可见，自然风光保存完整。保护区森林植被状况良好，生物多样性资源丰富，具有极高的科学与观赏价值，特别是保护区及周边有丰富的人文景观遗存和极具地域特色的陕南民俗文化，使保护区的旅游资源呈现自然、生态和人文融合的特点，旅游资源种类齐全、景观组合协调，是开展生态旅游、科普旅游和乡村民俗体验游的理想环境。通过实地考察与相关资料查阅，对保护区境内的旅游资源进行调查与分类，保护区涵盖了7类旅游资源，包括地文景观、水域风光景观、生物景观、天象气候景观、遗址遗迹景观、建筑景观、旅游商品和风情民俗，尤其是瀑布和跌水是保护区具有特色和价值的景观资源。

第一节　旅游资源

保护区旅游资源较为丰富，各具特色，共有地文、水体、生物、天象、遗址遗迹、建筑景观和旅游商品及风情民俗等6大类，同时还形成了各大类内部和大类之间的景观组合（附图8）。

一、地文景观

地文景观是保护区最丰富、最具代表性的景观资源，是指长期地质作用和地理过程形成在地表面或浅表面存留下来的各种景观。保护区的地文景观中，以地质构造形迹和地貌景观为主，具有重大的科研价值和旅游价值。

（一）断层

断层是地壳受力发生断裂，沿断裂面两侧岩块发生的显著相对位移的构造。断层规模大小不等，大者可沿走向延伸数百千米，常由许多断层组成，可称为断裂带；小者只有几十厘米。断层在地壳中广泛发育，是地壳的重要构造之一。在地貌上，大的断层常常形成裂谷和陡崖。

断层是保护区较为常见的地文景观，当地人称“嶒”，最典型的为小范条峪的红花嶒，规模较大，该断层高度为100多米，形成了巨大瀑布，是保护区最具特色的景观资源。另外，在三道沟、洞子沟、易家湾等地都有大小不同的断层，辅之以跌水、瀑布，也具有景观价值。

（二）山峰及峰丛景观

保护区为典型的山地景观，境内海拔落差较大，地貌类型比较复杂，境内山峦重叠，岭谷交错，境内最高峰为摩天岭，位于保护区西南部，海拔2 603 m；其次是乌木梁，位于保护区东北部，海拔2 500 m；五木梁位于保护区中南部，海拔2 300 m，是保护区第三高峰。这些山峰既是保护区分界线，也是保护区的景观屏障，使保护区地势呈外高内低的“新月”形。

同时，在保护区低山地区，如范条峪、梨子坝等地，山地海拔较低，坡度变平缓，但山体外观变化多样，山体之间连接、绵延起伏，加上水汽形成的薄雾环绕，形成了梦幻般的峰丛景观，极具观赏价值。

（三）峡谷

保护区地貌的主体是山地、河谷，部分区域因河水对河床和两岸的深度切割侵蚀作用而形成峡谷。峡谷景观在保护区内较为常见，切割程度剧烈、峡谷特点显著的有大范条峪、小范条峪、小川子、洞子沟等地。

（四）节理

节理，也称为裂隙，是岩体受力断裂后两侧岩块没有显著位移的小型断裂构造。节理是很常见的一种构造地质现象，就是在岩石露头上所见的裂缝，或称岩石的裂缝。目前，在峪长沟古墓坪以上河段，尤其是源头河段，节理地质景观最为明显。

二、水体景观

水域风光是指水体所依附的地表环境或地貌景观构成的景观或现象。保护区内水域景观主要分布在境内水系和峡谷，以跌水和瀑布为主，部分区域有深潭。

（一）瀑布

由于保护区内水资源丰富，主体地貌为山地峡谷，海拔落差较大，尤其是断层发达，所以保护区境内河流水量丰富，就山势随岩和断层跌落，形成多个瀑布，大小不同，各具特色，并且瀑布互相承接，成为保护区具有竞争力的旅游资源。保护区比较有特色的瀑布有红花嶒瀑布、三道沟瀑布、小川子瀑布群和易家湾瀑布。红花嶒位于小范条峪，因断层形成，夏季由于从摩天岭留下来的水流较大，断层落差大，高达60 m，在此形成巨型瀑布，成为留坝当地的一大特色景观；同时，红花嶒瀑布上游还有多处因断层形成的落差20～30 m的瀑布，形态和水流特征各具特色，景观价值也不逊于红花嶒大瀑布；三道沟瀑布也因断层形成，但断层平缓，尽管夏季规模大，但相对景观冲击力不强；小川子瀑布群位于小川子沟内，由四条落差、宽度不等的瀑布组成，形态各异，不拘一格，有的垂流直下、气势磅礴，有的如丝如缕、俊美秀气；易家湾为水流较小的连续断层瀑布，但上下连续，常年保持，颇似瀑布中的小家碧玉，也具有特色。

（二）跌水

由于保护区森林植被和生态功能的缘故，保护区水土保持较好，水资源丰富，在保护区各条河流中由于海拔落差、重力作用形成了大量跌水景观，这些跌水景观中，具有景观特色的为峪长沟流域跌水。峪长沟流域水流平缓，水量常年保持稳定，尤其是周边环境原生状态较好，以前通过水蚀、重力作用形成的巨石长满苔藓，配置上周边的跌水，增加了保护区景观的灵秀。

（三）水潭

保护区水系发达，水量充沛、稳定，各条河流在水流过程中均在一些特殊位置形成深度、大小不同的水潭，加之保护区水质优良、清澈，水体在岩石、周边植被映衬下呈现不同的颜色，也是保护区具有特色的水体景观。根据地貌和水流特征，峪长沟、梨子坝沟、松坪子河、范条峪河都有水潭分布，大多在中下游较多，具有特色的是位于梨子坝沟的贵妃池，该池略成椭圆形，以自然石驳岸，长约 8 m，宽约 6 m，此池景色极佳，碧波荡漾，清澈如镜。

三、生物景观

生物景观是指以生物群体构成或具有珍稀品质或奇异形态的个体景观。保护区境内保存完好的天然植被景观组合、原始森林、珍稀动植物及栖息地都是具有吸引力的景观资源。

（一）冷云杉原始林和地带性植被

保护区南部摩天岭是境内的最高峰，从摩天岭往东五木梁区域以下的洞子沟、三道沟等区域是保护区地带性植被最典型的区域，还保留有少量的冷杉林和云杉林，从上往下依次为草丛、高山竹林、草甸、杜鹃灌丛、针叶林、针阔混交林、阔叶林等植被类型，海拔越高，原生状态保存越好，是认识和体验保护区森林植被和生态系统演替的适宜区域。同时，该区域植被状况完好，水保功能显著，各条沟都是水源地，水质优良，向保护区社区及下游输送优质水源，范条峪等地直接利用保护区的水作为饮用水，也是感受森林价值和生态功能的理想区域。

（二）松坪子次生林

平顶关以东的松坪子区域历史上有人居住，人为活动和干扰较大，后来村落消失后就没有人活动。该区域在林场阶段没有进行大规模采伐，尽管都为次生林，但演替时间较平顶关以西经过采伐后的次生林悠久，林相的原生状态较为明显，过熟林、老龄树较多，啄木鸟在该区域常见，本次科考发现的拟啄木鸟就发现在该区域，是境内低海拔区域感受森林植被演替过程和景观的适宜区域。

（三）摩天岭草地和杜鹃林

保护区南部山脊摩天岭周边地形平缓，山顶分布有一定面积的草丛、竹林和杜鹃灌丛，地形开阔，是保护区仅有的有低矮植被分布的区域，也是秦岭高海拔地区的植被景观。该区域除了看得见大规模的草地景观外，夏天还可以看见大面积的杜鹃林，也是保护区杜鹃集中的区域。

（四）古墓坪动物群景观

保护区峪长沟流域古墓坪至乌木梁一带是保护区大型野生动物聚集的区域，根据红外相机影像及监测结果，目前发现的大熊猫影像80%在该区域，金丝猴影像也在该区域，尤其是大规模的动物群全部发现在该区域，包括20只左右的羚牛群、罕见的3只青鼬群、10只以上的野猪群和豪猪群均来自该区域，是大型兽类最聚集的区域，同时也是红腹角雉、红腹锦鸡、勺鸡等遇见率较高的区域，具有极高的科学观察价值。

（五）鸟类景观

保护区鸟类丰富，同时也具有较好的观鸟条件。总体上低山区域铁矿沟、小川子、范条峪等地适合观看赤腹鹰、红隼、斑头鸺鹠、戴胜、黄臀鹎、白头鹎、大山雀 、白鹡鸰、棕背伯劳、红嘴蓝鹊、强脚树莺、棕头鸦雀、白颊噪鹛、北红尾鸲、麻雀、褐河乌、红尾水鸲、普通翠鸟、鹊鸲、金翅雀等物种；在松坪子区域适合观看拟啄木鸟、大斑啄木鸟、星头啄木鸟、赤胸啄木鸟；在砖头坝以下河流可以观察到一个黄腹鱼鸮的固定区域，同时也可观察到冠鱼狗、褐河乌、红尾水鸲等物种。

（六）秦岭细鳞鲑

细鳞鲑为国家II级保护动物，属冷水性山麓鱼类，生活于秦岭部分地区的山涧溪流中，属肉食性鱼类。保护区内的部分深潭有该物种分布，可以直观认识、了解该物种，分布深潭为峪长沟的郭家坝和松坪子河。

四、天象景观

天象景观资源包括因天气变化形成的各种景色（气象旅游资源）及不同气候条件下形成的各类旅游胜地（气候旅游资源），是旅游景区规划和发展的重要可利用资源之一。保护区属北亚热带湿润季风气候，四季分明，夏季炎热多雨，冬季干燥微寒，气候垂直分布明显，具有典型的大陆性气候和较为完整的从低山到高山不同栖息地类型，山体高差悬殊，地形复杂多变，形成了变化多样的气候和天象景观。保护区主要的天象景观为云海、日出、星空等。保护区主要区域为山地，植被主要为森林植被，仅在摩天岭区域有杜鹃灌丛、草丛，地形开阔，是可以观看天象景观和云海的区域，适宜的观看季节为秋季。另一位置为平顶关，为山脊豁口，地形开阔，尤其是容易抵达，也为观看天象的适宜位置。

五、遗址遗迹景观

遗址遗迹是指已废弃的、目前不再有实际用途的历史人类活动遗存和人工构筑物。保护区内目前没有人居住，但在清朝和20世纪中期有较为频繁的人为活动，松坪子、碾子坪、古墓坪等地都为几个较大的人口聚居区，尤其以松坪子最大，后来由于各种原因，这些村落的人陆续搬离。这些村落虽然消失了，但村落存在期间人们生产、生活留下的痕迹却保留了下来，成为现在的遗迹景观。在松坪子还有保留完好的磨坊、庙宇，以前使用的石臼、水磨仍然存在，寺庙大门、祭拜烛台也保留完好。

另外，在碾子坪以上，有一处太白庙，保留了完整的碑刻和大门台阶；路上还有两处指路碑，完整地记录了清朝时当地人修建郭家坝—碾子坪—古墓坪道路的情况和出资情况，具有考古和历史价值。

保护区所在地留坝县是汉文化和三国文化集中的区域，分布有大量的历史文化遗存，有张良庙、文川古道、洪武寺遗址、三交城遗址，保护区距历史上著名的褒斜栈道仅 10 公里，同时，还有当年红军、八路军途经此地时写的标语等红色文化遗迹。

六、建筑与设施

保护区地处陕南腹地，位于秦岭山中，气候具有潮湿多雨、冬季漫长等特征，为适应这种气候，当地社区民居以穿斗式木构架和夯土墙为主，屋顶覆盖青瓦，建筑外观笨重而原始，但居住效果冬暖夏凉，形成独具特色的区域建筑，成为反映陕南文化和地域特色的文化符号和遗产。

近年来，随着精准扶贫和美丽乡村建设，保护区社区在美丽村庄建设上成效显著，政府帮助社区村民修缮、装修住房，从原有民居的内部结构、功能到外观都进行了整体修缮和提升，结合美丽乡村建设、村容村貌整治，村民的居住条件和人居环境极大改善。截至目前，社区民区形成景观特色的建筑景观有范条峪村、小川子村和铁矿沟村，成为了具有陕南特色的美丽乡村。

另外，保护区在旅游资源方面还有陕南特色的民俗文化，优质农产品、传统中草药和地方美食也是重要的旅游资源和产品。

第二节 区域旅游战略和保护区旅游资源特点

一、留坝县旅游发展战略

发挥资源优势、发展旅游产业是保护区所在地留坝县政府长期以来持续实施的发展战略，成为社会各界和公众的共识。近年来，留坝县紧紧围绕建设中国山地度假旅游示范区和大秦岭山地度假旅游目的地规划，加快推进旅游产业开发。坚定旅游“一业突破”发展道路不动摇，以“慢生活、深体验”为主题，完善“全地域打造、全产业链融合、全民参与”的全域旅游发展模式，精心打造出了一批受游客青睐的旅游产品，倾力打造“全域留坝、四季旅游”品牌，建成张良庙紫柏山和栈道漂流 2 处国家 4A 级旅游区，有紫柏山国际滑雪场、栈道水世界、特色民宿集群等特色景区景点，举办了紫柏山登山节、栈道漂流节、山地自行车大赛、滑雪大赛等旅游赛事和活动。2020 年全年接待游客 420.48 万人次，综合收入 21.03 亿元，带动餐饮住宿、商贸流通等三产服务业同步发展，实现三产增加值 11.63 亿元。留坝县先后荣获全国休闲农业与乡村旅游示范县、陕西省旅游示范县、中国山地度假旅游示范区、中国县域旅游之星、中国最美生态宜居旅游名县、全国最佳森林休闲体验地等称号。

二、保护区旅游资源特点

桑园自然保护区的旅游资源较为丰富多样，自然景观和人文景观各具特色，互为补充。自然景观中的断层、瀑布、跌水、峰丛是保护区具有吸引力的旅游资源，完整的森林植被和野生动物群景观为特色资源；古村民遗迹、陕南民居和美丽乡村原始、古朴，人文气息浓郁，乡村特色显著，是具有地域特色的景观资源。这些旅游景观特色鲜明、品位较高，地文、水体、森林、野生动植物、天象、气候等景观之间具有多种组合，并形成不同的时间和空间格局的景观及景观群，景观之间过渡和组合自然、和谐，给人的感受多样、丰富，均为具有科学价值、景观价值的旅游资源。由于这些景观资源位于保护区内，在未来的区域旅游发展中，可将保护区的旅游资源作为区域旅游发展的核心竞争力，按照相关管理规定，结合保护区的巡护、监测和科研等工作，研发一些高端旅游项目，丰富和提升所在区域旅游产品和供给，为区域旅游发展做出符合自身实际的贡献。

第七章 保护管理

桑园自然保护区成立于 2002 年 8 月，2009 年 6 月晋升为国家级自然保护区，2020 年被纳入大熊猫国家公园陕西管理局长青分局管辖。保护区成立以来，编制了《陕西桑园国家级保护区总体规划》（2010—2020），完成了局、站办公房屋、道路等基础设施建设，开展了标识标牌、界桩界碑的建设，新建森林防火预警远程视频监控，进行了栖息地恢复和珍稀物种监测等工作，制定了与巡护管理、科研监测、宣传教育等相关的管理制度。通过长期建设，保护区建成了较为完备的保护管理体系和基础设施，建成了较为系统的巡护、监测队伍，在宣传教育、巡护管理、服务社区方面的成效和能力不断提升。当然，保护区也存在专业人员数量不足、专业能力薄弱、缺乏稳定经费支持等制约保护管理能力和成效持续提升的问题，在保护方面面临流浪狗、放牧、非法猎捕等威胁保护物种种群和栖息地安全的因素，需要在后续工作中着力解决。

一、基本情况

保护区位于秦岭中段南坡，汉中市留坝县江口镇境内，东与太白县的牛尾河省级自然保护区接壤，西面至范条峪村的砖头坝、梨子坝、范条峪、小川子村的小川子，以及元树村的元树沟和铁矿村的铁矿沟等社区，北与太白县的二郎坝乡毗邻，东南与陕西省摩天岭国家级自然保护区和洋县华阳镇相连，距离留坝县城 49 km。保护区总面积 13 806 hm^2，是以大熊猫及其栖息地为主要保护对象的野生动物类型自然保护区，为秦岭大熊猫核心种群最西的分布地。保护区桑园中心管理站位于桑园林场场部，保护区总面积 13 806 hm^2、核心区为 8 769.02 hm^2，占保护区总面积的 63.71%；缓冲区为 2 620.69 hm^2，占保护区总面积的 18.98%；实验区为 2 389.33 hm^2，占保护区总面积的 17.31%。

二、保护区的建设与管理

自保护区晋升为国家级自然保护区以来，按照总体规划要求，稳步推进保护区基础建设，严格依照自然保护区条例等各项法律法规开展保护管理，实施栖息地恢复等保护行动，开展科普宣传和环境教育，进行巡护执法和科研监测等工作。

（一）完成机构和保护体系建设

2002 年 9 月 28 日，留坝县编制委批准成立桑园自然保护区管理局，编制设置 10 人。

保护区晋升后积极开展机构建设和保护体系建设，按照规划推进，目前保护区管理机构为“陕西桑园国家级自然保护区管理局”，为科级建制，属公益性事业单位，业务上隶属上级林业主管部门管理，行政上隶属留坝县人民政府管理。在保护区管理局内部实行管理局、保护站二级管理体系，局机关设在留坝县城，局机关设有综合办公室、计划财务科、保护管理科、社区事务科、科研宣教科，基层设桑园中心站一处，有上两河口、范条峪、小川子、梨子坝四个保护站和桑园检查站。

桑园保护区的前身是留坝县桑园林场，保护区是在桑园林场基础上建立的，管辖的范围与对象完全重叠。2019 年 3 月，国有林场改革，桑园林场编制设置 30 人，自此桑园保护区同桑园林场共同履行对保护区的保护和管理职能。现从事桑园自然保护区保护管理工作在编在岗人员共计 40 人，其中中专以上学历和持有专业资格证的专业技术人员占 85% 以上。保护区的基层保护和巡护监测业务主要由桑园林场职工参与和承担，保护区针对员工开展了多次业务技能提升和专业知识培训，以此提高员工对保护区内生物资源的鉴别能力和专业知识，学习新的监测技术和设备使用，现已培养了一支专业性较强的技术人员队伍和监测队伍。目前，保护区组织机构健全，专业技术力量基本胜任工作需要。

（二）执法管理

桑园自然保护区现有专门林业执法人员 2 人，2019 年 8 月时正在申请办理林业执法资格人员 6 人。结合桑园保护区行政业务隶属，为进一步切实维护区内生态资源安全，在江口镇范围内还专门设置有江口镇森林公安派出所，负责在桑园自然保护区内打击生态资源破坏违法犯罪的执法活动。在“绿盾 2018”专项行动中，桑园保护区联合森林公安、江口镇政府，依法对非法在保护区内利用废弃土坯房开展养蜂活动的保护区内原住居民进行了强制搬离及土坯房拆除工作，依法管控境内的放牧、中药材采集等活动，有效维护保护区生态资源安全。

（三）经费保障及建设情况

目前桑园自然保护区和桑园林场的人员工资及日常办公经费已全部纳入县级财政预算，基本能够保证桑园保护区日常保护管理工作正常运行。在保护区管护设施建设方面，我区按照总体规划要求，稳步推进保护区基础设施建设，累计落实项目总投资 2 553 万元，主要围绕保护区局、站、巡护道路等基础设施建设以及巡护、科研监测设备及设施购置等内容展开，建成桑园保护区科研办公大楼 1 520 m^2，新建桑园中心站、小川子管护站宿办用房 873 m^2，改扩建梨子坝、上两河口、范条峪管护站宿办用房 887 m^2，设立设置界桩界碑、标识标牌共计 212 块，极大地提升了保护区保护与管理的水平。在日常保护与管理工作方面，保护区主要依靠年度林业国家级自然保护区财政补助资金项目资金，有效推进保护区春秋季巡护监测，野生动植物样线、样方监测，红外相机布设监测等日常和阶段性工作开展，累计落实项目资金 200 余万元。

（四）社区共建

保护区积极推进社区共建工作，结合自身实际，不断吸纳当地社区贫困、闲散劳动力参与到保护区的巡护监测、日常管护、栖息地恢复业务工作，为社区创造就业和工作机会。建立了社区参与自然保护区基础工作机制，累计聘用周边社区信息员 17 名，在协同推动保护区业务工作开展的同时为群众提供了经济创收机会。在社区建设发展方面，结合当地政府开展的脱贫攻坚工作，保护区以铁矿村为社区共建试点，重点培育该村袋料香菇产业基地，扶持和奖补该产业发展，并选派干部长期驻村包扶群众，参与村级建设发展，既锤炼提升了干部社区农村工作能力，又推动了社区共建工作机制的发展，实现了保护区与周边社区和谐共处、共同发展的良好局面。同期，保护区还在社区开展生态保护、环境保护、科普宣教等活动，共同提高社区居民的环保意识和科学知识。

（五）权属管理

保护区总面积 13 806 hm^2，其中国有林 9 342 hm^2，占保护区总面积的 67.7%，集体林 4 464 hm^2，占保护区总面积的 32.3%。保护区核心区和缓冲区均为国有林，并颁发有林权证。实验区集体林的管理经留坝县人民政府文件确定，其所有权不变，双方共同管理，且保护区范围内全部纳入国家重点一级公益林。并且与当地村组一起对保护区的边界进行了联合勘定，形成了一致划界意见，并严格按照《国家自然保护区建设规范》技术标准要求，设立永久性界桩、界碑，标识标牌共 212 个。保护区范围清晰、权属明确，保护区与周围社区林区边界清晰，无权属纠纷。

（六）主要保护对象变化动态

随着国家生态文明建设步伐加快，生态建设资金加大，保护区不断强化日常保护管理措施，使区内的植被恢复良好，大熊猫栖息地得到了有效的保护，为野生动物栖息创造了条件。经过多年来的保护，保护区辖区内活动的珍稀野生动物种群数量与活动区域稳定，同时栖息地面积也得到了极大改善，据全国第四次大熊猫调查数据显示，桑园自然保护区内大熊猫栖息地面积为 12 826.3 hm^2，占保护区总面积的 92.9%。区内野外大熊猫种群数量为 4 只。结合近年的监测数据及本次调查影像，保护区大熊猫数量处于动态变化中，基于影像判断目前保护区有大熊猫 5 只以上。根据本次科考，保护区羚牛种群数量在 225 ～ 352 只之间，野猪总量在 243 ～ 292 只之间，青鼬种群量在 160 ～ 200 只之间（其成群规模在秦岭地区少见），金丝猴种群数量增加，出现下山进入社区的情况。

（七）规划编制与实施情况

自 2009 年桑园自然保护区晋升为国家级自然保护区后，保护区积极开展总规编制工作，委托省林业勘察设计院完成了《陕西桑园国家级保护区总体规划》（2010—2020）的编制，2010 年国家林业局以林规发〔2010〕298 号文件正式批复。作为桑园自然保护区发展纲要，桑园自然保护区严格按照总体规划批复内容开展保护区的建设与管理，完成了局、站办公房屋、道路等基础设施建设，红外监测相机等科研设施设备购置，标识标牌、界桩界碑的建设，新建森林防火预警远程视频监控，开展栖息地恢复等工作。

（八）开展资源本底调查与监测

2005 年，保护区完成并出版了《桑园自然保护区科学综合考察报告》。后期连续多年开展了大熊猫野外巡护监测工作，保护区累计设置固定监测样线 48 条，样线累计长度达 70 余公里，覆盖面积达 70%，建立固定样地 30 块。在监测样线基础上开展保护区生物资源的常规监测，有关领导对野外巡护监测工作十分重视，扎实安排部署，抽调精干业务人员，组成野外巡护监测小组，克服困难圆满完成监测任务，并按要求及时做好监测数据的录入上报工作。目前，保护区红外相机累计数据达 400G,从保护区采集的红外数据中发现，除拍摄到大熊猫外，还拍摄到林麝、羚牛、黑熊、中华鬣羚、红腹锦鸡、红腹角雉、勺鸡、毛冠鹿等国家一、二级保护动物，共计获取高质量照片 300 余幅、视频 60 余段，国家、省、市、县各级电视台及新闻网络媒体均进行了报道。数据有效证明了大熊猫在桑园保护区范围内的存在及活动，展现了保护区内野生动物良好的生存状态，反映出桑园自然保护区生态环境及生物多样性得到有效显著保护，生态环境良好，区内野生动物种类稳步增多，分布范围广泛增大，为上级业务主管部门提供了保护区大熊猫等珍稀野生动物活动范围方面的技术资料，也为保护区今后的管理决策提供了科学依据。

2020 年，根据规划和国家林草局对保护区能力建设的要求，保护区委托中国林业科学研究院开展陕西桑园国家级自然保护区综合科学考察工作，对保护区的资源开展动态调查和评估。

（九）制度建设和资源管理

保护区晋升以来，在制度建设和资源管理方面做了大量工作。一是完善保护区保护管理制度。重新完善了《桑园自然保护区管理局工作职责》及各科室、基层站管理制度，各科室分工明确，责任落实，工作目标清楚，制定了《桑园保护区巡护管理办法》《桑园保护区社区项目管理办法》，以及与野外巡护、宣传教育、科研监测、社区共建等相关的各项工作制度，通过完善各项规章制度，促进保护区管理工作的顺利开展。二是在保护区野生动物及其栖息地的保护及防火工作方面，主要采取“保护区 + 桑园林场共管”模式，共同承担相关工作和任务。保护区野生动物及其栖息地保护方面，将保护区划区分片包干，层层落实责任，并签订责任书，规定一线管护人员每月巡护不得少于 24 天，上山巡护必须填写巡护日志，月底交办公室检查存档，作为年度考核的主要依据；在森林防火方面，主要以林场为基础，建立了专业防火队，落实了专职防火队员，并在小川子、范条峪、梨子坝林区新建了 3 座防火瞭望塔，还加装架设了远程视频监控专门用于防火观测，同时还在人为活动频繁的地区、交通要道、防火重点地段设置森林防火宣传牌和警示牌，随时提醒当地群众注意防火。保护区建立以来，在保护区、桑园林场和当地政府的共同努力下，防火成效明显，做到了无重大森林火灾发生。三是结合保护区阶段性工作重点，组织开展巡护监测检查专项行动，全力维护林区内森林资源稳定安全。在日常管理中，保护区根据林区群众生产生活特点，每年针对重点阶段和区域开展专项行动进行有效打击和震慑，对可能出现的挖药、砍伐、盗猎等违法违规活动，积极组织开展清山查套执法行动、春秋季巡护等专项行动，通过阶段专项行动的组织开展，2018 年在保护区及周边累计清除盗猎套夹 120 余套，全力维护了保护地的生态资源安全。四是为进一步加强保护区森林资源监管力度，保护区积极争取项目支持，在 17 处路、站外围视频监控点建设的基础上，建立包括 120 台红外相机在内的保护区监测网络体系，定期检查各基层保护站值班及监控影像资料，及时管控进出人员情况以及保护区内动植物资源变化情况，为保护区制定管理工作提供科学依据，有效地保证区内大熊猫及其栖息地安全。

（十）开展科普宣传和环境教育

在保护和管理工作开展中，保护区始终把法规宣传教育作为推动工作的有力措施。近年在保护区主要路段、社区累计建立40余处大型宣传牌、碑、门等永久性宣传设施，辅之以板报、标语、传单、图片、媒体等多种形式，以《野生动物保护法》《自然保护区管理条例》《森林法》等法律法规为主要内容进行宣传教育，印制宣传年画2 000余份，悬挂30余条，散发宣传资料300余份，组织宣传车流动宣传40多次，新闻媒体报道及刊物发表10余次。宣传覆盖桑园保护区周边7个村近2 000户群众，使当地老百姓的法律法规意识不断增强，环保意识、保护意识逐步提高，积极主动配合保护区开展反偷猎、林区防火、林木病虫害防治等工作，有了社区老百姓的积极参与支持，保护区日常管理工作得到有效开展，保护成效日益提高，为保护工作起到了积极促进作用。

（十一）违法开发建设活动情况

桑园保护区自建立以来，遵照《中华人民共和国自然保护区条例》，除维持和规范原有社区居民正常的生产经营活动外，从未批建过违背自然保护区条例的开发建设项目，保护区内不存在工矿用地、采石采沙、水电设施、旅游设施等，也没有其他违法活动在保护区举办。

三、保护成效

本次保护区科考表明保护区有脊椎动物380种，较已有记录增加131种。其中，鱼类17种，两栖类动物14种，爬行动物31种，鸟类235种，兽类83种；有国家保护物种68种，国家Ⅰ级保护物种13种，国家Ⅱ级保护物种55种；有我国特有种80种。除了物种数量显著增加外，保护区主要对象大熊猫有包括幼仔在内种群7只左右，形成了一稳定的边缘种群，确保秦岭大熊猫种群西部空间格局的稳定。同时，保护区内的常见物种包括羚牛等主要保护对象种群维持稳定，青鼬、豪猪成对、成群的发现频率较高，一些夏候鸟在保护区形成留鸟，水獭等曾经野外消失的物种在保护区重新被发现，说明境内动物区系、栖息地和生态系统的原生性得到了较好保护，境内脊椎动物的生存状况明显改善，栖息地质量和生态环境不断好转。

保护区共有野生高等维管束植物144科、522属、1 084种，较已有记录增加5属11种，其中1种为陕西省省级新记录，1新命名变种。保护区内有国家级保护植物32种，其中国家Ⅰ级保护物种1种，国家Ⅱ级保护物种12种。保护区摩天岭上坡植被保存完好，冷杉、云杉、落叶松等原始林及树种得到较好保护，其他区域植被演替效果显著，松坪子、古墓坪植被结构和长势持续提升，林下竹林适宜性增高，栖息地质量明显提高，群落结构更为复杂多样，林分稳定、森林资源蓄积增长，森林生态系统的服务功能持续加强，保护区大气环境常年为Ⅰ级空气质量，保护区出境水质常年保持1类水水质，为社区居民的直接饮用水，汛期仍然保持清澈水质，持续地为周边地区提供优质蜜源、水源、大气、优质景观等生态产品。保护区在优良生态环境维持、水源涵养、水土保持、气候调节等方面的生态服务功能不断提升。

通过长期建设，保护区完成了局、中心站、保护站的基础设施建设，配置了监测、巡护的相关设施和设备，建成了能满足管护工作的基础设施和保护管理体系，形成了较为系统的巡护、监测队伍和能力，开展违法违规活动监管、林政稽查、野生动植物保护等工作，开展了大熊猫栖息地恢复、珍稀物种监测等专项活动，基本做到日常巡护监测工作制度化、日常化，现有体系和能力基本能满足日常保护和管理工作的需要。同时，在宣传教育、巡护管理、服务社区、对外交流方面开展了大量工作，充分发挥了保护区的社会职能和影响。

四、存在的问题

经过多年的保护与建设，保护区在物种和生物多样性保护方面取得了较为显著的成效，主要保护对象规模及栖息地质量持续好转，生态服务功能和价值明显提升；保护区建成了能满足管护工作的基础设施和保护管理体系，形成了较为系统的巡护、监测队伍和能力，在制度建设、人才建设等方面为保护管理奠定了较好基础，取得了实际成效。但保护区的建设和管理仍然存在一些体制性、区域性和普遍性的问题，需要在后续工作中予以应对和解决。

（一）主要保护对象及栖息地

保护区的主要保护对象大熊猫目前主要分布于保护区东北部与牛尾河交界地区，其余区域如松坪子、摩天岭尽管有分布但种群数量较少，采集到的影像也较少，其余物种如羚牛、青鼬等物种也呈同样的分布格局，主要聚集在古墓坪至乌木梁区域，这种物种分布格局不均匀的情况表明其余区域栖息地质量和适宜性仍然处于演替、恢复阶段，需要持续性地开展栖息地的监测与管理工作。同时，大量物种聚集在该区域增加了古墓坪区域的环境容量风险，除注意单个物种种群自身的容纳量、社群压力和种群安全外，调查种群之间的相互作用是否会导致主要保护对象的种群增长和生存状况发生改变，也是后续保护中的重点任务。

（二）栖息地的威胁

保护区有大量的集体林，是一个社区深度融合的保护区，社区居民的生产生活直接影响保护区内野生动物及栖息地的安全。社区对栖息地影响较大的是社区放牧，目前社区居民放牧活动主要在保护区内，以松坪子和峪长沟流域为主，在松坪子有约 40 头牛长年存在，峪长沟有 60 头牛长期放牧，尤其是峪长沟保护区只能在路上设置一些障碍阻止牛进入，但作用较小，牛可以直接到达古墓坪核心区一带，对主要保护对象及栖息地造成直接影响。当然，社区居民也有采集中草药和林下产品的习惯，这是其收入来源之一，尽管有影响，但是威胁没有放牧大。

与放牧相比，栖息地面临的更大威胁来自流浪狗，一些来自社区或周边地区的流浪狗长期在保护区生存，并且繁殖形成二、三代流浪狗，这些流浪狗逐渐壮大，形成

3～5只的小群，这些狗与大熊猫和其他动物栖息地、分布区高度重叠，对保护物种造成直接威胁和危害。从古墓坪红外相机采集到的动物影像中发现，在采集到大熊猫影像后不到1分钟即采集到流浪狗的影像。另外，这些流浪狗活动范围广，经常在人居环境和野生环境中往返，是犬瘟热等疫病进入大熊猫或其他动物栖息地的一个重要途径，是大熊猫及其他野生动物生存和发展的持续性隐患。

另外，非法猎捕野生动物的现象仍然存在，2018年以来在保护区及周边累计发现盗猎套夹120余套；社区居民对森林资源的盗伐、外来人员擅自进入保护区采集中草药等现象也时有发生。

（三）管理体制和队伍建设

桑园保护区的前身是留坝县桑园林场，保护区在桑园林场基础上建立，同一地块上有保护区和桑园林场两个单位，人员、工作、资源、管理整合处于磨合阶段，2020年两个单位都被纳入了大熊猫国家公园陕西管理局长青分局管辖，目前保护区的运行仍然各自开展，人、财、物上的整合尚未完全启动，如何发挥国家公园的大尺度效应、协同效应和整合效应，进一步提高保护成效还有大量的实际问题需要去破解，尤其是思考桑园保护区这个独立单元在秦岭大熊猫保护中的地位和角色，以便形成符合保护区的管理模式。

（四）能力建设不足

由于机构建设和人员数量等因素，保护区没有足够的人力建设完善的管理、巡护、监测、宣教等队伍和工作机制，也就无法系统性地开展相关工作，许多工作常常由员工兼职完成，对新技术、新方法、新理念的学习和使用有限，导致能力建设长期滞后，没有系统性的成果。如保护区长期监测累计了大量的监测数据，但苦于人力和技术力量等因素，没有对此进行专项研究和系统分析，导致保护区对境内的资源状况缺乏准确的认识和评判，不了解主要保护对象的种群动态，无法及时掌握保护管理面临的问题，不能有效响应保护威胁和调整对策和行动。因此，需要在国家公园的建设中加强对保护区能力的建设，努力提高保护管理的人力资源和科技水平，为保护成效提升提供保障。

（五）社区发展问题

保护区和社区关系密切，社区生产生活直接影响保护对象的生存状况，社区工作也是保护管理的薄弱环节。长期以来，保护区周边社区群众经济基础差，对自然资源的依赖较大，保护区晋升前种植木耳、香菇对栎类利用较大，中草药采挖一直是当地村民的收入来源，这些生产活动都对保护区影响较大；目前养蜂、放牧成为当地百姓重要经济来源，虽然对区内生态未构成重大破坏，但对区内野生动物带来的干扰毋庸置疑。如何破解社区发展问题，关系保护区进一步提升保护成效。保护区自身资源有限，对社区经济发展的支持力度有限，需要政府和相关部门共同探索社区发展的路径，引入环境友好产业、推进社区治理、提升收入水平和生活质量，真正为保护区的建设和发展营造和谐友好环境。

第八章
保护区社区概况

桑园保护区社区面积 10 111 hm^2，林地是当地社区居民主要的土地类型及资源，涉及江口镇范条峪村、小川子村和铁矿村。社区居民 370 户，常住人口 1 095 人，总体上男性多于女性、男女比例失调，老龄化较明显，村民受教育程度总体偏低。社区县域经济发展速度和水平都比较滞后，保护区社区经济及居民收入来源主要由农业、林副产品采集、外出务工和旅游业这几部分组成，农业是主要收入来源，社区人均年收入为 1 万元左右，产业发展水平在留坝处于偏低状态。社区建有学校、医院等社会服务设施和公共设施，主要居民点均有公路连通，农村电网和通信网络全境覆盖，大部分人口聚集区实现集中供水和垃圾集中处理，尤其是在村容、村貌和美丽乡村建设方面成效显著。长期以来，当地村民的住房、生产和生活对森林资源依赖较大，对保护区周边森林资源和生态功能有直接影响，需要在后期工作中探索生态保护和社区协同发展的管理和产业模式。

一、社区组成

桑园保护区地处留坝县江口镇境内，是留坝县和江口镇东部、南部边界，东邻太白县，南接洋县，保护区境内及周边社区涉及江口镇范条峪村、小川子村和铁矿村。3 个社区村分别由保护区不同的保护站进行管理，小川子保护站负责小川子村，范条峪保护站和梨子坝保护站负责范条峪村，桑园中心站负责铁矿村。

二、土地

保护区社区面积 10 111 hm^2，耕地 153.2 hm^2，林地 9 949 hm^2。林地是当地社区居民主要的土地类型及资源，主要用于林下种植和养殖、中药材和林产品采集，以及用于产生生态效益的公益林；耕地占比较小，主要种植农作物和一些经济作物；土地面积以范条峪村最大，其次是铁矿村。

三、人口

社区居民 370 户，人口 1 171 人，常住人口 1 095 人，以小川子村人口最多，其次为范条峪村；总体上男性多于女性，性别比例失衡严重的为铁矿村，范条峪村男女比例最优，接近 1 ∶ 1；60 岁以上人口 296 人，占总人口数量的 25%，总体上老龄化较明显，以小川子村人口老龄化最明显；村民受高中及以上教育程度人数仅占10%，总体偏低，小川子村最低。详见电子表8-1。

表 8-1 保护区社区概况统计表

镇	村	总面积 (hm^2)	耕地 (hm^2)	林地 (hm^2)	户数	人口	男	女	60岁以上人数	高中文化及以上	常住人口	诊所数
江口镇	小川子村	2149	57	2085	154	488	277	211	137	39	475	1
	范条峪村	5383	50.5	5331	108	348	183	165	78	45	290	1
	铁矿村	2579	45.7	2533	108	335	202	133	81	37	330	1
	合计	10111	153.2	9949	370	1171	662	509	296	121	1095	3

四、产业结构

留坝县是典型的陕南山区县，县域经济发展速度和水平都比较滞后，保护区社区经济及居民收入来源主要由农业、林副产品采集、外出务工和旅游业这几部分组成。农业是社区产业的主体和主要收入来源，除进行传统的农业生产和作物种植外，各村围绕县上的“四养一林一旅游”产业发展目标开展土猪、土蜂、土鸡、肉牛等养殖，种植椴木食用菌和白及、西洋参、猪苓、灯台七、黄精等中药材，地方政府支持并配套建设了香菇产业园、合作社、中蜂繁育场等促进社区经济发展的项目；社区林业资源丰富，采集中药材、食用菌等是社区传统的生产活动，近年来当地政府积极支持开展特色经济林建设，加快推进低产低效林提质增效，大力发展板栗、核桃等经济林；务工为当前社区收入的主要来源，有外出务工和就近务工，以外出务工为主，就近务工主要依托国家生态公益林管护、村容村貌管理等项目提供公益性岗位，也包括县里通过政策、项目鼓励有志青年回乡创业实现的就业；旅游业是社区近年兴起的新产业，目前留坝县和保护区社区旅游都处于发展阶段，该产业对社区具有积极影响，也是社区发展的重要方向，目前仅处于起步阶段，对该产业的规划、开发、管理多为空白，需大力引导和发展。总体上，由于区位、资源和发展基础等原因，社区各村的收入来源和水平各有差异，社区人均年收入为1万元左右，产业发展水平在留坝处于偏低状态。在国家和社会各界的共同努力和奋力攻坚下，2019年3月，留坝县以零错退、零漏评和群众认可度高达99.55%的成绩顺利通过省级评估，实现整县脱贫；2020年，留坝县在汉中市8个贫困县中率先宣布脱贫摘帽，退出贫困县。

五、交通、能源及通信

通过“村村通”工程和扶贫项目实施，保护区社区各居民聚居区和大部分家庭均有硬化道路连接，交通出行条件较为便利。目前通过农村电网改造，社区村民的用电稳定、有保障，动力用电接入了主要村民聚居地。社区各村和村民聚居区范条峪、小川子等地都依托保护区的水资源修建了水厂，实现了集中供水，并且安排了专人管理，定期进行水质监测和检验，确保社区村民用水安全。全部社区都有移动网络和信号覆盖，通信便捷、稳定；主要聚居区均建有主要物流公司的网点，为当地村民商贸流通、农产品交易提供物流快递服务。

六、文化、教育及医疗卫生

随着脱贫攻坚战和新农村建设，社区社会事业加快发展，文化、教育及医疗等基础设施不断完善，社会服务功能日益加强。保护区所在社区建有江口镇桑园坝完全小学，在江口镇还设有中心小学，能满足社区学龄前及小学教育的需求；社区各村均有诊所 1 处，有专职医生为社区村民提供简单的医疗救治服务，提供日常用药。

七、村容村貌建设

建设美丽宜居乡村，事关民生福祉。社区近年来在美丽村庄建设上成效显著，在政府的主导下，以垃圾、污水治理和村容村貌提升为重点，扎实开展“厕所革命”、垃圾分类处理、农村污水治理、绿化美化专项行动。政府出资为社区每户家庭修建和改造了厕所，开展农村垃圾分类工作，在各个居民聚居地配发了垃圾箱，建立了“村收集、乡储运、县处理”的垃圾集中收集储运网络，引导群众共建美丽家园、共享品质生活，使村容村貌大为改观，范条峪、小川子等地美丽乡村雏形显现。

八、居住和生活习惯

社区村民的住房为土木结构的陕南民居，近年来部分居民开始在自家宅基地上修建现代砖混结构的楼房，尤其是近年扶贫工程的开展，政府帮助社区村民修缮、装修住房，从内部结构、功能到外观进行了整体修缮，结合美丽乡村的建设、村容村貌的整治，村民的居住条件和人居环境得到极大改善。目前，当地社区村民的做饭、取暖大多仍然以柴火为主，少量用电能、天然气为能源，社区对木材的使用率仍然较高。

参考文献

[1] 北京农业大学 . 昆虫学通论 [M]. 北京 : 农业出版社 , 1982.

[2] 陈彦生 . 陕西维管植物名录 [M]. 北京 : 高等教育出版社 , 2016.

[3] 程璞 , 陈锐 , 张宏杰 . 秦岭南坡常见雀形目鸟类密度调查 [J]. 安徽农业科学 , 2015, 43:3.

[4] 戴芳澜 . 中国真菌总汇 [J]. 科学出版社 , 1979.

[5] 邓叔群 . 中国的真菌 [J]. 科学出版社 , 1963.

[6] 狄维忠 , 于兆英 . 陕西省第一批国家珍稀濒危保护植物 [M]. 西安 : 西北大学出版社 , 1989.

[7] 方树森 , 许涛清 , 宋世良 , 等 . 陕西省鱼类区系研究 [J]. 兰州大学学报 (自然科学版), 1984, 97–115.

[8] 付达莉 . 秦岭大熊猫栖息地植物群落中物种多样性的初步分析 [M]. 北京 : 北京大学出版社 , 1988.

[9] 龚明昊 , 刘刚 , 官天培 , 等 . 秦岭大熊猫种群扩散格局及研究方法 [J]. 生态学报 , 2016, 36:6.

[10] 巩会生 , 马亦生 , 曾治高 , 等 . 陕西秦岭及大巴山地区的鸟类资源调查 [J]. 四川动物 , 2007, 26:746–759.

[11] 郭晓思 . 秦岭植物志 [M]. 北京 : 科学出版社 , 2013.

[12] 郭晓思 , 徐养鹏 . 秦岭植物志 . 第二卷 , 石松类和蕨类植物 [M]. 北京 : 科学出版社 , 2013.

[13] 国家林业局 . 全国第三次大熊猫调查报告 (精)[M]. 北京 : 科学出版社 , 2006.

[14] 李思锋 , 黎斌 . 秦岭植物志增补 : 种子植物 [M]. 北京 : 科学出版社 , 2013.

[15] 李思忠 . 中国淡水鱼类的分布区划 [M] 北京 : 科学出版社 , 1981.

[16] 李泰辉 .《中国大型菌物资源图鉴》中我国原产或特有种类资源介绍 [C]// 中国菌物学会 2015 年学术年会论文摘要集 .2015

[17] 卯晓岚 . 中国蕈菌 [M]. 北京 : 科学出版社 , 2009.

[18] 牛春山 . 陕西树木志 [M]. 北京 : 中国林业出版社 , 1990.

[19] 陕西省动物研究所 . 秦岭鱼类志 [M]. 北京 : 科学出版社 , 1987.

[21] 宋延龄 , 曾治高 , 张坚 , 等 . 秦岭羚牛的家域研究 [J]. 兽类学报 , 2000, 20:241–249.

[22] 苏建中 . 留坝县志 [M]. 西安 : 陕西人民出版社 , 2002.

[23] 王根宝 , 岳康茂 , 张升全 . 陕西南秦岭地质组成及其演化 [J]. 陕西地质 , 1996, 7.

[24] 王昊 , 李松岗 , 潘文石 . 秦岭大熊猫 (Ailuropoda melanoleuca) 的种群存活力分析 [J]. 北京大学学报 , 2002, 38:756–761.

[25] 王宗明 , 肖海龙 , 王定胜 , 等 . 陕西省留坝县西沟铜矿地质特征及成矿条件浅析 [J]. 陕西地质 , 2018, 36:4.

[26] 魏辅文，杨奇森，吴毅，等．中国兽类名录(2021 版)[J]. 兽类学报，2021, 41:15.
[27] 温战强，杨玉柱．陕西桑园自然保护区科学考察报告 [M]. 西安：陕西科学技术出版社，2007.
[28] 校培喜，张志让．陕西留坝江口断裂带初探 [J]. 陕西地质科技情报，1992, 17:7.
[29] 许家珠，赖平芳．秦岭、巴山蝴蝶资源调查 [J]. 汉中科技，2006, 2.
[30] 许涛清，范维端．陕西省汉江鱼类及渔业问题 [J]. 淡水渔业，1987, 3–7.
[31] 颜文博，吉晟男，帅凌鹰，等．秦岭南坡陕西洋县辖区哺乳动物物种多样性的空间分布格局 [J]. 生物多样性，2019, 27:177–185.
[32] 杨妮，韩永娇．新形势下留坝县旅游发展分析 [J]. 旅游纵览，2014, 130.
[33] 杨平厚，孙承骞．陕西野生兰科植物图鉴 [M]. 西安：陕西科学技术出版社，2007.
[34] 于晓东，罗天宏，周红章．长江流域鱼类物种多样性大尺度格局研究 [J]. 生物多样性，2005, 13:23.
[35] 于晓平，李金钢．秦岭鸟类野外实习手册 [M]. 北京：科学出版社，2015.
[36] 袁明生，孙佩琼．中国大型真菌彩色图谱 [M]. 成都：四川科学技术出版社，2013.
[37] 苑彩霞，刘长海，徐世右，等．陕西省平河梁自然保护区蝶类资源调查及区系研究 [J]. 安徽农业科学，2012, 40:4478.
[38] 张春光．中国内陆鱼类物种与分布 [M]. 北京：科学出版社，2016.
[39] 张海斌，毛治彦，颜文博，等．陕西汉中朱鹮国家级自然保护区周边地区朱鹮调查 [J]. 四川动物，2016, 4.
[40] 张海斌，钟林，杨军严，等．汉江陕西段河流湿地鱼类物种多样性研究 [J]. 陕西师范大学学报：自然科学版，2006, 34:7.
[41] 张巧宁．旅游非优区旅游产品创新开发研究——兼对留坝县旅游开发的一点思考 [J]. 新西部月刊，2009, 9:35.
[42] 张荣祖．中国动物地理 [M]. 北京：科学出版社，1999.
[43] 赵桦，王东，杨培君．陕西留坝地区种子植物区系分析 [J]. 西北植物学报，1998, 18:466–475.
[44] 郑光美．中国鸟类分类与分布名录：第 2 版 [M]. 北京：科学出版社，2011.
[45] 郑生武．秦岭兽类志 [M] 北京．中国林业出版社，2010.
[46] 郑智，龚大洁，孙呈祥，等．秦岭两栖、爬行动物物种多样性海拔分布格局及其解释 [J]. 生物多样性，2014, 22:12.
[47] 郑作新．秦岭鸟类志 [M]. 北京：科学出版社，1973.
[48] 中国科学院中国植物志编辑委员会．中国植物志 [M] 北京：科学出版社，1996.

附　录

附录 1　桑园保护区鱼类名录

目、科	名称	分布区				遇见率	区系类型						保护等级	特有种
		峪长沟	梨子坝	范条峪	松坪子河	+++，++，+	A	B	C	D	E	F		
Ⅰ 鲑形目 Salmoniformes														
一、鲑科 Salmonidae														
1	细鳞鲑 *Brachymytax lenok*	√				+++				√			Ⅱ	√
2	贝氏哲罗鲑 *Hucho bleekeri*				√	+				√			Ⅰ	√
Ⅱ 鲤形目 Cyriniformes														
二、条鳅科 Nemacheilidae														
3	红尾副鳅 *Homatula variegatus*	√	√	√	√	++		√						√
三、花鳅科 Cobitedae														
4	中华花鳅 *Cobitis sinensis*	√	√	√	√	+			√					√
5	泥鳅 *Misqurnus anquillicaudatus*	√	√		√	++		√						
四、鲤科 Cyprinidae														
6	宽鳍鱲 *Zacco platypus*	√	√		√	++	√							
7	马口鱼 *Opsariichthys bidens*	√	√		√	++	√							
8	拉氏大吻鲅 *Phoxinus lagowskii*	√	√	√	√	+++				√				
9	短须颌须鮈 *Gnathopogon imberbis*	√	√		√	+	√							

续表

目、科	名称	分布区				遇见率	区系类型						保护等级	特有种
		峪长沟	梨子坝	范条峪	松坪子河	+++，++，+	A	B	C	D	E	F		
10	似鮈 *Pseudogobio vaillanti*	√	√			++	√							
11	嘉陵颌须鮈 *Gnathopogon herzensteini*	√				++	√							√
12	黑鳍鳈 *Sarcocheilichthys nigriPinnis*	√				+	√							
13	餐条 *Hemiculter leucisculus*	√	√		√	++	√							
14	麦穗鱼 *Pseudorasbora parva*	√	√		√	++			√					
15	多鳞铲颌鱼 *Varicorhinus macrolepis*	√			√	++			√					
五、平鳍鳅科 Homalopterinae														
16	峨眉后平鳅 *Metahomaloptera omeiensis*	√		√	√	+						√		√
Ⅲ鲈形目 Perciformes														
六、鰕虎鱼科 Gobiidae														
17	栉鰕虎鱼 *Ctenogobiuas giurinus*	√		√		++					√			

A：中国江河平原区系复合体、B：晚第三纪早期区系复合体、C：北方平原复合体、D：北方山区区系复合体、E：南方平原区系复合体、F：南方山地区系复合体

+：遇见率 1 ～ 10 次的物种；++：遇见率 10 ～ 20 次的物种；+++：遇见率大于 20 次以上物种（下同）

附录 2　桑园保护区两栖类名录

目、科	名称	遇见率	分布型	区系类型			特有种	保护级别
		+++，++，+		东洋种	古北种	广布种	（*，**）	
Ⅰ有尾目 Caudata								
一、小鲵科 Hynobiidae								
1	山溪鲵 *Batrachuperus pinchonii*	+	H	√			*	Ⅱ
2	黄斑拟小鲵 *Pseudohynobius flavomaculatus*	++	S	√			*	
二、隐鳃鲵科 Cryptobranchidae								
3	大鲵 *Andrias davidianus*		E			√	*	Ⅱ
Ⅱ 无尾目 Anura								
三、蟾蜍科 Bufonidae								
4	华西蟾蜍 *Bufo andrewsi*	++	S	√			*	
5	中华蟾蜍 *Bufo gargarizans*	++	E			√	**	
四、雨蛙科 Hylidae								
6	秦岭雨蛙 *Hyla tsinlingensis*	+	L	√			*	
五、蛙科 Ranidae								
7	中国林蛙 *Rana chensinensis*	++	X		√		**	
8	隆肛蛙 *Feirana quadranus*	+++	S	√			*	

续表

目、科	名称	遇见率	分布型	区系类型			特有种（*，**）	保护级别
		+++，++，+		东洋种	古北种	广布种		
9	棘腹蛙 *Paa boulengeri*	++	H	√			**	
10	黑斑侧褶蛙 *Pelophylax nigromaculatus*	+	E			√	**	
11	泽陆蛙 *Fejervarya multistriata*	++	W	√				
12	大绿臭蛙 *Odorrana livida*	+	S	√			*	
六、姬蛙科 Microhylidae								
13	饰纹姬蛙 *Microhyla ornata*	+++	W	√				
14	合征姬蛙 *Microhyla mixtura*	+	S	√			*	

分布型（下同）：C 全北型；U 古北型；A 澳大利亚—东南亚群岛；M 东北型（我国东北地区或再包括附近地区）；K 东北型（东部为主）；B 华北型（主要分布于华北区）；X 东北—华北型；E 季风型（东部湿润地区为主）；D 中亚型（中亚温带干旱区分布）；G 蒙古高原（草原型）；P 或 I 高地型；I 以青藏高原为中心可包括其外围山地；H 喜马拉雅—横断山区型；Y 云贵高原；S 南中国型；W 东洋型；L 局地型；O 不易归类的分布。

附录 3 桑园保护区爬行类名录

目、科	名称	遇见率	分布型	区系类型			特有种	保护级别
		+++，++，+		东洋种	古北种	广布种	（*，**）	
Ⅰ 蜥蜴目 Lacertiformes								
一、壁虎科 Gekkonidae								
1	多疣壁虎 *Gekko japonicus*	++	S	√			**	
2	无蹼壁虎 *Gekko swinhonis*	+	B		√		*	
二、鬣蜥科 Agamidae								
3	草绿龙蜥 *Japalura flaviceps*		H	√			*	
4	丽纹龙蜥 *Japalura splendida*		S	√			*	
5	米仓龙蜥 *Japalura micangshanensis* Song	++	S	√			*	
三、石龙子科 Scincidae								
6	黄纹石龙子 *Eumeces capito*	++	B		√		*	
7	蝘蜓 *Lygosoma indicum*	++	W	√				
8	秦岭滑蜥 *Scincella tsinlingensis*	+	D		√		*	
9	蓝尾石龙子 *Eumeces elegans*		S			√		
四、蜥蜴科 Lacertidae								
10	北草蜥 *Takydromus septentrionalis**	+++	E			√	*	
11	丽斑麻蜥 *Eremias argus*	++	X		√		**	
Ⅱ 蛇目 Serpentiformens								
五、游蛇科 Colupridae								
12	棕脊蛇 *Achalinus rufescens*	+	S	√			**	

续表

目、科	名称	遇见率	分布型	区系类型			特有种	保护级别
		+++，++，+		东洋种	古北种	广布种	（*，**）	
13	黑脊蛇 *Achalinus spinalis*	++	S	√			**	
14	平鳞钝头蛇 *Pareas boulengeri*	+	S	√			*	
15	赤链蛇 *Dinodon rufozonatum*	++	E			√	**	
16	王锦蛇 *Elaphe carinata*	++	S	√			**	
17	黑眉锦蛇 *Elaphe taeniura*	+++	W			√		
18	玉斑锦蛇 *Elaphe mandarina*	+	S	√			**	
19	紫灰锦蛇 *Elaphe porphyracea*	++	W	√				
20	双全白环蛇 *Lycodon fasciatus*	++	W	√				
21	黑背白环蛇 *Lycodon ruhstrati*	+	S	√			**	
22	锈链腹链蛇 *Amphiesma craspedogaster*	+	S	√			*	
23	斜鳞蛇 *Pseudoxenodon macrops sinensis*	+++	W	√				
24	翠青蛇 *Cyclophiops major*	+	S	√			**	
25	乌梢蛇 *Zaocys dhumnades*	+++	W	√				
26	颈槽蛇 *Rhabdophis nuchalis*	+++	S	√			**	
27	虎斑颈槽蛇 *Rhabdophis tigrinus*	+	E			√	**	
28	黑头剑蛇 *Sibynophis chinensis*	+	S	√			**	
六、蝮科 Crotalinae								
29	秦岭腹 *Agkistrodon qinlingenis*	++	S	√			*	
30	菜花烙铁头 *Trimeresurus jerdonii*	++	S	√			**	
31	竹叶青 *Trimeresurus stejneger*	+	W	√				

附录 4 桑园保护区鸟类名录

目、科	名称	区系成分	分布型	居留型	遇见率 +++,++,+	新增种	保护等级	特有种 *
I. 鸡形目 Galliformes								
一、雉科 Phasianidae								
1	灰胸竹鸡 *Bambusicola thoracicus*	Or	S	R	++	◇		*
2	血雉 *Ithaginis cruentus*	Gb	H	R	++		II	*
3	红腹角雉 *Tragopan temminckii*	Or	H	R	+++		II	
4	勺鸡 *Pucrasia macrolopha*	Or	S	R	++		II	
5	环颈雉 *Phasianus colchicus*	Gb	O	R	+++			
6	红腹锦鸡 *Chrysolophus pictus*	Or	W	R	+++		II	*
II. 鸽形目 Columbiformes								
二、鸠鸽科 Columbidae								
7	岩鸽 *Columba rupestris*	Pr	O	R	+			
8	点斑林鸽 *Columba hodgsoni*	Gb	H	R	+	◇		
9	山斑鸠 *Streptopelia orientalis*	Gb	E	R	+++			
10	灰斑鸠 *Streptopelia decaocto*	Pr	W	R	+	◇		
11	珠颈斑鸠 *Streptopelia chinensis*	Or	W	R	+++			
12	火斑鸠 *Streptopelia tranquebarica*	Or	W	R	+	◇		
13	红翅绿鸠 *Treron sieboldii*	Or	W	R	+	◇	II	
III. 夜鹰目 Caprimulgiformes								
三、夜鹰科 Caprimulgidae								
14	普通夜鹰 *Caprimulgus indicus*	Or	W	S				

续表

目、科	名称	区系成分	分布型	居留型	遇见率 +++,++,+	新增种	保护等级	特有种 *
四、雨燕科 Apodidae								
15	小白腰雨燕 *Apus nipalensis*	Pr	O	S		◇		
16	白腰雨燕 *Apus pacificus*	Gb	M	S	++			
17	普通雨燕 *Apus apus*	Pr	O	S	+	◇		
IV. 鹃形目 Cuculiformes								
五、杜鹃科 Cuculidae								
18	红翅凤头鹃 *Clamator coromandus*	Or	W	S	+			
19	大鹰鹃 *Hierococcyx sparverioides*	Or	W	S	++			
20	四声杜鹃 *Cuculus micropterus*	Gb	W	S	++			
21	大杜鹃 *Cuculus canorus*	Gb	O	S	++			
22	小杜鹃 *Cuculus poliocephalus*	Gb	W	S	+++			
23	噪鹃 *Eudynamys scolopaceus*	Or	W	S	+++			
24	小鸦鹃 *Centropus bengalensis*	Or	W	S	+	◇	II	
V. 鹈形目 Pelecaniformes								
六、鹮科 Threskiornithidae								
25	朱鹮 *Nipponia nippon*	Pr	E	R		◇	I	*
七、鹭科 Ardeidae								
26	白鹭 *Egretta garzetta*	Or	W	S	+			
27	池鹭 *Ardeola bacchus*	Or	W	S	+	◇		
28	苍鹭 *Ardea cinerea*	Gb	U	S	++	◇		

续表

目、科	名称	区系成分	分布型	居留型	遇见率 +++,++,+	新增种	保护等级	特有种 *
VI. 鹰形目 Accipitriformes								
八、鹰科 Accipitridae								
29	黑鸢 *Milvus migrans*	Gb	U	R	++		II	
30	黑冠鹃隼 *Aviceda leuphotes*	Or	W	S	++	◇	II	
31	凤头鹰 *Accipiter trivirgatus*	Or	W	R		◇	II	
32	赤腹鹰 *Accipiter soloensis*	Gb	W	R	+++		II	
33	雀鹰 *Accipiter nisus*	Pr	U	S	++		II	
34	松雀鹰 *Accipiter virgatus*	Gb	W	S	+		II	
35	大鵟 *Buteo hemilasius*	Gb	D	W			II	
36	普通鵟 *Buteo buteo*	Gb	U	R	++		II	
37	金雕 *Aquila chrysaetos*	Gb	C	R			I	
38	白尾鹞 *Circus cyaneus*	Gb	C	P	+	◇	II	
39	秃鹫 *Aegypius monachus*	Gb	O	R	+	◇	I	
40	灰脸鵟鹰 *Butastur indicus*	Gb	D	W		◇	II	
41	鹰雕 *Nisaetus nipalensis*	Gb	W	P	+	◇	II	
VII. 鸮形目 Strigiformes								
九、鸱鸮科 Strigidae								
42	红角鸮 *Otus scops*	Pr	O	R	+		II	
43	领角鸮 *Otus lettia*	Or	W	R		◇	II	
44	雕鸮 *Bubo bubo*	Pr	U	R	++	◇	II	

续表

目、科	名称	区系成分	分布型	居留型	遇见率 +++,++,+	新增种	保护等级	特有种 *
45	斑头鸺鹠 *Glaucidium cuculoides*	Or	W	R	++		II	
46	领鸺鹠 *Glaucidium brodiei*	Or	W	R			II	
47	黄腿鱼鸮 *Ketupa flavipes*	Pr	U	R	+		II	
48	灰林鸮 *Strix aluco*	Pr	O	R		◇	II	
49	鹰鸮 *Ninox scutulata*	Or	W	R	+	◇	II	
VIII. 犀鸟目 Bucerotiformes								
十、戴胜科 Upupidae								
50	戴胜 *Upupa epops*	Gb	O	R	+++			
IX. 佛法僧目 Coraciiformes								
十一、佛法僧科 Coraciidae								
51	三宝鸟 *Eurystomus orientalis*	Or	W	S	+			
十二、翠鸟科 Alcedinidae								
52	普通翠鸟 *Alcedo atthis*	Gb	O	R	++			
53	冠鱼狗 *Megaceryle lugubris*	Gb	O	R	++			
54	蓝翡翠 *Halcyon pileata*	Or	W	S	+	◇		
X. 啄木鸟目 Piciformes								
十三、啄木鸟科 Picidae								
55	蚁䴕 *Jynx torquilla*	Gb	U	S		◇		
56	斑姬啄木鸟 *Picumnus innominatus*	Or	W	R				
57	灰头绿啄木鸟 *Picus canus*	Or	U	R	+			

续表

目、科	名称	区系成分	分布型	居留型	遇见率 +++,++,+	新增种	保护等级	特有种 *
58	大斑啄木鸟 *Dendrocopos major*	Pr	U	R	+++			
59	白背啄木鸟 *Dendrocopos leucotos*	Pr	U	R				
60	赤胸啄木鸟 *Dendrocopos cathpharius*	Or	H	R	+	◇		
61	星头啄木鸟 *Dendrocopos canicapillus*	Or	W	R	++	◇		
十四、拟啄木鸟科 Capitonidae								
62	大拟啄木鸟 *Psilopogon virens*	Or	W	R	+	◇		
XI. 隼形目 Falconiformes								
十五、隼科 Falconidae								
63	燕隼 *Falco subbuteo*	Gb	U	S			II	
64	游隼 *Falco peregrinus*	Gb	C	P	+	◇	II	
65	灰背隼 *Falco columbarius*	Gb	C	P		◇	II	
66	红隼 *Falco tinnunculus*	Gb	O	R	++		II	
67	红脚隼 *Falco amurensis*	Gb	C	W	+	◇	II	
XII. 雀形目 Passeriformes								
十六、黄鹂科 Oriolidae								
68	黑枕黄鹂 *Oriolus chinensis*	Or	W	S	+			
十七、莺雀科 Vireonidae								
69	淡绿鵙鹛 *Pteruthius xanthochlorus*	Or	H	R				
十八、山椒鸟科 Campephagidae								
70	粉红山椒鸟 *Pericrocotus roseus*	Or	W	S	+			

续表

目、科	名称	区系成分	分布型	居留型	遇见率 +++,++,+	新增种	保护等级	特有种 *
71	长尾山椒鸟 *Pericrocotus ethologus*	Or	H	S	++			
72	小灰山椒鸟 *Pericrocotus cantonensis*	Or	M	S	+	◇		
十九、卷尾科 Dicruridae								
73	黑卷尾 *Dicrurus macrocercus*	Or	W	S	++			
74	灰卷尾 *Dicrurus leucophaeus*	Or	W	S	+			
75	发冠卷尾 *Dicrurus hottentottus*	Or	W	S	++			
二十、王鹟科 Monarchidae								
76	寿带 *Terpsiphone incei*	Or	W	S	+			
二十一、伯劳科 Laniidae								
77	虎纹伯劳 *Lanius tigrinus*	Pr	X	R	+			
78	棕背伯劳 *Lanius schach*	Or	W	R	+++			
79	红尾伯劳 *Lanius cristatus*	Gb	X	P	++			
80	牛头伯劳 *Lanius bucephalus*	Pr	X	P	+	◇		
二十二、鸦科 Corvidae								
81	松鸦 *Garrulus glandarius*	Pr	U	R	+++			
82	红嘴蓝鹊 *Urocissa erythrorhyncha*	Or	W	R	+++			
83	灰喜鹊 *Cyanopica cyanus*	Pr	U	R	++			
84	喜鹊 *Pica pica*	Gb	C	R	+++			
85	星鸦 *Nucifraga caryocatactes*	Pr	U	R	++			
86	大嘴乌鸦 *Corvus macrorhynchos*	Pr	E	R	+			

续表

目、科	名称	区系成分	分布型	居留型	遇见率 +++,++,+	新增种	保护等级	特有种 *
87	小嘴乌鸦 *Corvus corone*	Pr	C	R	++	◇		
88	白颈鸦 *Corvus pectoralis*	Or	S	R	+			
二十三、玉鹟科 Stenostiridae								
89	方尾鹟 *Culicicapa ceylonensis*	Or	W	S	+			
二十四、山雀科 Paridae								
90	大山雀 *Parus cinereus*	Gb	U	R	+++			
91	绿背山雀 *Parus monticolus*	Or	W	R	+++			
92	黄腹山雀 *Pardaliparus venustulus*	Or	S	R	++			*
93	煤山雀 *Periparus ater*	Pr	U	R	++			
94	黑冠山雀 *Periparus rubidiventris*	Or	H	R	++			
95	褐冠山雀 *Lophophanes dichrous*	Or	H	R	+	◇		
96	褐头山雀 *Poecile montanus*	Pr	C	R	+	◇		
97	沼泽山雀 *Poecile palustris*	Pr	U	R	++			
98	红腹山雀 *Poecile davidi*	Pr	P	R	+		II	*
二十五、百灵科 Alaudidae								
99	凤头百灵 *Galerida cristata*	Pr	O	P	+	◇		
100	云雀 *Alauda arvensis*	Gb	U	P		◇	II	
101	小云雀 *Alauda gulgul*	Or	W	P		◇		
二十六、扇尾莺科 Cisticolidae								
102	山鹪莺 *Prinia crinigera*	Or	W	S	+			

续表

目、科	名称	区系成分	分布型	居留型	遇见率 +++,++,+	新增种	保护等级	特有种 *
二十七、鳞胸鹪鹛科 Pnoepygidae								
103	小鳞胸鹪鹛 *Pnoepyga pusilla*	Or	W	R	+	◇		
二十八、蝗莺科 Locustellidae								
104	斑胸短翅蝗莺 *Locustella thoracica*	Gb	O	R	+	◇		
二十九、燕科 Hirundinidae								
105	家燕 *Hirundo rustica*	Pr	C	S	+++			
106	金腰燕 *Cecropis daurica*	Or	O	S	+++			
107	淡色崖沙燕 *Riparia diluta*	Pr	C	S	++	◇		
108	烟腹毛脚燕 *Delichon dasypus*	Pr	O	S	+	◇		
三十、鹎科 Pycnonotidae								
109	黄臀鹎 *Pycnonotus xanthorrhous*	Or	W	R	+++	◇		
110	白头鹎 *Pycnonotus sinensis*	Or	S	R	+++			
111	领雀嘴鹎 *Spizixos semitorques*	Or	S	R	+++			*
112	绿翅短脚鹎 *Hypsipetes mcclellandii*	Or	W	R	++	◇		
三十一、柳莺科 Phylloscopicae								
113	黄腹柳莺 *Phylloscopus affinis*	Or	H	W	+++	◇		
114	褐柳莺 *Phylloscopus fuscatus*	Gb	M	P	++	◇		
115	棕眉柳莺 *Phylloscopus armandii*	Pr	H	S				
116	黄眉柳莺 *Phylloscopus inornatus*	Gb	U	S	+++	◇		
117	黄腰柳莺 *Phylloscopus proregulus*	Gb	U	P	+++	◇		

续表

目、科	名称	区系成分	分布型	居留型	遇见率 +++,++,+	新增种	保护等级	特有种 *
118	暗绿柳莺 *Phylloscopus trochiloides*	Pr	U	S	+++			
119	冕柳莺 *Phylloscopus coronatus*	Gb	M	P				
120	冠纹柳莺 *Phylloscopus reguloides*	Or	W	S	+	◇		
121	金眶鹟莺 *Seicercus burkii*	Or	S	S	++			
122	棕脸鹟莺 *Abroscopus albogularis*	Or	S	R	+++	◇		
123	比氏鹟莺 *Seicercus valentini*	Or	H	S	+	◇		
124	栗头鹟莺 *Seicercus castaniceps*	Or	W	S	+	◇		
三十二、树莺科 Cettiidae								
125	远东树莺 *Horornis canturians*	Or	O	S	+	◇		
126	强脚树莺 *Horornis fortipes*	Or	W	S	+++			
127	黄腹树莺 *Horornis acanthizoides*	Or	S	R	++			
三十三、长尾山雀科 Aegithalidae								
128	银喉长尾山雀 *Aegithalos caudatus*	Pr	U	R	+	◇		
129	红头长尾山雀 *Aegithalos concinnus*	Or	W	R	+++			
130	银脸长尾山雀 *Aegithalos fuliginosu*	Or	P	R	++			*
三十四、莺鹛科 Sylviidae								
131	金胸雀鹛 *Lioparus chrysotis*	Or	H	R	+		II	
132	棕头雀鹛 *Fulvetta ruficapilla*	Or	H	R				*
133	褐头雀鹛 *Fulvetta cinereiceps*	Or	S	R	+			
134	中华雀鹛 *Fulvetta striaticollis*	Or	H	R		◇		*

续表

目、科	名称	区系成分	分布型	居留型	遇见率 +++,++,+	新增种	保护等级	特有种 *
135	山鹛 *Rhopophilus pekinensis*	Pr	D	R		◇		*
136	红嘴鸦雀 *Conostoma aemodium*	Or	H	R	++			
137	棕头鸦雀 *Sinosuthora webbiana*	Or	S	R	+++			
138	三趾鸦雀 *Paradoxornis paradoxus*	Or	H	R	++	◇	II	*
139	白眶鸦雀 *Sinosuthora conspicilata*	Or	S	R	++		II	*
140	黄额鸦雀 *Suthora fulvifrons*	Or	H	R		◇		
141	点胸鸦雀 *Paradoxornis guttaticollis*	Or	S	R	+	◇		
三十五、攀雀科 Remizidae								
142	火冠雀 *Cephalopyrus flammiceps*	Or	H	S	+	◇		
三十六、绣眼鸟科 Zosteropidae								
143	白领凤鹛 *Yuhina diademata*	Or	H	R	+++			*
144	暗绿绣眼鸟 *Zosterops erythropleurus*	Or	S	S	++			
145	红胁绣眼鸟 *Zosterops japonicus*	Or	M	S	+		II	
三十七、林鹛科 Timaliidae								
146	棕颈钩嘴鹛 *Pomatorhinus ruficollis*	Or	W	R	++			
147	斑胸钩嘴鹛 *Erythrogenys gravivox*	Or	S	R	++			
148	斑翅鹩鹛 *Spelaeornis troglodytoides*	Or	H	R	+	◇		*
149	红头穗鹛 *Cyanoderma ruficeps*	Or	S	R	++			
三十八、幽鹛科 Pellorneidae								
150	灰眶雀鹛 *Alcippe morrisonia*	Or	W	R	++			

续表

目、科	名称	区系成分	分布型	居留型	遇见率 +++,++,+	新增种	保护等级	特有种 *
151	褐顶雀鹛 *Alcippe brunneus*	Or	W	R	+			
三十九、噪鹛科 Leiothrichidae								
152	矛纹草鹛 *Babax lanceolatus*	Or	S	R	+	◇		
153	黑脸噪鹛 *Garrulax perspicillatus*	Or	S	R	+			
154	白喉噪鹛 *Garrulax albogularis*	Or	H	R	+++			
155	黑领噪鹛 *Garrulax pectoralis*	Or	W	R	+++			
156	山噪鹛 *Garrulax davidi*	Or	B	R	+	◇		
157	斑背噪鹛 *Garrulax lunulatus*	Or	H	R	+		II	*
158	画眉 *Garrulax canorus*	Or	S	R	++		II	*
159	白颊噪鹛 *Garrulax sannio*	Or	S	R	+++			
160	橙翅噪鹛 *Garrulax elliotii*	Or	H	R	++		II	*
161	红嘴相思鸟 *Leiothrix lutea*	Or	W	R	+++		II	
162	大噪鹛 *Garrulax maximus*	Or	H	R	+	◇	II	*
163	灰翅噪鹛 *Garrulax cineraceus*	Or	S	R	+			
四十、旋木雀科 Certhiidae								
164	欧亚旋木雀 *Certhia familiaris*	Pr	C	R		◇		
165	高山旋木雀 *Certhia himalayana*	Pr	H	R		◇		
四十一、䴓科 Sittidae								
166	普通䴓 *Sitta europaea*	Pr	U	R	++			
167	红翅旋壁雀 *Tichodroma muraria*	Gb	O	W	+	◇		

续表

目、科	名称	区系成分	分布型	居留型	遇见率 +++,++,+	新增种	保护等级	特有种 *
四十二、鹪鹩科 Troglodytidae								
168	鹪鹩 *Troglodytes troglodytes*	Pr	C	R	+			
四十三、河乌科 Cinclidae								
169	褐河乌 *Cinclus cinclus*	Pr	W	R	+++			
四十四、椋鸟科 Sturnidae								
170	灰椋鸟 *Sturnia cineraceus*	Gb	X	R	++			
171	八哥 *Acridotheres cristatellus*	Or	W	R	++	◇		
四十五、鸫科 Turdidae								
172	白眉地鸫 *Geokichla sibirica*	Gb	M	P		◇		
173	虎斑地鸫 *Zoothera aurea*	Gb	U	P	+			
174	乌鸫 *Turdus mandarinus*	Gb	O	R	+++			
175	灰头鸫 *Turdus rubrocanus*	Gb	H	R	++	◇		
176	斑鸫 *Turdus eunomus*	Gb	M	P	+			
177	红尾斑鸫 *Turdus naumanni*	Gb	M	P	+	◇		
178	栗腹矶鸫 *Monticola rufiventris*	Gb	S	P	+	◇		
四十六、鹟科 Muscicapidae								
179	蓝喉歌鸲 *Luscinia svecica*	Gb	U	P	+	◇	II	
180	红喉歌鸲 *Calliope calliope*	Gb	U	S	+	◇	II	
181	金色林鸲 *Tarsiger chrysaeus*	Pr	H	S	+	◇		
182	红胁蓝尾鸲 *Tarsiger cyanurus*	Gb	M	S	+++			

续表

目、科	名称	区系成分	分布型	居留型	遇见率 +++,++,+	新增种	保护等级	特有种 *
183	鹊鸲 *Copsychus saularis*	Or	W	R	++	◇		
184	赭红尾鸲 *Phoenicurus ochruros*	Pr	O	R				
185	黑喉红尾鸲 *Phoenicurus hodgsoni*	Gb	H	W				
186	北红尾鸲 *Phoenicurus aurpreus*	Gb	M	S	+++			
187	蓝额红尾鸲 *Phoenicuropsis frontalis*	Pr	H	S	++			
188	白顶溪鸲 *Chaimarrornis leucocephalus*	Pr	H	R	++			
189	红尾水鸲 *Rhyacornis fuliginosa*	Pr	W	R	+++			
190	紫啸鸫 *Myophonus caeruleus*	Or	W	R	+++			
191	小燕尾 *Enicurus scouleri*	Or	S	S				
192	白额燕尾 *Enicurus leschenaultia*	Or	W	S	++			
193	黑喉石䳭 *Saxicola maurus*	Pr	O	R	++	◇		
194	灰林䳭 *Saxicola ferreus*	Or	W	R	+++			
195	蓝矶鸫 *Monticola solitarius*	Gb	O	R	++			
196	白眉姬鹟 *Ficedula zanthopygia*	Or	M	R	+			
197	红喉姬鹟 *Ficedula albicilla*	Gb	U	R				
198	橙胸姬鹟 *Ficedula strophiata*	Or	W	S		◇		
199	白腹蓝鹟 *Ficedula cyanomelana*	Gb	K	P				
200	蓝喉仙鹟 *Cyornis rubeculoides*	Or	W	S		◇		
201	棕腹仙鹟 *Niltava sundara*	Or	H	S	+			
202	乌鹟 *Muscicapa sibirica*	Gb	M	S				

续表

目、科	名称	区系成分	分布型	居留型	遇见率 +++,++,+	新增种	保护等级	特有种 *
四十七、戴菊科 Regulidae								
203	戴菊 *Regulus regulus*	Pr	C	R	+	◇		
四十八、花蜜鸟科 Nectariniidae								
204	蓝喉太阳鸟 *Aethopyga gouldiae*	Or	S	S	++			
四十九、岩鹨科 Prunellidae								
205	棕胸岩鹨 *Prunella strophiata*	Pr	H	R				
206	领岩鹨 *Prunella collaris*	Pr	U	R	+	◇		
五十、梅花雀科 Estrildidae								
207	白腰文鸟 *Lonchura striata*	Or	W	R	++	◇		
五十一、雀科 Passeridae								
208	麻雀 *Passer montanus*	Gb	U	R	+++			
209	山麻雀 *Passer cinnamomeus*	Pr	S	R	+			
五十二、鹡鸰科 Motacillidae								
210	山鹡鸰 *Dendronanthus indicus*	Pr	M	S	+			
211	白鹡鸰 *Motacilla alba*	Gb	O	R	+++			
212	灰鹡鸰 *Motacilla cinerea*	Gb	O	S	++			
213	黄鹡鸰 *Motacilla flava*	Gb	U	P	+			
214	黄头鹡鸰 *Motacilla citreola*	Gb	U	P	+	◇		
215	树鹨 *Anthus hodgsoni*	Gb	M	P	+	◇		
216	水鹨 *Anthus spinoletta*	Gb	C	P	+	◇		

续表

目、科	名称	区系成分	分布型	居留型	遇见率 +++,++,+	新增种	保护等级	特有种 *
217	粉红胸鹨 *Anthus roseatus*	Gb	P	S	++			
218	田鹨 *Anthus richardi*	Gb	M	P				
五十三、燕雀科 Fringillidae								
219	燕雀 *Fringilla montifringilla*	Gb	U	W	+++			
220	金翅雀 *Chloris sinica*	Gb	M	R	++			
221	普通朱雀 *Carpodacus erythrinus*	Pr	U	R	+			
222	酒红朱雀 *Carpodacus vinaceus*	Pr	H	R	++			*
223	红交嘴雀 *Loxia curvirostra*	Gb	C	S		◇	II	
224	灰头灰雀 *Pyrrhula erythaca*	Pr	H	R	++			
225	黑头蜡嘴雀 *Eophona personata*	Gb	K	P	+	◇		
226	黑尾蜡嘴雀 *Eophona migratoria*	Gb	K	W	++	◇		
五十四、鹀科 Emberizidae								
227	黄喉鹀 *Emberiza elegans*	Pr	M	R				
228	黄胸鹀 *Emberiza aureola*	Gb	U	S	+		I	
229	灰头鹀 *Emberiza spodoccephala*	Pr	M	S				
230	灰眉岩鹀 *Emberiza godlewskii*	Pr	O	R	+	◇		
231	三道眉草鹀 *Emberiza cioides*	Pr	M	R	++			
232	田鹀 *Emberiza rustica*	Gb	U	W	+	◇		
233	小鹀 *Emberiza pusilla*	Gb	U	P	++			
234	蓝鹀 *Emberiza siemsseni*	Pr	H	S	++		II	*
235	白眉鹀 *Emberiza tristrami*	Gb	M	P	+	◇		

附录 5　桑园保护区兽类名录

目、科	名称	遇见率；+++,++,+	分布型	东洋种	古北种	广布种	特有种（*，**）	保护等级	新增种
Ⅰ. 劳亚食虫目 Eulipotyphla									
一、猬科 Erinaceidae									
1	东北刺猬 *Erinaceus amurensis*		U			√			
2	侯氏猬 *Mesechinus hughi*		O			√			
二、鼹科 Talpidae									
3	长吻鼩鼹 *Nasillus gracilis*	++	S	√			*		
4	少齿鼩鼹 *Uropsilus soricipes*	++	H	√			*		
5	长尾鼹 *Scaptonyx fusicaudus*	+++	H	√					√
6	甘肃鼹 *Scapanulus oweni*		H	√					
7	长吻鼹 *Euroscaptor longirostris*		S	√			*		
8	白尾鼹 *Parascaptor leucura*	+	W	√					√
三、鼩鼱科 Soricidae									
9	陕西鼩鼱 *Sorex sinalis*		O		√				√
10	纹背鼩鼱 *Sorex cylindricauda*	++	H	√			*		
11	小纹背鼩鼱 *Sorex bedfordiae*	+	H	√			**		√
12	川鼩 *Blarinella quadraticauda*	++	H	√					
13	川西缺齿鼩鼱 *Chodsigoa hypsibius*	++	O			√	*		
14	大缺齿鼩鼱 *Chodsigoa salenskii*		H	√					√
15	四川短尾鼩 *Anourosorex squamipes*	+++	H	√					√

续表

目、科	名称	遇见率；+++,++,+	分布型	东洋种	古北种	广布种	特有种（*，**）	保护等级	新增种
16	小麝鼩 *Crocidura suaveolens*		H	√					
17	灰麝鼩 *Crocidura attenuata*		S	√					√
Ⅱ．翼手目 Chiroptera									
四、菊头蝠科 Rhinolophidae									
18	中华菊头蝠 *Rhinolophus sinicus*		W	√					
19	马铁菊头蝠 *Rhinolophus Schreber*		O			√			
20	大耳菊头蝠 *Rhinolophus macrotis episcopus*	+	W	√					√
五、蝙蝠科 Vespertilionidae									
21	伏翼 *Pipistrellus pipistrellus*		O	√					
22	绒山蝠 *Nyctalus velutinus*		S			√			
23	白腹管鼻蝠 *Murina leucogaster*		E			√			
24	尖耳鼠耳蝠 *Myotis blythii ancilla*		W	√					√
25	绯鼠耳蝠 *Myotis formosus rufoniger*		S	√					√
26	灰伏翼 *Pipistrellus pulveratus*	++	S	√					√
Ⅲ．兔形目 Lagomorpha									
六、鼠兔科 Ochotonidae									
27	藏鼠兔 *Ochotona thibetana morosa*	++	H	√			*		
28	黄河鼠兔 *Ochotona huangensis*		P	√					√
七、兔科 Leporidae									
29	草兔 *Lepus capensis filchneri*	++	O			√			

续表

目、科	名称	遇见率；+++,++,+	分布型	东洋种	古北种	广布种	特有种（*，**）	保护等级	新增种
Ⅳ. 啮齿目 Rodentia									
八、松鼠科 Sciuridae									
30	赤腹松鼠 *Callosciurus erythraeus*		W	√					√
31	隐纹花鼠 *Tamiops swinhoei*	+	W	√					
32	珀氏长吻松鼠 *Dremomys pernyi*		S	√			**		
33	岩松鼠 *Sciurotamias davidianus saltitans*	+++	O			√	*		
34	花鼠 *Tamias sibiricus albogularis*	++	U		√				
九、鼯鼠科 Petauristidae									
35	复齿鼯鼠 *Trogopterus xanthipes*	+++	H			√	*		
36	红白鼯鼠 *Petaurista alborufus*	++	W	√					
37	灰头小鼯鼠 *Petaurista elegans*	+	H	√					
十、仓鼠科 Cricetidae									
38	长尾仓鼠 *Cricetulus longicaudatus*		D		√				√
39	大仓鼠 *Cricetulus triton collinus*	+	X		√		**		√
40	甘肃仓鼠 *Canusmys canus ningshaanensis*	+	O		√		*		√
41	秦岭鼢鼠 *Myospalax rufescens*	+	O		√		*		
42	棕背䶄 *Clethrionomys rufocanus*		U		√				√
43	黑腹绒鼠 *Eothenomys melanogaster*	+++	S	√			**		
44	洮州绒䶄 *Eothenomys eva*	++	H			√	*		√
45	苛岚绒䶄 *Eothenomys inez nux*	+++	B		√		*		

续表

目、科	名称	遇见率;+++,++,+	分布型	东洋种	古北种	广布种	特有种（*，**）	保护等级	新增种
十一、竹鼠科 Rhizomyidae									
46	中华竹鼠 *Rhizomys sinensis vestitus*	++	W	√					
十二、鼠科 Muridae									
47	滇攀鼠 *Vernaya fulva*		H	√			*		√
48	巢鼠 *Micromys minutus*		U			√			
49	中华姬鼠 *Apodemus draco*	+++	S	√			**		
50	黑线姬鼠 *Apodemus agrarius*	++	U			√			
51	大林姬鼠 *Apodemus peninsulae*	+++	X			√			
52	高山姬鼠 *Apodemus chevrieri*	++	S	√			*		
53	黄胸鼠 *Ruttus tanezumi*	+	W	√					
54	褐家鼠 *Rattus norvegicus*	++	U			√			
55	大足鼠 *Rattus nitidus*	+	W	√					√
56	白腹鼠 *Niviventer coxingi*	++	W	√					
57	北社鼠 *Niviventer confucianus*	++	W			√			
58	安氏白腹鼠 *Niviventer andersoni*	++	W	√					√
59	针毛鼠 *Niviventer fulvescens*	+	W	√					
60	小家鼠 *Mus musculus*	+	U			√			
十三、刺山鼠科 Platacanthomyidae									
61	猪尾鼠 *Typhlomys cinereusyantzeensis*		S	√					√

续表

目、科	名称	遇见率；+++,++,+	分布型	东洋种	古北种	广布种	特有种（*，**）	保护等级	新增种
十四、豪猪科 Hystricidae									
62	马来豪猪 *Hystrix brachyura*	++	H	√					
V. 灵长目 Primates									
十五、猴科 Cercopithecidae									
63	川金丝猴 *Rhinopithecus roxellana*	++	H	√			*	Ⅰ	
VI. 食肉目 Carnivora									
十六、犬科 Canidae									
64	豺 *Cuon alpinus fumosus*		W	√				Ⅰ	
十七、熊科 Ursidae									
65	黑熊 *Selenarctos thibetanus mupinensis*	++	E			√		Ⅱ	
十八、大熊猫科 Ailuropodidae									
66	大熊猫 *Ailuropoda melanoleuca*		H	√			*	Ⅰ	
十九、鼬科 Mustelidae									
67	青鼬 *Martes flavigula*	+++	W			√		Ⅱ	
68	黄鼬 *Mustela sibirica moupinensis*	+	U			√			
69	鼬獾 *Melogale moschata ferreogrisea*	+	S	√					
70	猪獾 *Arctonyx collaris albogularisBlyth*	++	W	√					
71	水獭 *Lutra lutrachinensisGray*	+	U			√		Ⅱ	
二十、灵猫科 Viverridae									
72	大灵猫 *Viverra zibetha ashtoni*		W	√				Ⅰ	

续表

目、科	名称	遇见率；+++,++,+	分布型	东洋种	古北种	广布种	特有种（*，**）	保护等级	新增种
73	花面狸 *Paguma larvata reevesi*	++	W	√					
二十一、猫科 Felidae									
74	豹猫 *Felis bengalensis euptilura*	++	W			√		Ⅱ	
75	金猫 *Profelis temminckii Vigorset*	+	W	√				Ⅰ	
76	豹 *Panthera pardus fusca*		O			√		Ⅰ	
Ⅶ. 鲸偶蹄目 Cetartiodactyla									
二十二、猪科 Suidae									
77	野猪 *Sus scrofa moupinensis*	+++	U			√			
二十三、麝科 Moschidae									
78	林麝 *Moschus berezovs*	+	S	√			*	Ⅰ	
二十四、鹿科 Cervidae									
79	小麂 *Muntiacus reevesi*	++	S	√			*		
80	毛冠鹿 *Elaphodus cephalophus*	+++	S	√			**	Ⅱ	
二十五、牛科 Bovidae									
81	中华斑羚 *Naemorhedus goral caudatus*	++	E	√				Ⅱ	
82	中华鬣羚 *Capricornis sumatraensis milneedwardsi*	+	W	√			**	Ⅱ	
83	羚牛 *Budorcas taxicolor bedfordi*	+++	H	√			**	Ⅰ	

附录6 桑园保护区昆虫名录

一、弹尾目 Cinura（**2科2种**）

（一）长跳虫科 Entomobryidae（1种）

1. 长角跳虫 *Tomocerus plumbeus* Linnaeus 地被植物

（二）圆跳科 Sminthuridae（1种）

2. 绿圆跳虫 *Sminthurus virdis*（Linnaeus） 地被植物

二、蜚蠊目 Blattodea（**2科5种**）

（一）蜚蠊科 Blattidae（1种）

3. 德国小蠊 *Blattella germanica*（Linnaeus） 腐食性

4. 东方蜚蠊 *Blatta orientalis*（Linnaeus） 腐食性

5. 美洲大蠊 *Periplaneta Americana* Linnaeus 腐食性

6. 黑大蠊 *P. picea* Shiraki 腐食性

（二）地鳖科 Polyphagidae（1种）

7. 中华地鳖 *Polyphaga sinensis* Walker 腐食性

三、等翅目 Isoptera（**2科7种**）

（一）鼻白蚁科 Rhinotermitidae（6种）

8. 黑胸散白蚁 *Reticulitermes chinensis* Snyder 松、栎等木材

9. 黄胸散白蚁 *R. speratus*（Kolbe） 松、栎等木材

10. 黄肢散白蚁 *R. flaviceps* Oshima 松、栎等木材

11. 长翅散白蚁 *R. longipensis* Gao et Wang 松、栎等木材

12. 扩头散白蚁 *R. ampliceps* Wang et Lee 松、栎等木材

13. 尖唇散白蚁 *Heterormes aculabia* Tsai et Huang 松、栎等木材

（二）白蚁科 Termitidae（1种）

14. 黑翅白蚁 *Odontotermes formosanus*（Shiraki） 松、栎等木材

四、蜻蜓目 Odonata（**4科15种**）

（一）蜻蜓科 Libellulidae（9种）

15. 黄衣 *Pantala flavescens* Fabricius 水生、捕食

16. 赤卒 *Crocothimis servilli* Drury 水生、捕食

17. 玉带蜻 *Pseudothemis zonata* Burmeister 水生、捕食

18. 大赤蜻 *Sympetrum bacoha* Selys 水生、捕食

19. 夏赤蜻 *Sympetrum darwinianum* Selys 水生、捕食

20. 眉斑赤蜻 *Sympetrum erotiurn erotiurn* Selys 水生、捕食

21. 青灰蜻 *Orthetrum trainguiare melania* Selys 水生、捕食

22. 白尾灰蜻 *Orthetrum albistylum* Selys 水生、捕食

23. 褐肩灰蜻 *Orthetrum japonicaum interim* Mclachlan 水生、捕食

（二）伪蜻科 Corduliidae（1 种）

24. 缘斑毛伪蜻 *Epitheca marginata* Selys 水生、捕食

（三）色蟌科 Agriidae（3 种）

25. 黑色蟌 *Agrion atratus* Selys 水生、捕食

26. 晕翅眉蟌 *Matrona basilaris basilaris* Selys 水生、捕食

27. 褐翅眉蟌 *Matrona basilaris nigipectus* Selys 水生、捕食

（四）箭蜻科 Gomphidae（2 种）

28. 华箭蜻 *Sinogomphus auensoni* Lieftinck 水生、捕食

29. 七纹箭蜻 *Davidius bicornutus* Selys 水生、捕食

五、螳螂目 Mantodea（1 科 8 种）

（一）螳螂科 Mantidae（8 种）

30. 螳螂 *Mantis religiosa* L. 天敌昆虫

31. 广腹螳螂 *Hierodula patellifera* Serville 天敌昆虫

32. 二点螳螂 *Hierodula saussurei* Kirby 天敌昆虫

33. 单斑螳螂 *Hierodula unimaculata*（Olivier） 天敌昆虫

34. 棕斑螳 *Statitia maculate*（Thunberg） 天敌昆虫

35. 田野污斑螳 *Statitia agresta* Zheng 天敌昆虫

36. 中华螳螂 *Tenodera sinensis*（Saussure） 天敌昆虫

37. 大刀螳螂 *Tenodera aridifolia* Stoll 天敌昆虫

六、竹节虫目 Phasmida（2 科 5 种）

（一）棒䗛科 Phasmidae（4 种）

38. 栎棒䗛 *Baculum irregulariter* Watterwyl 阔叶树、灌木

39. 短沟短肛棒䗛 *Baculum intersulcatum* Chen et He 阔叶树、灌木

40. 平利短肛棒䗛 *Baculum pingliensis* Chen et He 阔叶树、灌木

41. 竹棒䗛 *Entoria* sp. 竹

（二）枝䗛科 Bacteriidae（1 种）

42. 栎枝䗛 *Sipyloidea trunkata* Shiraki 阔叶树、灌木

七、直翅目 Orthoptera（8 科 62 种）

（一）蟋蟀科 Gryyllidae（10 种）

43. 灶马 *Gryllodes sigillatus* Walker 杂草、植物苗

44. 小扁头蟋 *Loxoblemmus equestris* Saussure 杂草、植物苗

45. 大扁头蟋 *Loxoblemmus doenitzi* Stein 杂草、植物苗

46. 山蟋蟀 *Loxoblemmus aomoriensis* Shiraki 杂草、植物苗

47. 北京油葫芦 *Teleopryllus mitratus* Burmeisteir 杂草、植物苗

48. 南方油葫芦 *Gryllodes testacyeus* Walker 杂草、植物苗

49. 斗蟋 *Velarifictorus osperus* Walker 杂草、植物苗

50. 长颚蟋 *Velarifictorus osperus* Walker 杂草、植物苗
51. 黑带斑蟀 *Nemabius nigrofasciatus* Matsumure 杂草、植物苗
52. 黑斑蟋 *Nemabius yazoensis* Shiraki 杂草、植物苗
（二）蝼蛄科 Gryllotalpidae（2 种）
53. 华北蝼蛄 *Gryllotalpa unispina* Saussure 植物根、苗、杂草
54. 东方蝼蛄 *Gryllotalpa orientalis* Burmeister 植物根、苗、杂草
（三）螽斯科 Tettigonuridae（9 种）
55. 安露螽 *Phaneroptera fulcata* Soopoli 灌木、草丛
56. 杜露螽 *Ducetia thymifolia* Fabricius 灌木、草丛
57. 广露螽 *Kiuvayamaea sporensis* Matsumura 灌木、草丛
58. 中华草螽 *Conocephalus chinensis* Redt. 灌木、草丛
59. 薄翅树螽 *Phaneroptera falcate* Poda 灌木、草丛
60. 中华盾螽 *Tettigonia chinensuis* Willemse 灌木、草丛
61. 绿螽斯 *Tettigonia viridissima* Linnaeus 灌木、草丛
62. 懒螽 *Deracantha onos* Pallas 灌木、草丛
63. 日本螽斯 *Holochlora japonica* Bruner 灌木、草丛
（四）树蟋科 Oecanthidae（2 种）
64. 树蟋 *Oecanthus pellucens* Scopoli 灌木
65. 印度树蟋 *Oecanthus indicus* Saussure 灌木
（五）蚤蝼科 Tridactyildae（1 种）
66. 日本蚤蝼 *Tridactylus japonicus* De Haan 杂草
（六）蟋螽科 Gryllacridae（1 种）
67. 蟋螽 *Gryllacris elbenioides* Karmy 杂草
（七）蝗科 Locustidae（36 种）
68. 中华负蝗 *Atractomorpha sinensis* Bolivar 杂草
69. 长额负蝗 *Atractmorpha lata* Motschulsky 杂草
70. 短额负蝗 *Atractmorpha sinensis* I. Bol. 杂草
71. 短星翅蝗 *Callptamus abreviatus* Ikonikov 杂草
72. 秦岭金色蝗 *Chrysacris pinlingensis* Zheng 杂草
73. 二色嘎蝗 *Gonista bicolor* De Haan 杂草
74. 异翅鸣蝗 *Mongolotettix anomopterus* Caud 杂草
75. 日本鸣蝗 *Mongolotettix japonicus* Bolivar 杂草
76. 隆额网翅蝗 *Arcyptera coreana* Shri 杂草
77. 无斑蛎蝗 *Aulacobothrus sven-hedini* Sjostedt 杂草
78. 中华雏蝗 *Chorthippus chinensis* Tarb. 杂草
79. 长翅黑背蝗 *Eupreopocnemis skirakii* Bolivar 杂草
80. 日本黄脊蝗 *Patanga japonica* Bolivar 杂草

81. 笨蝗 *Hoplotropis brunneriana* Saussure 杂草
82. 蚱蜢 *Acrida chinensis* Westwood 杂草
83. 赤翅蝗 *Celas skalozubori* Adelung 杂草
84. 草绿蝗 *Parapleurus allianceus* （Germ.） 杂草
85. 红褐斑腿蝗 *Catantops pinguis* Steel 杂草
86. 大垫尖翅蝗 *Epacromius coerulipes* （Ivan.） 杂草
87. 秦岭束颈蝗 *Sphigonotus tsinlingensis* Cheng et al 杂草
88. 太白秦岭蝗 *Qinlingacris taibaiensis* Yin et Chou 杂草
89. 秦岭小蹦蝗 *Pedopodisma tsinligensis* （Cheng） 杂草
90. 疣蝗 *Trilophidia annulata* （Thunberg） 杂草
91. 短角外斑腿蝗 *Xenocatantops brachycerus* Willemse 杂草
92. 东亚飞蝗 *Locusta migratoria manilensis* Meyen 杂草
93. 花胫绿纹蝗 *Aiolopus tamulus* （Fabricius） 杂草
94. 绿纹蝗 *Aoilopus thalassicnus* Fabr. 杂草
95. 黄胫小车蝗 *Oedaleus infernalis* Saussuere 杂草
96. 红胫小车蝗 *Oedaleus manjius* Chang 杂草
97. 亚洲小车蝗 *Oedaleus asiaticua* B.-Bienko 杂草
98. 大赤翅蝗 *Celas skalozubovi* Shiraki 杂草
99. 黄脊竹蝗 *Ceracris kiangsu* Tsai 竹
100. 青脊竹蝗 *Ceracris nigricornis* Walker 竹
101. 中华稻蝗 *Oxya chinensis* Willemse 竹
102. 日本稻蝗 *Oxya japonica* （Thunberg） 竹
103. 云斑车蝗 *Gastrimargus marmotratus* （Thunberg） 杂草

（八）菱蝗科 Tetrigidae （1 种）

104. 日本菱蝗 *Tetrix japonicus* Bolivar 植物根系

八、革翅目 Dermaptera（1 科 3 种）

（一）蠼螋科 Labiduridae （3 种）

105. 蠼螋 *Labidura riparia* Pallisot 腐食性
106. 河岸蠼螋 *L. riparia* （Pallas） 腐食性
107. 红褐蠼螋 *Forficula scudderi* Bormans 腐食性

九、蜉蝣目 Ephemerida（2 科 5 种）

（一）蜉蝣科 Ephemeridae （3 种）

108. 直线蜉 *Ephemera lineate* Eaton 水生昆虫
109. 间蜉 *E. media* Ulmer 水生昆虫
110. 腹色蜉 *E. pictiventris* Mclachlan 水生昆虫

（二）河花蜉科 Potamanthidae （2 种）

111. 大眼拟河花蜉 *Potamanthodes macrophthalmus* You et Su 水生昆虫

112. 尤氏新河花蜉 *Neopotamanthus youi* Wu et You 水生昆虫

十、缨翅目 Thysanoptera（1 科 4 种）

（一）蓟马科 Thripidae（4 种）

113. 六点塔蓟马 *Scolothrips sexmaculatus*（Pergande） 天敌昆虫

114. 花蓟马 *Frankliniella intonesa* Trybom 杂草

115. 黄蓟马 *Thrips fravidurus* Bagnall 杂草、灌木

116. 烟蓟马 *T. tabaci* Lindeman 茄科杂草

十一、半翅目 Hemiptera（14 科 120 种）

（一）蝽科 Pentatomidae（39 种）

117. 蠋蝽 *Arma custos*（Fabricius） 昆虫天敌

118. 大红蝽 *Parastrachia japonensis* Scott 昆虫天敌

119. 益蝽 *Picromerus japonensis* Scott 昆虫天敌

120. 宽缘伊蝽 *Aenaria pinchii* Yang 灌木

121. 薄蝽 *Rachymua tenuis* Stal 竹类、栎类

122. 金缘宽盾蝽 *Poecilocoris lewisi*（Distant）松、柏、栎等

123. 斜纹宽盾蝽 *Poecilocoris dissimilis* Martin 松、杂灌木

124. 硕蝽 *Eurostus ralidus* Dallas 松、栎等林木

125. 蓝蝽 *Zicrona caeralaus* Linnaeus 阔叶林木

126. 斑须蝽 *Dolycoris baccarum* Linnaeus 阔叶林木

127. 弯角蝽 *Lelia decempunctata* Motshulsky 林木

128. 紫兰曼蝽 *Menida violacca* Motshulsky 阔叶林木

129. 鳖脚蝽 *Placosternum taurus* Fabricicus 桦、栎类

130. 斑莽蝽 *Placosternum urus* Stal. 栎类

131. 赤条蝽 *Grphosoma rubrolineata* Westwood 栎、槐、榆等

132. 日本真蝽 *Pentatoma japonica* Distant 阔叶灌木

133. 褐真蝽 *Pentatoma armandi* Fallou 阔叶林木

134. 斜纹真蝽 *Pentatoma illuminata*（Distant）杂草、灌木

135. 麻皮蝽 *Erthesina fullo* Thunberg 栎、槐、榆等

136. 柳碧蝽 *Palomene amplificata* Distant 杨、柳等

137. 宽碧蝽 *Palomene viridissima* Pods 栎类

138. 异色蝽 *Carpocoris puaicees* Poda 灌木

139. 茶翅蝽 *Halyomorpha picus* Fabricius 多种林木

140. 黑厉蝽 *Cantheconidea thomsoni* Distant 杂草、灌木

141. 辉蝽 *Carbula obtusangula* Reuter 杂草、灌木

142. 峨眉疣蝽 *Cazira emeia* Zhang et Lin 杂草、灌木

143. 无刺疣蝽 *Cazira inerma* Yang 杂草、灌木

144. 疣蝽 *Cazira verrucosa*（Westwood） 杂草、灌木

145. 紫蓝丽盾蝽 *Chrysocoris stolii*（Wolff） 杂草、灌木
146. 中华岱蝽 *Dalpada cinctipes* Walker 杂草、灌木
147. 角盾蝽 *Cantao ocellatus*（Thunberg） 泡桐、桦木
148. 异色巨蝽 *Eusthenes cupreus*（Westwood） 板栗、栎、乌桕等
149. 广蝽 *Laprius varicornis*（Dallas） 杂草、灌木
150. 金绿曼蝽 *Menida metallica* Hsiao et Cheng 杂草、灌木
151. 缘腹碧蝽 *Palonena linbata* Jakovlev 杂草、灌木
152. 黑斑二星蝽 *Stollia fabricii*（Kirkaldy） 杂草、灌木
153. 二星蝽 *Stollia guttiger*（Thunberg） 杂草、灌木
154. 长盾蝽 *Scutellera perplexa*（Wesowood） 多种林木
155. 突蝽 *Udonga spinidens* Distant 杂草、灌木

（二）网蝽科 Acanthosomatidae（6 种）

156. 宽铗网蝽 *Acathosema labidaroides* Lakorler 阔叶灌木、乔木
157. 小网蝽 *Agranna gibbum* Fieber 阔叶灌木、乔木
158. 长头网蝽 *Catacader lethierryi* Scott 阔叶灌木、乔木
159. 宽长喙网蝽 *Derephysia longirostrata* Jing 阔叶灌木、乔木
160. 梨冠网蝽 *Stephanitis nashi* Esaki et Takeya 多种林木、果树
161. 褐角肩网蝽 *Uhlerites debilis* Uhler 栎类

（三）缘蝽科 Coreidae（12 种）

162. 针缘蝽 *Anoplocnemis binotata* Distant 赤松、紫穗槐
163. 黄伊缘蝽 *Aeschyntelus chinensis* Dalla 杂草、灌木
164. 亚蛛缘蝽 *Alydus zichyi* Horvath 杂草、灌木
165. 平肩棘缘蝽 *Cletus tenuis* Kiritshenko 松、栎、栗
166. 离缘蝽 *Choeosoma brevicolle* Hsiao 杂草、灌木
167. 颗缘蝽 *Coriomeris scabricornis* Panzer 杂草、灌木
168. 欧姬缘蝽 *Corizus hyoscyami* Linnaeus 杂草、灌木
169. 褐奇缘蝽 *Derepteryx fuliginosa*（Uhler） 杂草、灌木
170. 山竹缘蝽 *Notobitus montanus* Hsiao 杂草、灌木
171. 钝肩普缘蝽 *Plinachtus bicoloripes* Scott 杂草、灌木
172. 刺肩普缘蝽 *Plinachtus dissimilis* Hsiao 杂草、灌木
173. 点蜂缘蝽 *Riptortus pedestris* Fabricirs 杂草

（四）猎蝽科 Reduviidae（16 种）

174. 圆腹猎蝽 *Agriosphodrus dohrni* Signoret 昆虫天敌
175. 茶褐猎蝽 *Isyndus obscurus* Dallas 天敌昆虫
176. 日月猎蝽 *Pirates arcuatus* Stal 天敌昆虫
177. 乌猎蝽 *Pirates turpis* Walker 天敌昆虫
178. 中黑土猎蝽 *Coranus lativentris* Jakovlev 天敌昆虫

179. 大土猎蝽 *Coranus magnus* Hsiao et Ren 天敌昆虫
180. 黑脂猎蝽 *Velinus nodipes* Uhler 天敌昆虫
181. 黑红捕猎蝽 *Harpactor tuscipes* Fabricius 天敌昆虫
182. 云斑真猎蝽 *Harpactor incertus*（Distant） 天敌昆虫
183. 亮钳猎蝽 *Labidocoris pectoralis* Stal 天敌昆虫
184. 环足猎蝽 *Cosmolestes annulipes* Distant 天敌昆虫
185. 艳红猎蝽 *Cydnocoris russatus* Stal 天敌昆虫
186. 轮刺猎蝽 *Scipinia horrida* Stal 天敌昆虫
187. 黄足猎蝽 *Sirthenea flavipes* Stal 天敌昆虫
188. 细颈猎蝽 *Sphedanolestes impressicollis* Stal 天敌昆虫
189. 环斑猛猎蝽 *Sphedanolestes gularis* Hsiae 天敌昆虫
（五）龟蝽科 Plataspidae（4 种）
190. 双痣圆龟蝽 *Coptosoma biguttula* Motschulsky 灌木
191. 类变缘龟蝽 *Coptosoma simillima* Hsiao et Jen 阔叶林木、灌木
192. 筛豆龟蝽 *Megacopta cribraria*（Fabr.） 林木、灌木
193. 异色花龟蝽 *Poecilocoris lewisi* Distant 松类
（六）土蝽科 Cydmidae（3 种）
194. 白边光土蝽 *Sihirus niviemargimatus* Scott 林木根系
195. 大鳖土蝽 *Adrisa magna* Uhler 林木根系
196. 青草土蝽 *Macroscmus subaeneus* Dallas 麻栎、李类
（七）同蝽科 Acanthosomatidae（9 种）
197. 细齿同蝽 *Acanthosoma denticauda* Jakovev 梨、落叶松
198. 宽铗同蝽 *A. labiduroides* Jalovoev 桧柏
199. 黑刺同蝽 *A. nigrospina* Hsiao et Liu 杂草、灌木
200. 陕西同蝽 *A. shensiensis* Hsiao et Liu 杂草、灌木
201. 泛刺同蝽 *A. spinicolle* Jakovlev 杂草、灌木
202. 宽肩直同蝽 *Elasmostethus humeralis* Jakovlev 榆
203. 直同蝽 *E. kansuensis* Hsiao et Liu 杂草、灌木
204. 背匙同蝽 *Elasmucha dorsalis* Jakovlev 杂草、灌木
205. 伊锥同蝽 *Sastragala esakii* Hasegawa 栗、栎、漆
（八）异蝽科 Urostylidae（6 种）
206. 斑华异蝽 *Tessaromerus maculates* Hsiao et Ching 杂草、灌木
207. 亮壮异蝽 *Urochela distincta* Distant 杂草、灌木
208. 短壮异蝽 *Rrochela falloui* Reuter 杂草、灌木
209. 花壮异蝽 *Rrochela luteovaria* Distant 杂草、灌木
210. 黄脊壮异蝽 *Rrochela tungoingensis* Yang 杂草、灌木
211. 淡娇异蝽 *Rrostylis yangi* Mao 杂草、灌木

（九）长蝽科 Lygaeidae（7 种）

212. 大眼长蝽 *Geocoris pallidipennis*（Costa） 杂草
213. 横带红长蝽 *Lygaeus equestris*（Linnaeus） 杂草
214. 中国束长蝽 *Malcus sinicus* Stys 杂草
215. 小长蝽 *Nysius ericae*（Schilling） 菊科
216. 白斑地长蝽 *Rhyparochromus albomaculatus*（Scott） 杂草
217. 长须梭长蝽 *Pachygrontha antennata* Reuter 杂草
218. 松地长蝽 *Rhyparochromus pini*（Linnaeus） 杂草、松

（十）红蝽科 Pyrrhocoeudae（3 种）

219. 四斑红蝽 *Physopelta quadricguttata* Bergroth 栎类
220. 小斑红蝽 *Physopelta cincticollis* Stal 杂草、灌木
221. 地红蝽 *Pyrrhocoris tibialis* Stal 栎类

（十一）扁蝽科 Aradidae（3 种）

222. 原扁蝽 *Aradus betulae*（Linnaeus） 柳、杨
223. 暗扁蝽 *Aradus lugubris* Fallen 阔叶灌木、乔木
224. 刺扁蝽 *Aradus spinicollis* Jakovlrv 阔叶灌木、乔木

（十二）姬蝽科 Nbidae（3 种）

225. 华姬蝽 *Nabis sinoferus* Hsiao 天敌昆虫
226. 暗色姬蝽 *Nabis stenoferus* Hsiao 天敌昆虫
227. 长胸花姬蝽 *Prostemma longicolle* Reuter 天敌昆虫

（十三）花蝽科 Anthocoridae（3 种）

228. 黑头叉胸花蝽 *Amphiareus obscuriceps*（Poppius） 天敌昆虫
229. 微小花蝽 *Orius minutus*（Linnaeus） 天敌昆虫
230. 东亚小花蝽 *Orius sauteri*（Poppius） 天敌昆虫

（十四）盲蝽科 Miridae（6 种）

231. 苜蓿盲蝽 *Adephocoris lineo latus* Geoze 杂草、灌木
232. 三点盲蝽 *Adephocoris fasciaticoleis* Reuter 杂草、灌木
233. 烟草盲蝽 *Cyrtopelris tenuis* Reuter 茄科
234. 绿丽盲蝽 *Lygocoris lucorum*（Meyer- Dur） 杂草、灌木
235. 山地狭盲蝽 *Stenodema alpestre* Reuter 杂草、灌木
236. 黑食蚜盲蝽 *Deraeocoris punctualatus* Fall. 天敌昆虫

十二、同翅目 Homoptera（21 科 111 种）

（一）蝉科 Cicadidae（16 种）

237. 蟪蛄 *Platypleara kaempferi* Fabr 林木
238. 蚱蝉 *Crypto tympana atrata* Fabricius 阔叶树、灌木
239. 鸣蝉 *Oncotympana maculaticollis* Motsch 阔叶树、灌木
240. 四川嘹蝉 *Tibicen slocumi* Chen 阔叶树、灌木

241. 阔腹新唐蝉 *Iveotanna abdomin alis* Kata 阔叶树、灌木
242. 松寒蝉 *Meimuna iopalifera* Walkear 松
243. 北寒蝉 *Meimuna mongolica* Distant 阔叶树、灌木
244. 绿蝉 *Mogannia iwasakii* Mats. 松、栎等林木
245. 绿姬蝉 *Cacadetta pellosoma*（Uhler） 阔叶树、灌木
246. 山姬蝉 *Cacadetta shansiensis*（Esaki and Ishihara） 阔叶树、灌木
247. 褐斑蝉 *Platypleura kaempferi* Fabricius 林木
248. 红蝉 *Huechys sanguinea*（De Geer） 阔叶树、灌木
249. 太白加藤蝉 *Katoa taibaiensis* Lei et Chiu 阔叶树、灌木
250. 东北蝉 *Leptosalta admirablis* Kato 阔叶树、灌木
251. 琉球僚蝉 *Lyeistes kyushyensis*（kato） 阔叶树、灌木
252. 春蝉 *Terpnosia mawi* Distant 松等
（二）叶蝉科 Cicadellidae（17 种）
253. 大青叶蝉 *Tettigoniella viridis* Linnaeus 杂草、树木
254. 白边大叶蝉 *Kola paulula*（Walker） 杂草
255. 刺突丽叶蝉 *Calodia warei* Nielson 杂草
256. 黄缘大贯叶蝉 *Onukia flavifrons* Matsumura 杂草
257. 黄斑大贯叶蝉 *Onukia flavimacula* Kuoh 杂草
258. 锥头叶蝉 *Japananus hyaliuns*（Osbom） 杂草
259. 黑尾叶蝉 *Nephotettix cincticeps*（Uhler） 禾本科、十字花科等
260. 二点黑尾叶蝉 *Nephotettix virecens*（Distant） 禾本科等
261. 一点木叶蝉 *Phlogotettix cyclops*（Mulsant et Rey） 杂草
262. 白边利叶蝉 *Usuironus limbifera*（Matsumuta） 杂草
263. 核桃带小叶蝉 *Agmesiella juglandis* Chou et Ma 核桃
264. 异长柄叶蝉 *Alebroides discretus* Chou et Zhang 木本植物
265. 秦岭长柄叶蝉 *Alebrdes discretus* Chou et Zhang 木本植物
266. 陕西长柄叶蝉 *Aeroides qinlinganus* Chou et zgang 木本植物
267. 太白长柄叶蝉 *Alebroides taibaiesis* C hou et Zhang 木本植物
268. 陕西沙小叶蝉 *Shaddai shaaxiensis* Ma 杂草、木本植物
269. 带纹脊冠叶蝉 *Aphrldes daiwenicus* Kuoh 杂草
（三）角蝉科 Memberacide（3 种）
270. 白线圆角蝉 *Gargara albolinea* Fabricius 灌木
271. 黑圆角蝉 *Gargara genistae*（Fabricius） 刺槐、桑、柿等
272. 弯角三刺角蝉 *Tricentrus curvicornis* Funkhouse 灌木
（四）沫蝉科 Cercipidae（5 种）
273. 荒丽沫蝉 *Cosmoscarta egens*（Walker） 阔叶树、灌木
274. 兰紫丽沫蝉 *Cosmoscarta exultans*（Wlker） 阔叶树、灌木

275. 海洛丽沫蝉 *Cosmoscarta heros*（Fabricius） 阔叶树、灌木
276. 松沫蝉 *Aphrophara flavipes* Uhler 松等
277. 柳沫蝉 *Aphrophara intermedia* Uhler 柳等

（五）尖胸沫蝉科 Aphroridae（1 种）

278. 四斑尖胸沫蝉 *Aphrophora quadriguttata* Melichar 灌木、乔木

（六）蜡蝉科 Fulgoridae（8 种）

279. 斑衣蜡蝉 *Lycorma delicatula* White 阔叶树、林木
280. 云斑菱蜡蝉 *Andes marmorata* Vhler 杂草
281. 日本笠扁蜡蝉 *Trypetimorpha japonica* Ishihara 松及禾本科杂草
282. 褐带广袖蜡蝉 *Rhotana satsumana* Matsumura 杂草
283. 中华珞颜蜡蝉 *Loxocephala sinica* Chou et Huang 杂草、灌木
284. 细额蚁蜡蝉 *Egropa tenasserimansis* Distant 杂草、灌木
285. 二点蚁蜡蝉 *Tettiaometra bipunctata* shannxiensis 杂草、灌木
286. 陕西马颖蜡蝉 *Magadha shoanxiensis* Chou et Wang 杂草、灌木

（七）广翅蜡蝉科 Ricaniidae（1 种）

287. 八点广翅蜡蝉 *Ricania speculum* Walker 杂草、灌木

（八）木虱科 Chermidae（4 种）

288. 桑木虱 *Anomoneara mori* Schwarz 桑
289. 梧桐木虱 *Thysanogyna limbata* End 梧桐、泡桐
290. 中国梨木虱 *Psylla chineensis* Yang et Li 多种林木
291. 槐木虱 *Cyamophila willieti*（Wu） 槐

（九）飞虱科 Delphacidae（4 种）

292. 黑斑竹子飞虱 *Bambusiphaga nigropunctata* Huang et Ding 竹
293. 灰飞虱 *Laodelphax striatellus*（Fallen） 杂草
294. 褐背飞虱 *Opiconsiva sameshimai*（Matsuma et Ishihara） 杂草
295. 白脊飞虱 *Unkanodes sapporona*（Matsumura） 杂草

（十）粉虱科 Aleyrodidae（1 种）

296. 白粉虱 *Trialeurodes vaporariorum* Westwood 林木、果树、花卉、蔬菜、杂草

（十一）蚜科 Apididat（16 种）

297. 绣线菊蚜 *Aphis citricola* Van det Goot 绣线菊类、果树、樱花、榆叶梅等
298. 豆蚜 *Aphis craccivora* Kich 豆科植物
299. 柳蚜 *Aphis farimose* Gmelin 多种植物
300. 棉蚜 *Aphis gossypii* Glivet 石榴、花椒、木槿、鼠李属、棉花、瓜类
301. 洋槐蚜 *Aphis robiniae* Macchiati 刺槐
302. 中国槐蚜 *Aphis robiniae* Macchiati 中槐
303. 麦无网蚜 *Acyrthosiphon dirhodum*（Walker）蔷薇属、禾本科、龙牙草属、草莓属
304. 豌豆蚜 *Acyrthosiphom pisum*（harris） 豆科草本及少数豆科木本植物

305. 藜蚜 *Hayhurstia atriplicis*（Linnaeus） 藜属植物
306. 萝卜蚜 *Lipaphis erysimi*（Kaltembach） 十字花科植物、蔬菜和中草药
307. 桃蚜 *Myxus persicae*（Sulzer） 多种林木、蔬菜、杂草
308. 玉米蚜 *Rhopalosiphum maidis*（Fitch） 禾本科植物
309. 莲缢管蚜 *Rhopalosiphum mymphaeae*（Linnaeus） 李属、水生植物
310. 禾谷缢管蚜 *Rhopalosiphum padi*（Linnaeus） 李属植物、禾本科植物
311. 梨二叉蚜 *Schizaphis piricola*（Matsumura） 梨、白梨、棠梨、杜梨
312. 桃瘤头蚜 *Tuberocephalus miminis*（Matsumura） 桃、山桃
（十二）球蚜科 Adelgidae（1 种）
313. 松球蚜 *Pineus laevis* Maskell 华山松、油松
（十三）瘿绵蚜科 Pemphigidae（2 种）
314. 肚倍蚜 *Kaburagia rhusicoa* Takaki 盐肤木、青麸杨
315. 五倍子蚜 *Schlechtendalia chinensis*（Bell） 盐肤木
（十四）大蚜科 Lachnidae（4 种）
316. 松大蚜 *Cinara pinitabulaefomis* Zhang et Zhang 松类
317. 马尾松大蚜 *C. firmksana*（Takahashi） 松
318. 柏大蚜 *C. tujafilina*（Del Guercio） 柏类
319. 板栗大蚜 *Lachnus tropicalis*（Van der Goot） 板栗、白栎、麻栎
（十五）毛蚜科 Chitophoridae（5 种）
320. 柳黑毛蚜 *Chaitphorus salinigri* Shimji 柳属植物
321. 白杨毛蚜 *Chaitohorus salinigri* Shinji 杨、柳
322. 竹斑蚜 *Chucallis bambusicoia*（Talahashi） 竹
323. 粉毛蚜 *Pterocomma pilosum* Bucktom 山柳
324. 柳粉毛蚜 *Pterocomma salicis*（Limmaeus） 柳树
（十六）蚧科 Coccidae（4 种）
325. 杏球蚧 *Sphaerolecanium prunastri* Fonscolombe 多种林木
326. 角蜡蚧 *Ceroplastes ceriferus*（Anderson） 杂草
327. 龟蜡蚧 *Ceropastes floridensis* Comstock 多种林木
328. 白蜡蚧 *Ericerus pe-la* Chavannes 林木
（十七）粉蚧科 Pseudococcidae（4 种）
329. 白尾安粉蚧 *Antonina crawii* Cockerell 竹
330. 竹巢新蚧 *Nesticoccus sineesis* Tang 竹
331. 松粉蚧 *Crisicoccus pini*（Kuwana） 松、杉、冷杉
332. 糠粉蚧 *Saccharicoccus sacchari*（Cockerell） 杂草
（十八）链蚧科 Asterolecaniidae（1 种）
333. 半球竹链蚧 *Bambusaspis henisphaerica* Kuw 竹
（十九）绒蚧科 Eriococcidae（3 种）

334. 竹绒蚧 *Eriococas transverses* Green 竹
335. 川绛蚧 *Kermes szetshuanensis*（Boechseius） 栎
336. 日本巢红蚧 *Nidularia japonica* Kuwana 槲、栎
（二十）盾蚧科 Diaspididae（8 种）
337. 竹纹绵盾蚧 *Odonaspis penicillata* Green 竹
338. 竹线盾蚧 *Kuwanaspis phyllistachydis* Borchs 竹
339. 竹叶盾蚧 *Unachionaspis signata* Maskall 竹
340. 榆蛎盾蚧 *Lepidosaphes ulmi*（Linnaeus） 阔叶林木
341. 日本长白盾蚧 *Lophooeucaspis japonica*（Cockerell） 阔叶树
342. 橄榄片盾蚧 *Parlatoria oleae*（Colvee） 各种果树、阔叶树及灌木
343. 梨圆蚧 *Quadraspidiotus perniciosus*（Comstock） 各种果树、阔叶树及灌木
344. 卫矛矢尖蚧 *Unaspis euonymi*（Comstock） 阔叶树、灌木
（二十一）绵蚧科 Margarodidae（3 种）
345. 草履蚧 *Drosicha contrahens* Walker 阔叶树
346. 吹绵蚧 *Icerya purchasi* Maskell 杂草、灌木
347. 中华松针蚧 *Matsucoccus sinensis* Chen 松
十三、广翅目 Megaloptera（1 科 4 种）
（一）齿（鱼）蛉科 Corydalidae（4 种）
348. 东方巨齿蛉 *Acanthacorydalis orientalis*（Mclachlan） 水生、天敌昆虫
349. 普通齿蛉 *Neoneuromus ignobilis* Navas 水生、天敌昆虫
350. 中华斑鱼蛉 *Neonchauliodes sinensis* Walker 水生、天敌昆虫
351. 花边星齿蛉 *Protohermes costalis* Walker 水生、天敌昆虫
十四、脉翅目 Neuroptera（4 科 15 种）
（一）草蛉科 Chrysopidae（6 种）
352. 中华草蛉 *Chrysopa sinca* Tjeder 天敌昆虫
353. 丽草蛉 *Chrysopa formosa* Brauer 天敌昆虫
354. 叶色草蛉 *Chrysopa phyllochroma* Wesmael 天敌昆虫
355. 大草蛉 *Chrysopa septempunctata* Wesmael 天敌昆虫
356. 普通草蛉 *Chrysopa shansiensis*（Kuwayama） 天敌昆虫
357. 多斑草蛉 *Chrysopa intima* Maclachlan 天敌昆虫
（二）蚁蛉科 Myrmeleontidae（4 种）
358. 褐纹树蚁蛉 *Dendroleon pantherius* Fabricius 天敌昆虫
359. 长裳大蚁蛉 *Dendroleon javanus* Banks 天敌昆虫
360. 追击大蚁蛉 *Heoclisis japonica*（Maclachlan） 天敌昆虫
361. 黑斑离蚁蛉 *Distoleon nigricans* Okamoto 天敌昆虫
（三）蝶角蛉科 Ascalaphidae（1 种）
362. 锯角蝶角蛉 *Acheron trux*（Walker） 天敌昆虫

（四）蝎蛉科 Hemerobiidae（4 种）

363. 全北蝎蛉 *Hemerobius humuli* Linnaeus 天敌昆虫

364. 角纹脉蝎蛉 *Micromus angulatus*（Stephens） 天敌昆虫

365. 花斑脉蝎蛉 *Micromus variegates* Fabricius 天敌昆虫

366. 颇丽脉蝎蛉 *Micromus perelegana* Tieder 天敌昆虫

十五、鞘翅目 Coleoptera（27 科 359 种）

（一）叩头虫科 Elateriade（3 种）

367. 沟叩头虫 *Pleonomus canaliculatus* Faldermann 植物苗、根

368. 细胸叩头虫 *Agriotes subvittatus* Motschulsky 植物苗、根

369. 血红沟胸叩甲 *Agrypnus davidi*（Fairmaire） 植物苗、根

（二）吉丁甲科 Buprestidae（7 种）

370. 核桃黄斑吉丁虫 *Agrilus* sp. 核桃

371. 西波利亚吉丁虫 *Buprestis sibirica* Fleish 松

372. 柳缘吉丁虫 *Nalanda rutilicollis* Obenberger 柳

373. 樟树角吉丁虫 *Habroloma wagneri* Gebhardt 樟

374. 红缘绿吉丁虫 *Lampra bellula* Lew. 栎

375. 杨吉丁虫 *Poeciolnoto uaridosa* Park. 杨

376. 六星吉丁虫 *Chrysobothris sucoedanea* Sallnd. 多个树种

（三）芫菁科 Meloidae（9 种）

377. 中华芫菁 *Epicauta chinensis* Laporate 幼虫寄生蝗虫，成虫食豆类等

378. 暗头豆芫菁 *Epicauta obscurocephala* Reitter 幼虫寄生蝗虫，成虫食豆类等

379. 锯角豆芫菁 *Epicauta gorhami* Marseul 幼虫寄生蝗虫，成虫食豆类等

380. 红头豆芫菁 *Epicauta ruficeps* Illiger 幼虫寄生蝗虫，成虫食豆类等

381. 眼斑芫菁 *Mylabris cichouii* Linnaeus 幼虫寄生蝗虫，成虫食豆类等

382. 苹斑芫菁 *Mylabris calida* Pallas 幼虫寄生蝗虫，成虫食苹果等

383. 小斑芫菁 *Mylabris splendidula* Pallas 幼虫寄生蝗虫，成虫食豆类、刺槐等

384. 绿芫菁 *Lytta cacraganae* Pallas 幼虫寄生蝗虫，成虫食豆类、刺槐等

385. 赤带绿芫菁 *Lytta suturella* Motschulsky 幼虫寄生蝗虫，成虫食豆、刺槐类等

（四）拟步行虫科 Tenebrionidae（10 种）

386. 小粉虫 *Alphitobius laevigatus* Fabricius 霉变植物

387. 黑菌虫 *Alphitobius diaperinus* Panz. 霉变植物

388. 仓潜 *Mesomorphus villiger* Blanch 种子

389. 沙潜 *Opatrum subaratum* Fald 植物种子

390. 尖角土潜 *Gonocephalum subspinosum* Fairm. 植物种子

391. 小粉盗 *Palorus cerylonides*（Pascoe） 植物种子

392. 姬粉盗 *Palorus ratzeburgi* Wissmann 植物种子

393. 黄粉虫 *Tenebiro molitor* Linnaeus 种子

394. 黑粉虫 *Tenebiro obscurus* Fabricius 种子

395. 杂拟谷盗 *Tribolium confusum* Jack.du Val. 种子

（五）长蠹科 Bostrychiade（4 种）

396. 斑翅长蠹 *Lichenophanes carinipennis* Lewis 木材

397. 竹长蠹 *Dinoderus minutus* Fabricius 木材

398. 谷蠹 *Rhizopertha dominica* Fabricius 种子

399. 双刺长蠹 *Sinoxylon anale* Lesne 木材

（六）龙虱科 Dytiscidae（1 种）

400. 黄缘龙虱 *Cybister japonicaus* Sharp 捕食水生昆虫

（七）水龟虫科 Hydrophilinidae（1 种）

401. 长须水龟虫 *Hydrophilus acuminarus* Motschulsky 捕食水生昆虫

（八）蜣螂科 Scarabaeidae（2 种）

402. 北方蜣螂 *Gymnopleurus mopsus* Pallas. 动物粪便

403. 大蜣螂 *Scarabaeus sacer* Linnaeus. 动物粪便

（九）锹甲科 Lucanidae（2 种）

404. 墨锹甲 *Odontolabis sira* Hope 腐食性

405. 褐黄前锹甲 *Orosopoilus blanchardi* Pary 腐食性

（十）粪金龟科 Geotrupidae（1 种）

406. 粪金龟 *Geotrupes laevistriatus* Motschulsky 动物粪便

（十一）葬甲科 Silphidae（2 种）

407. 黑负葬甲 *Necrophorus concolor* Kraatz 动物尸体

408. 尼负葬甲 *N. neaplensis* Hope 动物尸体

（十二）金龟科 Melolonthidae（29 种）

409. 花阿鳃金龟 *Apogonia chinensis* Moser 植物根系、幼苗、叶

410. 黑阿鳃金龟 *Apogonia cupreoviridis* Kolbe 植物根系、幼苗、叶

411. 福婆鳃金龟 *Brahmina faldermanni* Kraatz 植物根系、幼苗、叶

412. 小云斑鳃金龟 *Polyphylla gradlicornis* Blanchard 植物根系、幼苗、叶片

413. 大云斑鳃金龟 *Polyphylla laticollis* Lewis 植物根系、幼苗、叶片

414. 小灰粉鳃金龟 *Melolontha frater* Arrow 植物根系、幼苗、叶片

415. 灰粉鳃金龟 *Hoplosteruus incanus* Motschulsky 植物根系、幼苗、叶片

416. 黑棕鳃金龟 *Apogonia cupreoviridis* Kolbe 植物根系、幼苗、叶片

417. 毛黄鳃金龟 *Pledina trichophora* Fairmaire 植物根系。幼苗、叶片

418. 拟毛黄鳃金龟 *Holotrichia formosana* Moser. 植物根系、幼苗、叶片

419. 大栗鳃金龟 *Melolontha hippocastani mongolica* Menetries 植物根系、幼苗、叶片

420. 小黄鳃金龟 *Metabolus flavescents* Brenske 植物根系、幼苗、叶

421. 鲜黄鳃金龟 *Miridiba koreana* Niijima et Kinoshita 植物根系、幼苗、叶

422. 背斑绒鳃金龟 *Ophthalmoserica boops* Waterhouse 植物根系、幼苗、叶

423. 毛斑绒鳃金龟 *Paraserica grisea* Motschulsky 物根系、幼苗、叶
424. 棕色鳃金龟 *Holotrichia titanis* Reitter 植物根系、幼苗、叶片
425. 东北大黑鳃金龟 *Holotrichia diomphalia* Bates 植物根系、幼苗、叶
426. 江南大黑鳃金龟 *Holotrichia gebler* Faldermann 植物根系、幼苗、叶
427. 华北大黑鳃金龟 *Holotrichia obilita*（Faldermann） 植物根系、幼苗、叶片
428. 暗黑鳃金甲 *Holotrichia morose* Waterhouse 植物根系、幼苗、叶片
429. 云南鳃金龟 *Holotrichia yunnann* Maser 植物根系、幼苗、叶
430. 灰粉鳃金龟 *Holotrichia incanus* Motschulsky 植物根系、幼苗、叶
431. 黑绒鳃金龟 *Serica orientalis* Motschulsky 植物根系、幼苗、叶片
432. 褐绒鳃金龟 *Serica japonica* Motschulsky 植物根系、幼苗、叶
433. 阔胫鳃金龟 *Maladera verticollis*（Fairmaire） 植物根系、幼苗、叶片
434. 小阔胫鳃金龟 *Maladera ovatula*（Fairmaire） 植物根系、幼苗、叶片
435. 黄绒鳃金龟 *Maladera aureola*（Murayama） 植物根系、幼苗、叶片
436. 长脚棕翅鳃金龟 *Hoplia cincticollis*（Faldermann） 植物根系、幼苗、叶片
437. 大皱鳃金龟 *Trematodes grandis* Semenov 植物根系、幼苗、叶片

（十三）丽金龟科 Rutelidae（24 种）

438. 四斑丽金龟 *Popillia quadriguttata* Fabricius 植物根系、幼苗、叶片
439. 豆蓝丽金龟 *Popilla indigonacea* Motschulsky 植物根系、幼苗、叶片
440. 玻璃丽金龟 *Popillia atrocoerulea* Bates 植物根系、幼苗、叶片
441. 墨绿丽金龟 *Popillia mutens* Newman 植物根系、幼苗、叶片
442. 庭园丽金龟 *Phyllopertha houticola* Linnaeus 植物根系、幼苗、叶片
443. 斜卡丽金龟 *Callistethus plagiicollis* Faldermaire 植物根系、幼苗、叶片
444. 苯毛丽金龟 *Proagopertha lucidula* Faldermann 植物根系、幼苗、叶片
445. 毛边丽金龟 *Anomala heydeni* Farivaldszky 植物根系、幼苗、叶片
446. 多色丽金龟 *Anomala smargdina* Chaus 植物根系、幼苗、叶片
447. 乳黄丽金龟 *Anomala sulcipennis* Faldermann 植物根系、幼苗、叶片
448. 蒙古丽金龟 *Anomala mongolica* Faldermann 植物根系、幼苗、叶片
449. 铜绿丽金龟 *Anomala corpulenta* Motschulsky 植物根系、幼苗、叶片
450. 黑斑丽金龟 *Cyriopertha arcuata* Gebler 植物根系、幼苗、叶片
451. 黄闪丽金龟 *Mimela testaceriridis* Blanchard 植物根系、幼苗、叶片
452. 粗绿彩丽金龟 *Mimela horosericea* Fabricius 植物根系、幼苗、叶片
453. 京绿丽金龟 *Mimela pekinensis* Heyden 植物根系、幼苗、叶片
454. 草绿彩丽金龟 *Mimela passernii* Hope 植物根系、幼苗、叶片
455. 苹绿丽金龟 *Mimela sieversi* Heyden 植物根系、幼苗、叶片
456. 中华喙丽金龟 *Adoretus sinicus* Burmeister 植物根系、幼苗、叶片
457. 茶色丽金龟 *Adoretus tenuimaculatus* Waterhouse 植物根系、幼苗、叶片
458. 毛喙丽金龟 *Adoretus hirsutus* Ohaus 植物根系、幼苗、叶片

459. 额喙丽金龟 *Adoretus nigrifrons* Stephen 植物根系、幼苗、叶片
460. 东方丽金龟 *Blitopertha orientalis* Waterhouse 植物根系、幼苗、叶片
461. 透翅丽金龟 *Blitopertha conspurcata* Harold 植物根系、幼苗、叶片

（十四）犀金龟科 Dymastidae （2 种）

462. 独角仙金龟 *Xylotrupes dichotomus* Linnaeus 腐食性
463. 双叉犀金龟 *Allomyrina* sp . Linnaeus 腐食性

（十五）花金龟科 Cetoniidae （18 种）

464. 白星花金龟 *Protaetia brevitarsis* Lewis 植物苗、根、叶
465. 紫铜花金龟 *Protaetia famelica* Janson 植物苗、根、叶
466. 绿色花金龟 *Protaetia speculifera* Sw. 植物苗、根、叶
467. 凸星花金龟 *Protaetia aerate* Erichson 植物苗、根、叶
468. 亮绿花金龟 *Protaetia nitididorsis* Fairmaire 植物苗、根、叶
469. 褐锈花金龟 *Anthracophora rusticola* Burmeister 植物苗、根、叶
470. 日铜罗花金龟 *Rhomborrhina japonica* Hope 植物苗、根、叶
471. 铜光花金龟 *Liocola breritarsus* Lewis 植物苗、根、叶
472. 黄斑短突花金龟 *Glycyphana fulvistemma* Motschulsky 植物苗、根、叶
473. 褐斑背突花金龟 *Neophaedimus auzouuxi* Lucas 植物苗、根、叶
474. 长毛花金龟 *Cetonia magnifyica* Ballion 植物苗、根、叶
475. 肋凹缘花金龟 *Dicranobia potanini* Kraatz 植物苗、根、叶
476. 光斑鹿花金龟 *Dicranocephalus dabryi* Auzoux 植物苗、根、叶
477. 弯角鹿花金龟 *Dicranocephalus wallichi* Hope 植物苗、根、叶
478. 黄粉鹿花金龟 *Dicranocephalus wallichi bowringi* Pascoe 植物苗、根、叶
479. 小青花金龟 *Oxycetonia jucunda* Faldermann 植物苗、根、叶
480. 隐斑青花金龟 *Oxycetonia* sp . 植物苗、根、叶
481. 黄斑青花金龟 *Oxycetonia* sp. 植物苗、根、叶

（十六）斑金龟科 Trichiidae （3 种）

482. 虎皮斑金龟 *Trichtus fasciatus* Linnaeus 禾本科、珍珠梅、栎类等植物及花
483. 十点绿斑金龟 *T. dubernardi* Pouillaude 禾本科、珍珠梅、栎类等植物及花
484. 小黑环斑金龟 *Paratrichius septemdecimguttatus* Snellen 禾本科、珍珠梅、栎类等植物及花

（十七）瓢虫科 Coccinellidae （45 种）

485. 多异瓢虫 *Adonia variegata* Goeze 天敌昆，虫 捕食蚜虫、粉虱、介壳虫、螨类等
486. 二星瓢虫 *A. bipunctata* Linnaeus 天敌昆虫 ，捕食蚜虫、粉虱、介壳虫、螨类等
487. 展缘异点瓢虫 *Anisosticta kobensis* Lewis 天敌昆虫，捕食蚜虫、粉虱、介壳虫、螨类等
488. 十二星裸瓢虫 *Calvia duodecimmaculata* Gebler 天敌昆虫，捕食蚜虫、粉虱、介壳虫、螨类等
489. 四斑裸瓢虫 *Calvia muiri* （Timberlake）天敌昆虫，捕食蚜虫、粉虱、介壳虫、螨类等

490. 十四星裸瓢虫 *Calvia quatuordecimguttata* Linnaeus 天敌昆虫，捕食蚜虫

491. 十五星裸瓢虫 *Calvia quinquedecimguttata* Fabvicius 天敌昆虫，捕食蚜虫

492. 七星瓢虫 *Coccinella septempunctata* Linnaeus 天敌昆虫，捕食蚜虫、粉虱、介壳虫、螨类等

493. 李斑瓢虫 *Coccinella geminounctata* Lin 天敌昆虫，捕食蚜虫

494. 横斑瓢虫 *Coccinella transversoguttata* Faldermann 天敌昆虫，捕食蚜虫

495. 横带瓢虫 *Coccinella trifasciata* Linnaeus 天敌昆虫，捕食蚜虫

496. 中国双七瓢虫 *Coccinula sinensis* Weise 天敌昆虫，捕食蚜虫

497. 隐势瓢虫 *Cryptogonus orbiculus* Gyllenhal 天敌昆虫，捕食蚜虫、粉蚧、螨类等

498. 角异瓢虫 *Hippodamia potanini* Weise 天敌昆虫，捕食蚜虫

499. 四斑显遁瓢虫 *Hyperaspis leechi* Miyatake 天敌昆虫，捕食蚜虫

500. 红颈瓢虫 *Lemnia melanaria*（Mulsant） 天敌昆虫，捕食蚜虫、粉虱

501. 黄斑盘瓢虫 *Lemnia saucia*（Mulsant） 天敌昆虫，捕食蚜虫

502. 六斑月瓢虫 *Menochilus sexmaculata* Fabricius 天敌昆虫，捕食蚜虫

503. 深点食螨瓢虫 *Stethorus punctillum* Weisa 天敌昆虫，捕食螨类

504. 菱斑瓢虫 *Oenopia conglobeata* Linnaeus 天敌昆虫，捕食蚜虫

505. 黄缘瓢虫 *Oenopia sauzeti* Mulsant 天敌昆虫，捕食蚜虫

506. 方斑瓢虫 *Propylaea quatuordecimpanctata* Linnaeus 天敌昆虫，捕食蚜虫、蚧、粉虱等

507. 大红瓢虫 *Rodolia rufopilosa* Mulsant 天敌昆虫，捕食蚜虫、粉蚧

508. 四斑瓢虫 *Rodolia quadricmaculata* Mader 天敌昆虫，捕食介壳虫

509. 黑襟毛瓢虫 *Scymnus hoffmanni* Weise 天敌昆虫，捕食蚜虫

510. 黑背毛瓢虫 *Scymnus babai* Sasji 天敌昆虫，捕食蚜虫

511. 安小毛瓢虫 *Scymnus andamanensis* Kapur 天敌昆虫，捕食蚜虫

512. 黑色褐瓢虫 *Sospita horni* Crotch 天敌昆虫，捕食蚜虫

513. 陕西食螨瓢虫 *Stethorus shaanxiensis* Pang et Mao 天敌昆虫，捕食螨类

514. 龟纹瓢虫 *Propylaea japonica* Thunberg 天敌昆虫，捕食蚜虫

515. 白条菌瓢虫 *Halyzia hauseri* Mader 真菌、蚜虫

516. 十二斑菌瓢虫 *Vibidia duodecinguttata* Poda 真菌

517. 奇变瓢虫 *Aiolocaria mirabilis* Motschulsky 天敌昆虫，捕食蚜虫

518. 异色瓢虫 *Harmonia axyridis* Pallas 天敌昆虫，捕食蚜虫

519. 隐斑瓢虫 *Harmonia obacurosignata* Liu 天敌昆虫，捕食蚜虫、木虱、粉蚧

520. 黑缘红瓢虫 *Chilocorus rubidus* Hope 天敌昆虫，捕食蚜虫、介壳虫

521. 红点瓢虫 *Chilocorus kuwanae* Silvestri 天敌昆虫，捕食蚜虫

522. 四斑广盾瓢虫 *Platyaspis maculosa* Weise 天敌昆虫，捕食蚜虫

523. 中华食植瓢虫 *Epilachna chinensis* weise 草本植物

524. 瓜茄瓢虫 *Epilachna admirabilis* Crotch 猪秧殃等杂草

525. 九斑食植瓢虫 *Epilachna freyana* Beilawski 菊科

526. 菱斑食植瓢虫 *Epilachna insignis* Gorhanl 茄科
527. 艾菊瓢虫 *Epilachna plicata* Weise 菊科
528. 马铃薯瓢虫 *Henosepilanchna vigintioctomaculata* Motschusky 茄科
529. 茄二十八星瓢虫 *Henosepilanchna vigintioctopunctata* Fabricius 茄科、葫芦科

（十八）虎甲科 Cicindelidae （6 种）

530. 中国虎甲 *Cicindela chinensis* Degeer 天敌昆虫
531. 多型虎甲红翅亚种 *Cicindela hybrida nitida* Lichtenstein 天敌昆虫
532. 多型虎甲铜翅亚种 *Cicindela hybrida transbaicalica* Motschulsky 天敌昆虫
533. 绸纹虎甲 *Cicindla elisae* Motschulsky 天敌昆虫
534. 星斑虎甲 *Cicindla kalea* Bates 天敌昆虫
535. 月斑虎甲 *Cicindla lunulata* Fabricius 天敌昆虫

（十九）步行甲科 Carabidae （29 种）

536. 中华广肩步行 *Calosoma maximowiczi* Morawitzderae 天敌昆虫
537. 中华金星步甲 *Calosoma chinense* Kirby 天敌昆虫
538. 红斑细颈步甲 *Agonum impresssum* Panzer 天敌昆虫
539. 普通暗步甲 *Amara plebeja* Gryllenhal 天敌昆虫
540. 暗短鞘步甲 *Brachinus scotomedes* Redtenbacher 天敌昆虫
541. 窄胸短鞘步甲 *Brachinus stenoderus* Bates 天敌昆虫
542. 中华曲颈步甲 *Campalita chinense* Kirby 天敌昆虫
543. 艳大步甲 *Carabus lafossei coolestis* Stew 天敌昆虫
544. 梯胸小楼步甲 *Clivina castaneta* Westwood 天敌昆虫
545. 大鄂重唇步甲 *Diplocheila macromandibularis* Habu et Tanaka 天敌昆虫
546. 蠋步甲 *Dolichus halensis* Schaller 天敌昆虫
547. 日本钩颚步甲 *Dryta japonica* Bates 天敌昆虫
548. 黄缘肩步甲 *Epomis nigricans* Wiedemann 天敌昆虫
549. 铜绿婪步甲 *Harpalus chacentus* Bates 天敌昆虫
550. 毛婪步甲 *Harpalus griseus* Panzer 天敌昆虫
551. 大头婪步甲 *Harpalus capito* Morawitz 天敌昆虫
552. 毛青步甲 *Chlaenius pallipes* Geb. 天敌昆虫
553. 黄边青步甲 *Chlaenius circumdatus* Brulle 天敌昆虫
554. 黄斑青步甲 *Chlaenius micans* Fabricius 天敌昆虫
555. 逗斑青步甲 *Chlaenius virguleifer* Chaudoir 天敌昆虫
556. 黄缘青步甲 *Chlaenius nigricans* Wiedemann 天敌昆虫
557. 短鞘步甲 *Pheropsophus occipitalis* Macleay 天敌昆虫
558. 黑角胸步甲 *Peronomerus auripilis* Bates 天敌昆虫
559. 耶气步甲 *Pheropsophus jessoensis Morawitz* 天敌昆虫
560. 圆步甲 *Omophron limbatum* Fabricius 天敌昆虫

561. 黄缘心步甲 *Nebria livida* Linnaeus 天敌昆虫
562. 八斑黄步甲 *Lebidia duplex* Bates 天敌昆虫
563. 黑步行甲 *Trechus vicarious* Bates 天敌昆虫
564. 四斑小步甲 *Tachys laetificus* Bates 天敌昆虫
（二十）天牛科 Cerambycidae（70 种）
565. 锯天牛 *Prionus insularis* Motschulsky 多种乔木、果树
566. 大山坚天牛 *Callipogon relitus* Semenov 多种乔木、果树
567. 沟翅土天牛 *Dorysthenes fossatus* Pascoe 多种乔木、果树
568. 曲牙锯天牛 *Dorysthenes hydropicus* Pascoe 多种乔木、果树
569. 薄翅锯天牛 *Megopis sineca* White 多种乔木、果树
570. 扁角天牛 *Sarmydrs antennatus* Fascoe 多种乔木、果树
571. 隆纹幽天牛 *Arhopalus quadricostulatus* Kraatz 松、柏类等
572. 褐幽天牛 *Arhopalus rusticus*（L.）油松、柏类
573. 松幽天牛 *Asemum amurense* Kraatz 松、柏类等
574. 椎天牛 *Spondylis buprestoides* Linne 松、柏类等
575. 断眼幽天牛 *Tetropium castaneum* Linnaeus 松、柏类等
576. 瘦天牛 *Distenia gracilis* Blessig 阔叶林木
577. 松眼花天牛 *Acmaeops septentrionis* Thomson 松等
578. 赤缘花天牛 *Anoplodera rubradichroa* Blanchard 阔叶林木
579. 黑缘花天牛 *Anoplodera sequeusi* Reitter 松类
580. 斑角缘花天牛 *Anoplodera variicornis* Dalman 阔叶林木
581. 瘤胸金花天牛 *Gaurotes tuberculicollis* Blandchard 阔叶林木
582. 凹缘金花天牛 *Gaurotes ussuriensis* Blessig 阔叶林木
583. 蓝脊金花天牛 *Gaurotes virginea thalassicna* Schrank 阔叶林木
584. 膜花天牛 *Necydalis major* Linnaeus 阔叶林木
585. 黄带厚花天牛 *Paohyta mediojasciata* Pic. 阔叶林木
586. 四斑厚天牛 *Pachyta quadrimaculata*（L.）阔叶林木
587. 双斑厚花天牛 *Pachyta bicuneata* Motschulsky 阔叶林木
588. 赤杨褐天牛 *Anoplodera rubradichroa* Blanch 阔叶林木
589. 曲纹花天牛 *Leptura arcuata* Panzer 阔叶林木
590. 钝肩花天牛 *Rhondia placida* Heller 阔叶林木
591. 虱瘦花天牛 *Strangalia fortunei* Pascoe 阔叶林木
592. 红绒邹胸天牛 *Aeolesthes chrysothrix* Bates 阔叶林木
593. 中华闪光天牛 *Aeolesthes sinensis* Gahan 阔叶林木
594. 家茸天牛 *Trichoferus campestris* Faldermann 木材
595. 桃红颈天牛 *Aromia bungli* Faldermann 核桃、栎类
596. 杨红颈天牛 *Aromia moschata* Linnaeus 杨、柳类

597. 皱胸绿天牛 *Chelidonium implicatum* Pic. 阔叶林木
598. 兰丽天牛 *Rosalia coelestis* Semenov 阔叶林木
599. 黄带兰天牛 *Polyzonus fasciatus*（F.）菊科、竹、柳、伞形花科植物
600. 红缘天牛 *Asias haloderdri* Pallas 多种阔叶树及灌木等
601. 帽斑天牛 *Purpuriceus petasifer* Fairmaire 桦、栎类
602. 二点红天牛 *Purpuriceus spectabilis* Motschulsky 阔叶林木
603. 巨胸虎天牛 *Xylotrechus magnicollis* Fairmaire 阔叶林木
604. 红肩丽虎天牛 *Plagionotus christophi* Kraaze 阔叶林木
605. 六斑绿虎天牛 *Chlorophorus diadema* Motsch 阔叶林木
606. 榄绿虎天牛 *Chlorophorus eleodes Fairmire* 阔叶林木
607. 愈斑虎天牛 *Chlorophorus notabilis Pascoe* 阔叶林木
608. 四星栗天牛 *Stenygrinum quadrinotatum* Bates 阔叶林木
609. 松天牛 *Monochamus alternatus* Hopes 松类
610. 云杉花黑天牛 *Monochamus saltuarius* Gebl. 松、杉、桦类
611. 连环虎天牛 *Rhaphuma alongata* Gressitt 阔叶林木
612. 拟蜡天牛 *Stenygrinum quadrinotatum* Bates 栎属、板栗
613. 黄斑椎天牛 *Thranius signatus* Schwarzer 阔叶林木
614. 单椎背天牛 *Thranius simplex* Gahan 阔叶林木
615. 瘤胸天牛 *Aristobia hispida* Saunders 阔叶林木
616. 光肩星天牛 *Anoplopbora glabripennis* Motsch 多种阔叶树及灌木等
617. 星天牛 *Anoplopbora chinensis* Forster 多种阔叶树及灌木等
618. 黄斑星天牛 *Anoplophora nobilis* Ganglbautr 阔叶林木
619. 云斑天牛 *Batocera hosrtieldi* Hope 多种阔叶树及灌木等
620. 桑天牛 *Apriona germari* Hope 阔叶林木
621. 异斑象天牛 *Mesosa stictica* Blanchard 阔叶林木
622. 四点象天牛 *Mesosa myops* Dalman 阔叶林木
623. 麻天牛 *Paraqlenea fortunei* Saunders 苎麻、木槿、桑等
624. 青杨天牛 *Saperda poprlnta* Linnaeus 杨树等
625. 松刺脊天牛 *Dystomorphus notatus* Pic 松类
626. 十二斑脊天牛 *Glenea liconti* Pic 阔叶林木
627. 黄腹脊筒天牛 *Nupserha testaeeipes* Pic 阔叶林木
628. 灰翅筒天牛 *Oberea ocularta* Linnaeus 阔叶林木
629. 台湾筒天牛 *Oberea formasana* Pic 阔叶林木
630. 桑黄星天牛 *Psacothea hilaris* Pascoe 阔叶林木
631. 双条楔天牛 *Saperda bylineatocollis* Pic 阔叶林木
632. 黄带楔天牛 *Thermistis croceocincta* Sauuders 阔叶林木
633. 双簇天牛 *Moechotypa diphysis* Pascoe 栎类

634. 小灰长角天牛 *Acanthocinus griseus* Fabricius 栎、松类

（二十一）叶甲科 Chrysomelidae（13 种）

635. 杨叶甲 *Chrysomela populi* Linnaeus 杨

636. 柳二十星叶甲 *Chrysomela vigintipunctata* Scopoli 柳

637. 柳十八星叶甲 *Chrysomela salicivorax* Fairmaire 柳

638. 亮叶甲 *Chrysolampra spleendens* Baly 灌木

639. 大猿叶甲 *Colaphellus bowringii* Baly 十字花科

640. 东方油菜叶甲 *Entomoscelis orientalis* Motschulsky 十字花科

641. 黑缝油菜叶甲 *Entomoscelis sutuREALIS* Weise 十字花科

642. 铜色山叶甲 *Oreina aeneolucens* Achard 阔叶林木、灌木

643. 梨斑叶甲 *Paropsides soriculata* Swartz 杜梨等

644. 杨佛叶甲 *Phratora laticollis* Suffrian 杨、柳

645. 橙胸斜绿叶甲 *Plagiodera versicolora* Laichartivy 柳、杨

646. 爪兆叶甲 *Sternoplatys clemetci* Jacabson 阔叶柳木

647. 光翅兆叶甲 *Sternoplatys fulvipes* Motschulsky 阔叶林木

（二十二）肖叶甲科 Eumolpidae（15 种）

648. 蓝后缘叶甲 *Aoria cyanea* Chen 杂草、林木

649. 栎后缘叶甲 *Aoria nucea* Fairmaire 杂草、林木

650. 棕红缘叶甲 *Aoria rufotestacea* Fairmaire 杂草、林木

651. 李叶甲 *Cleoporus variabilis* Baly 李属、青冈、桦、松类

652. 黑点茶叶甲 *Demotina piceonotata* Pic 灌木

653. 黄毛角胸叶甲 *Lypesthes subregularis* Pic 阔叶林木

654. 粉筒胸叶甲 *Lypesthes ater* Motschulsky 阔叶林木

655. 光背锯角叶甲 *Clytra laeviuscula* Ratjeburg 阔叶林木

656. 中华隐头叶甲 *Cryptocephalus chinensis* Jacoby 杂草、林木

657. 黄隐头叶甲 *Cryptocephalus fulvus* Goeze 杂草、林木

658. 斑额隐头叶甲 *Cryptocephalus kulibini* Baly 杂草、林木

659. 黄缘隐头叶甲 *Cryptocephalus ochroloma* Gebler 杂草、林木

660. 黄头隐头叶甲 *Cryptocephalus permodestus* Baly 杂草、林木

661. 隐头叶甲 *Cryptocephalus yangweii* Chen 杂草、林木

662. 小斑隐头叶甲 *Cryptocephalus regalis* Gebler 杂草、林木

（二十三）萤叶甲科 Galerucuidae（18 种）

663. 圆尾萤叶甲 *Arthrotidea ruficollis* Chen 杂草、阔叶林木、灌木

664. 黄守瓜 *Aulacphora femoralis* Motschlsky 十字花科、葫芦科

665. 墨盾黄守瓜 *Aulacophora almra* Maulik 十字花科、葫芦科

666. 印度黄守瓜 *Aulacophora indica* Gmelin 十字花科、葫芦科

667. 泡桐叶甲 *Basiprionota bisignata* Boheman 阔叶林木

668. 中华波绿叶甲 *Basiprionota chinensis* Fsbricius 杂草、灌木
669. 绿山萤叶甲 *Chrysomelinae greina* Coerulans 杂草、灌木
670. 黑腹克叶甲 *Cneorane cariosipennis* Fairmaire 杂草、灌木
671. 红腿克叶甲 *Cneorane femoralis* Jacoby 杂草、灌木
672. 紫尾克叶甲 *Cneorane rolaceipennis* Allard 杂草、灌木
673. 方点萤叶甲 *Dercetina varipennis* Jacoby 阔叶林木、灌木
674. 西芷柄叶甲 *Galerucinae metallica* Jacoson 杂草、阔叶林木、灌木
675. 黄米萤叶甲 *Mimastra grahami* Gressitt 阔叶林木、杂草
676. 铜纹萤叶甲 *Mimastra guerryi* Laboissiere 杂草、阔叶林木
677. 薄翅萤叶甲 *Pallasiola absinthii* Pallas 杂草、阔叶林木
678. 陕西后脊萤叶甲 *Paragetocera flavipes* Chen 杂草、阔叶林木
679. 横带额萤叶甲 *Sermyloides semiornata* Chen 杂草、阔叶林木
680. 脊纹萤叶甲 *Theone sylphoides* Dalman 杂草、阔叶林木

（二十四）跳甲科 Halticidae （14 种）

681. 蓝跳甲 *Altica cyane* Weber 杂草
682. 蓟跳甲 *Altica cirsicola* Baly 杂草
683. 蒙古宽缘跳甲 *Altica deserticola* Weise 杂草
684. 米帕尔宽缘跳甲 *Altica pamiranica* Weise 杂草
685. 黑足椭圆跳甲 *Crepiolosoma picipiJes* Weise 杂草
686. 中华椭圆跳甲 *Crepiolosoma sinensis* Chen 杂草
687. 漆树直缘跳甲 *Ophrida scaphoides* Baly 漆树
688. 黄条跳甲 *Phyllioaes difficilis* Baly 十字花科
689. 黄曲条跳甲 *Phyllioaes striolata* Fabricius 十字花科
690. 黄宽条跳甲 *Phyllioaes humilis* Weise 十字花科
691. 黄窄条跳甲 *Phyllioaes vittula* Redtenbacher 十字花科、葫芦科
692. 异色卵跳甲 *Nonarthra variabilis* Baly 杂草、灌木
693. 长跗跳甲 *Longitarsus hedini* Chen 杂草、灌木
694. 黄色凹缘跳甲 *Podontia lutea* Olivier 漆树

（二十五）象虫科 Cueculionidae （17 种）

695. 核桃长足象 *Alcidodes juglans* Chao 核桃
696. 金绿树叶象 *Phyllobius virideaeris* Laichart 杨、柳
697. 西北利亚绿象 *Chlorophanus sibivicus* Gyllenhyl 柳
698. 黑斜纹象 *Chromoderus declivis* Olivier 阔叶林木
699. 波纹斜纹象 *Lepyrus japonicus* Roelofs 阔叶林木
700. 核桃横沟象 *Dyscerus juglans* Chao 核桃
701. 松树皮象 *Hylobius abietis haroldi* Fanst 松
702. 樟子松木蠹象 *Pissodes validirostris* Gyllenhyl 松

703. 黑木蠹象 *Pissodes cembrae* Motschulky 阔叶林木
704. 沟眶象 *Eucryptorrhynchus chinensis* Olivier 椿
705. 臭椿沟眶象 *Eucryptorrhyhchus brandti* Harlod 椿
706. 杨干象 *Cryptorrhynchus lapathi* Linnaers 杨
707. 圆筒筒喙象 *Lixus mandarinus fukienensis* Voss 阔叶林木
708. 斜纹圆筒象 *Msctocorynus obliquesignatus* Reitter 阔叶林木
709. 半球球胸象 *Piazomias dilatecollis* Chao 阔叶林木
710. 柞栎象 *Curculio arakawai* Matsumura et Kono 阔叶林木
711. 栗实象 *Curculio davidi* Afarimaire 板栗、茅栗

（二十六）卷象科 Attelabidae（2 种）

712. 杨卷叶象 *Byctiscus omissa* Voss 杨
713. 圆斑象 *Paroplapoderus semiamulatus* Jekel 松、桦、栎类

（二十七）小蠹科 Scolytidae（12 种）

714. 松纵坑切梢小蠹 *Blastophagus piniperda* Linnaeus 松类
715. 松横坑切梢小蠹 *Blsatophagus minor* Hartig 松类
716. 黑根小蠹 *Hylastes parallelus* Chapuis 松类
717. 秦岭梢小蠹 *Cryphalus chinlingensis* Tsai et Li 松类
718. 华山松梢小蠹 *Cryphalus lipingensis* Tsai et Li 松类
719. 油松梢小蠹 *Cryphalus tabulaeformis* Tsai et Li 松类
720. 华山松大小蠹 *Dendroctonus armandi* Tsai et Li 松类
721. 额毛小蠹 *Dryocoetes luteus* Blandford 松类
722. 密毛小蠹 *Dryocoetes uniseriatus* Eggers 松类
723. 松瘤小蠹 *Orthotomicus erosus* Wollaston 松类
724. 边瘤小蠹 *Dryocoetes laricis* Fanricius 松类
725. 横坑切小蠹 *Tomicus minor*（Hartig） 松类

十六、鳞翅目 Lepidoptera（33 科 404 种）

（一）透翅蛾科 Aegtriidae（3 种）

726. 白杨透翅蛾 *Parathrene tabaniformis* Rottenberg 杨、柳
727. 杨树透翅蛾 *Parathrene rhingiaeformis* Hubner 杨、柳
728. 杨干透翅蛾 *Sphecia siningensis* Hsu. 杨、柳

（二）麦蛾科 Gelechiidae（6 种）

729. 山杨麦蛾 *Anacampsis populella* Lederer 杨
730. 甘薯麦蛾 *Brachmia macroscopa* Meyrick 杂草
731. 绣线菊麦蛾 *Compsolecha metagramma* Meyrick 杂草
732. 马铃薯麦蛾 *Phthorimaea operculella* Zeller 杂草
733. 黑星麦蛾 *Telphusa chloriderces* Meyrick 阔叶树
734. 黑斑麦蛾 *Telphusa nephomicta* Meyrick 阔叶树

（三）木蠹蛾科 Cossidae （5 种）

735. 芳香木蠹蛾 *Cossus cossus* Linnaeus 多种阔叶树
736. 小木蠹蛾 *Holcocerus irsularis* Staudinger 榆、柳、栎类
737. 白斑木蠹蛾 *Catopta albonubilus* Moore 多种阔叶树
738. 榆木蠹蛾 *Holcocerus vicarius* Walker 多种阔叶树
739. 秦岭木蠹蛾 *Sinicossus terebrus* Schiff. 多种阔叶树

（四）豹蠹蛾科 Zeuzeridae （3 种）

740. 豹纹蠹蛾 *Zeuzera leuconotum* Butlur 多种阔叶树
741. 咖啡豹蠹蛾 *Zeuzera coffeae* Nietner 多种阔叶树、灌木
742. 秦豹蠹蛾 *Zeuzera qinlingensis* Hua et Chou 多种阔叶树

（五）蓑蛾科 Psyaenidae （2 种）

743. 碧皑衰蛾 *Acanthoecia bipars* Walker 冷杉、刺梅、杂草
744. 大袋蛾 *Clania variegata* Snellen 林木

（六）刺蛾科 Limacodidae （9 种）

745. 褐边绿刺蛾 *Parasa consocia* Walker 阔叶树、果树
746. 青刺蛾 *Parasa consocia* Walker 阔叶树、果树
747. 中国绿刺蛾 *Latoia sinica* Moore 阔叶树、果树
748. 双齿绿刺蛾 *Latoia consocia* walker 阔叶树、果树
749. 白眉刺蛾 *Narosa edoensis* Kawada 阔叶树、果树
750. 梨刺蛾 *Narsoideus flavidorsalis* Staudenger 阔叶树、果树
751. 黄刺蛾 *Cnidocampa flavescens* Walker 阔叶树、果树
752. 扁刺蛾 *Thosea sinensis* Walker 阔叶树、果树
753. 迷刺蛾 *Miresina banghoasi* Hering 栎类

（七）斑蛾科 Zygaenidae （3 种）

754. 茶柄脉锦斑蛾 *Eterusia aedea* Linnaeus 阔叶树
755. 梨星毛虫 *Illiberis pruni* Dyar 阔叶树、果树
756. 柞树斑蛾 *Illiberis sinensis* Walker 栎类

（八）蛀果蛾科 Carposinidae （1 种）

757. 桃小食心虫 *Carposina niponensis* Walsingham 多种果树

（九）卷蛾科 Tortricidae （14 种）

758. 榆白长翅卷叶蛾 *Acleris ulmicola* Meyrich 林木
759. 黄斑长翅卷叶蛾 *Acleris fimbriana* Thnuberg 杜梨、果树
760. 栎黑小卷蛾 *Cydia glandicoiana* Danil 栎类
761. 枣镰翅小卷蛾 *Ancylis sativa* Liu 酸枣、枣
762. 云杉黄卷蛾 *Archips piceana* Linnaeus 多种阔叶树、灌木
763. 木芩黄卷蛾 *Archips xylosteana* Linnaeus 多种阔叶树、灌木
764. 松针小卷蛾 *Epinotia rubiginosana* Herrich 油松

765. 松梢小卷蛾 *Rhyacionia ionicolana*（Doublesy） 油松
766. 黄色卷蛾 *Choristoneura longicellana* Walsingham 栎类、果树
767. 油松球果小卷蛾 *Gravitarmata margarotana* Hteinemann 林木
768. 松实小卷蛾 *Petrova dristata* Walsingham 松类
769. 顶芽小卷蛾 *Spilonota lechriaspis* Meyrich 松、栎类
770. 松褐卷蛾 *Pandemis cinnamonmeana*（Treitschke）松、栎、桦等
771. 榛褐卷蛾 *Pandemis corylana* Fabricius 林木、灌木
（十）螟蛾科 Eyralidae（19 种）
772. 油松球果螟 *Dioryctrira mendacella* Staudinger 松
773. 微红梢斑螟 *Dioryctrira rubella* Hampson 松、云杉
774. 松梢螟 *Dioryctria splendidella* Herrich-Schaetfer 松类
775. 云杉梢斑螟 *Dioryctria schuetzeella* Fuchs 松类、冷杉
776. 杨黄卷叶螟 *Botyodes diniasalis* Walker 杨、柳
777. 大黄卷叶螟 *Botyodes principalis* Leech 杨、柳
778. 黄杨绢野螟 *Diphania perpectalis*（Walker）黄杨
779. 豆荚螟 *Etiella zinckenella* Treitschke 豆科植物
780. 双斑薄翅野螟 *Evergestis junctalis* Warren 阔叶树
781. 四斑绢野螟 *Glyphodes quadricmculalis* Bremer et Grey 阔叶树
782. 黄翅锥额野螟 *Loxostege umbrosalis* Warren 阔叶树
783. 黄斑紫翅野螟 *Rehimena phrynealis* Walker 阔叶树
784. 大白斑野螟 *Polythlipta liquidalis* Leech 阔叶树
785. 乳翅卷叶螟 *Pycnarmon lactiferalis* Walker 阔叶树
786. 豹纹卷叶螟 *Pycnarmon pantherata* Butler 阔叶树
787. 桃蛀暝 *Dichocrocis punctiferales* Guenee 松、栗、山楂
788. 旱柳原野螟 *Proteuclasta stotzntri* Carakja 柳
789. 竹织叶野螟 *Algedonia coclesalis* Walker 竹
790. 楸螟 *Omphisa plagialis* Wileman 果树
（十一）枯叶蛾科 Lasiocampidae（17 种）
791. 秦岭小毛虫 *Cosmotriche chensiensis* Hou 松类
792. 华山松毛虫 *Dendrolimus* huashanensis Hou 松类
793. 油松毛虫 *Dendrolimus tabulaeformis* Tsai 油松
794. 马尾松毛虫 *Dendrolimus punctatus* Walker 马尾松
795. 太白松毛虫 *Dendrolimus taibaiensis* Hou 松
796. 柏毛虫 *Dendrolimus suffuscus illustratus* Lajonquiere 柏、云杉
797. 秦岭松毛虫 *Dendrolimus qinlingensis* Tsai et Hou 松类
798. 黄斑波纹杂毛虫 *Cyclophragma undaos fasciatella* Motscbulsk 栎类、松类
799. 杨枯叶蛾 *Gastropacha populifolia* Esper 林木

800. 李枯叶蛾 *Gastropacha quercifolia* Esper 林木
801. 天幕毛虫 *Malacosoma neustria testacyea* Motschulsky 阔叶树
802. 留坝天幕毛虫 *Malacosoma liuba* Hou 阔叶树
803. 竹黄枯叶蛾 *Philudoria divisa sulphurea* Aurivellus 竹、芦苇
804. 白杨枯叶蛾 *Bhima idiofa* Graeser 杨、榆、柳等
805. 栎枯叶蛾 *Bhima eximia* （Oberthur） 栎类
806. 栎黄枯叶蛾 *Trabala vishnou* Lefebure 栎类等
807. 栎毛虫 *Paralebeda playifera* Walker 栎、柏

（十二）大蚕蛾科 Saturniidae （12 种）

808. 绿尾大蚕蛾 *Actias selene ningpoana* Felder 枫杨、柳、樟等
809. 红尾大蚕蛾 *Dendrolimus rhodopneuma* Rober 阔叶树
810. 黄尾大蚕蛾 *Dendrolimus heterogyna* Mell 阔叶树
811. 华尾大蚕蛾 *Dendrolimus sinensis* （Walker） 阔叶树
812. 明目大蚕蛾 *Antheraea frithii* Javanensis 林木
813. 柞蚕 *Antheraea pernyi* Guerin 栎类
814. 半目大蚕蛾 *Antheraea yamamai* Guerin 栎、忍冬等植物
815. 黄豹大蚕蛾 *Loepa katinka* （Westwood） 阔叶树
816. 樟蚕 *Eriogyna pyretorum* Westwood 枫杨、栗
817. 樗蚕 *Philosamia cynthia* Walker 椿、樟、含笑等
818. 透目大蚕蛾 *Rhodinia fugax* （Butler） 阔叶树
819. 猫目大蚕蛾 *Salassa thespis* Leech 枫杨、樟树、桤木

（十三）带蛾科 Eupterotidae （3 种）

820. 褐斑带蛾 *Apha subdives* Walker 阔叶树
821. 褐带蛾 *Palirisa ceruina* Moore 阔叶树
822. 灰褐带蛾 *Palirisa sinensis* （Rothsch） 阔叶树

（十四）钩蛾科 Drepanidae （5 种）

823. 赤杨钩蛾 *Drepana curvatula* Borkhausen 赤杨、青杨、桦
824. 紫带褐钩蛾 *Neoreta olga* Swinhoe 灌木等
825. 日本线钩蛾 *Nordostroemia japonica* Moore 栎类
826. 栎树钩蛾 *Palaeodrepana harpagula* Esper 栎类
827. 黄点钩蛾 *Callicilix abraxata* Butler 栎类、核桃

（十五）尺蛾科 Geometridae （30 种）

828. 栓皮栎波尺蛾 *Inurois fletcheri* Inoue 栎、榉等
829. 女贞尺蛾 *Naxa seriaria* Motschulsky 灌木、阔叶树
830. 丝棉栓尺蛾 *Calopilos suspecta* Warren 阔叶树
831. 雪尾尺蛾 *Ourapteryx nivea* Butler 栓皮栎
832. 波尾尺蛾 *Ourapteryx persica* Menetries 阔叶树

833. 大造桥虫 *Ascotis selenaria* Schifftrmuller *et* Denis 槐、木槿、水杉
834. 杉霜尺蛾 *Alcis angulifera* Butler 冷杉、云杉
835. 桦霜尺蛾 *Alcis repandata* Linnaeus 桦、杨
836. 针叶霜尺蛾 *Alcis secondaryia* Esper 松、柏
837. 双云尺蛾 *Biston comitata* Warren 阔叶树
838. 桦尺蛾 *Biston betularia* Linnaeus 阔叶树
839. 松尺蛾 *Bupalus piniarius* Linnaeus 松类
840. 金盅尺蛾 *Calicha ormataria* Leech 阔叶树
841. 榛金星尺蛾 *Calospilos sylvata* Scopoli 阔叶树
842. 双斜线尺蛾 *Conchia mundataria* Carmer 阔叶树
843. 木橑尺蛾 *Culcula panterinaria* Bremer et Grey 林木、杂草
844. 枞灰尺蛾 *Deileptenia ribeata* Clerck 阔叶树
845. 树型尺蛾 *Erebomorpha consors* Butler 阔叶树
846. 槐尺蠖 *Semiothisa Cinerearia Bremer et* Grey 中槐
847. 栓皮栎尺蛾 *Erannis dira* Butler 栓皮栎
848. 直脉青尺蛾 *Hipparchus valida* Felder 栎、橡
849. 白蛮尺蛾 *Medasina albidaria* Walker 阔叶树
850. 点尺蛾 *Naxa angustaria* Leech 阔叶树
851. 黑黄星尺蛾 *Obeidia tigrata neglecta* Thierry 栎类
852. 蓝斑岩尺蛾 *Scopula decorate* Denis et Schiffermuller 阔叶树
853. 长毛岩尺蛾 *Scopula superciliata* Prout 阔叶树
854. 黑玉臂尺蛾 *Xandrames dholaria sericea* Butler 阔叶树
855. 刺槐尺蠖 *Napacheima robiniae* Chou 刺槐、桦
856. 桑尺蠖 *Phthonandria atrilineata* Butler 阔叶树
857. 角顶尺蛾 *Phthonandria emaria* Bremer 阔叶树

（十六）凤蛾科 Epicopeiidae（1 种）

858. 浅翅凤蛾 *Epicopeia hainesi sinicaria* Leech 榆

（十七）天蛾科 Sphingidae（23 种）

859. 松黑天蛾 *Hyloicus caligieus sinicus* Rothscild et Jordan 松
860. 鬼脸天蛾 *Acherontia lacheaia*（Fabricius） 草本植物
861. 芝麻天蛾 *Acherontia atyx* Westwood 草本植物
862. 灰天蛾 *Acosmerycoides leucocraspis* Hampson 阔叶树
863. 黄脉天蛾 *Amorpha amurensis* Staudinger 阔叶树
864. 眼斑天蛾 *Callambulyx orbia* Chu et Wang 阔叶树
865. 栎鹰翅天蛾 *Oxyambulyx liturata* Butler 阔叶树
866. 鹰翅天蛾 *Oxyambulyx ochracea*（Butler） 阔叶树
867. 构月天蛾 *Paeum colligata* Walker 构树、桑树

868. 构星天蛾 *Parum* colligate saturate Clark 构树、桑树
869. 红天蛾 *Pergesaelpenor lewisi*（Butler） 草本植物
870. 梧桐天蛾 *Psilogramma menephron* Cramer 灌木、林木
871. 豆天蛾 *Clanis bilineata tsingtauica* Mell 豆科植物
872. 刺槐天蛾 *Clanis deucalion* Walker 刺槐
873. 白肩天蛾 *Rhagastis Mongoliana*（Butler） 草本植物
874. 杨目天蛾 *Smerithus caecus*（Menentries） 杨、柳
875. 蓝目天蛾 *Smerithus planus planus* Walker 杨、柳
876. 松针天蛾 *Sphinx caliqineus* Butler 松
877. 桃天蛾 *Marumba gaschkewitschi* Bremeretgrey 林木
878. 榆天蛾 *Callambulyx tatarinovi* Bremer et Grey 榆
879. 柳天蛾 *Smerithus planus* Walker 杨、柳
880. 紫光天蛾 *Phyllosphingia dissimilis sinensis* Jordan 阔叶树
881. 斜纹天蛾 *Theretra clotho* drury 阔叶树

（十八）舟蛾科 Notodontidae（24 种）

882. 杨二尾舟蛾 *Cerura menciana* Moore 杨、柳
883. 杨扇舟蛾 *Clostera anachoreta*（Fabricius） 杨、柳
884. 短扇舟蛾 *Clostera curtuloides* Erschoff 杨、柳
885. 银刀奇舟蛾 *Allata argyropeza*（Oberthur） 阔叶林木
886. 半明奇舟蛾 *Allata laticostalis* Hampson 阔叶林木
887. 锯纹林舟蛾 *Drymonia dodonides* Staudinger 栎类
888. 著蕊尾舟蛾 *Dudusa sphingiformis* Moore 阔叶林木
889. 钩翅舟蛾 *Gangarides dharma* Moore 阔叶林木
890. 腰带燕尾舟蛾 *Harpyia lanigera* Butle 阔叶林木
891. 栎枝背舟蛾 *Harpyia umbrosa umbrosa*（Staudinger） 栎类
892. 银二星舟蛾 *Rabtala aplendida*（Oberthur） 栎
893. 黄二星舟蛾 *Rabtala cristata* Butler 栎
894. 赭小舟蛾 *Micromelalopha haemorrhoidalis* Kiriakoff 阔叶林木
895. 杨剑舟蛾 *Pheosia fusiformis* Matsumura 阔叶林木
896. 金纹舟蛾 *Plusiogramma aurisigna* Hampson 阔叶林木
897. 榆白边舟蛾 *Nericoides davidi* Oberthur 阔叶林木
898. 小白边舟蛾 *Nericoides minor* Cai 阔叶林木
899. 舟形毛虫 *Phalera flavescens* Bremer et Grey
900. 榆掌舟蛾 *Phalera fuscescens* Butler 榆等
901. 栎掌舟蛾 *Phalera assimilis Bremer et* Arey 栎等
902. 槐羽舟蛾 *Pterostoma sinicum* Moore 槐类
903. 艳金舟蛾 *Spatalia doeriesi* Graeser 栎类

904. 丽金舟蛾 *Spatalia dives* Oberthur 栎
905. 窦舟蛾 *Zaranga pannosa* Moore 阔叶林木
（十九）灯蛾科 Arotiidae（20 种）
906. 红边灯蛾 *Amsacta lactinea* Cramer 阔叶林木
907. 豹灯蛾 *Arctia caja*（Linnaeus） 十字花科 . 林木
908. 粉灯蛾 *Alphaea fulvohirta* Walker 阔叶林木
909. 花布丽灯蛾 *Camptoloma interiorata* Walker 栎类、柳等
910. 大丽灯蛾 *Callimorpha histrio* Walker 阔叶林木
911. 丽灯蛾 *Callimorpha principalis*（Kollar） 阔叶林木
912. 栎点灯蛾 *Celama confuselis* Herrich 栎类
913. 褐带灯蛾 *Eospilarctia lewisi*（Butler）阔叶林木
914. 白雪灯蛾 *Chionarctia nivea* Menetries 杂草
915. 姬白灯蛾 *Spilarctia rhodophila* Walker 杂草
916. 长翅丽灯蛾 *Nicaea longipensis* Walker 阔叶林木
917. 肖浑黄灯蛾 *Rhyparioides amurensis*（Bremer）阔叶林木、杂草
918. 红腹灯蛾 *Spilarctia subcarnea*（Walker） 十字花科、豆类
919. 尘污灯蛾 *Spilarctia obliquea* Walker 杂草
920. 赭污灯蛾 *Spilarctia nehallenia*（Oberthur）杂草
921. 洁雪灯蛾 *Spilosoma pura* Leech 杂草
922. 黑带污灯蛾 *Spilarctia quercii*（Oberthur）杂草
923. 污灯蛾 *Spilarctia lutea* Hufnagel 杂草
924. 坦灯蛾 *Thanataarctia infernalis* Butler 阔叶林木
925. 白腹坦灯蛾 *Thanataarctia melansoma*（Hampson） 阔叶林木
（二十）夜蛾科 Noctuidae（41 种）
926. 尘剑叶蛾 *Acronicta pulverousa* Hampaon 阔叶林木
927. 天剑纹夜蛾 *Acronicta tiena* Pungeler 阔叶林木
928. 丝剑纹夜蛾 *Acronicta metaxantha* Hampson 阔叶林木
929. 枯叶夜蛾 *Adris tyrannus* Guenee 阔叶林木
930. 桥夜蛾 *Anomis mesogona* Walker 林木、灌木
931. 高山翠夜蛾 *Daseochueta alpium* Osbeck 栎类
932. 小地老虎 *Agrotis ypsilon* Rottemberg 林木幼苗、植物根系
933. 大地老虎 *Agrotis tokionis* Butler 林木幼苗、植物根系
934. 黄地老虎 *Agrotis segetum* Schiffermuller 林木幼苗、植物根系
935. 八字地老虎 *Agrotis cnigrum* Linnaeus 林木幼苗、植物根系
936. 钩尾夜蛾 *Calymnia unicolora* Staudinger 阔叶林木
937. 紫黑扁身夜蛾 *Amphipyra corvine* Motschlsky 灌木
938. 红裙扁身叶蛾 *Amphipyra monolitha* Guenee 阔叶林木

939. 桦扁夜蛾 *Amphipyra schrenkii* Menetries 桦
940. 银纹夜蛾 *Argyrogramma agnate*（Staudinger）十字花科
941. 缤夜蛾 *Moma alpium* Osbeck 阔叶林木
942. 甘蓝夜蛾 *Barathra brassicae*（Linnaeus）阔叶林木
943. 甜菜夜蛾 *Laphygma exigua* Linnaeus 林木、灌木、杂草
944. 白边切夜蛾 *Euxoa oberthuri* Leech 刺槐、泡桐
845. 双条波夜蛾 *Bocana bistrigata* Staudinger 阔叶林木
946. 斑条波夜蛾 *Bocana spacoalis* Walker 阔叶林木
947. 丹日明夜蛾 *Chasmina sigilata* Menetres 阔叶林木
948. 白夜蛾 *Chasminodes albonitens* Bremer 阔叶林木
949. 裳夜蛾 *Catocala nupta* Linnaeus 杨、柳
950. 柳裳夜蛾 *Catocala electa* Borkhausen 杨、柳
951. 红衣夜蛾 *Clethrophora distincta* Leech 阔叶林木
952. 柳金钢钻 *Earias pudicana* Staudinger 杨、柳
953. 一点金钢钻 *Earias pudicana pupillana* Staudinger 杨、柳
954. 臭棒皮蛾 *Elaigma narcissus* Cramer 阔叶林木
955. 栎光裳夜蛾 *Ephesia dissimilis* Bremer 栎类
956. 两色碧夜蛾 *Hylophilina bicolorana*（Fuessly）栎类
957. 玄珠夜蛾 *Erythroplusia rutilifrons*（Walker）阔叶林木
958. 苜蓿夜蛾 *Heliothis viriplaca* Hufnagel 草本植物
959. 色孔雀夜蛾 *Nacna prasinaria* walker 阔叶林木
960. 绿孔雀夜蛾 *Nacna malachiteis* Oberthur 阔叶林木
961. 斜纹夜蛾 *Prodenia litura* Fabricius 草本植物
962. 白斑小夜蛾 *Polia persicariae* Linnaeus 阔叶林木
963. 黄带后夜蛾 *Trisuloides luteifascia* Hampson 阔叶林木
964. 明后夜蛾 *Trisuloides nitida* Butler 阔叶林木
965. 晦目夜蛾 *Speiredonia Martha*（Butler）阔叶林木
966. 旋目夜蛾 *Speiredonia retorta*（Linnaeus）阔叶林木

（二十一）毒蛾科 Lymantriidae（20 种）

967. 栎茸毒蛾 *Dasychira Taiwana aurifera* Scriba 栎类
968. 茸毒蛾 *Dasychira pudibunda* Linnaeus 阔叶林木、果树、杂草
969. 暗茸毒蛾 *Dasychira tenebrosa* Walker 阔叶林木
970. 松毒蛾 *Dasychira axutha* Collenette 松、杉、柏
971. 白毒蛾 *Arctornis l-nigrum* Muller 阔叶林木、果树
972. 肾毒蛾 *Cifuna locuples* Walker 阔叶林木
973. 榆毒蛾 *Ivela ochropoda* Eversmann 榆
974. 栎毒蛾 *Lymantria mathura* Moore 栎类

975. 络毒蛾 *Lymantria concolor* Walker 松、杉、阔叶树等
976. 舞毒蛾 *Lymantria dispar* Linnaeus 松、杉、阔叶树等
977. 模毒蛾 *Lymantria monacha*（Linnaeus）松、杉、阔叶树等
978. 古毒蛾 *Orgyia antiqua*（Linnaeus）阔叶林木、果树、杂草
979. 角斑古毒蛾 *Orgyia gonostigma*（Linnaeus）阔叶林木、果树、杂草
980. 灰斑古毒蛾 *Orgyia ericae* Germar 阔叶林木、果树、杂草
981. 侧柏毒蛾 *Parocneria furva*（Leech）松、柏
982. 雪毒蛾 *Stilpnotia Salicise* Linnaeus 松、柏
983. 柳毒蛾 *Stilpnotia candida* Staudinger 柳
984. 油杉毒蛾 *Lymantria monacha* Linnaeus 松类、冷杉
985. 桑毛虫 *Porthesia similes* Fueszly 阔叶林木
986. 黑纹毒蛾 Euproctis niphonis（Butler）阔叶林木、杂草

（二十二）苔蛾科 Lithosiidae（5 种）

987. 条纹苔蛾 *Agylla vittata* Leech 地衣、杂草、松
988. 四点苔蛾 *Lithosia quadra* Linnaeus 地衣、杂草、松
989. 秧雪苔蛾 *Chionaema arama*（Moore）地衣、杂草
990. 日土苔蛾 *Eilema japonica* Leech 地衣、枯落叶
991. 黄雪苔蛾 *Cyana Dohertyi*（Elwes）阔叶林木、杂草

（二十三）弄蝶科 Hesperiidae（18 种）

992. 白弄蝶 *Abraximorpha davidii* Mabille 草本植物
993. 豹弄蝶 *Thymelicus leonineus* Butler 草本植物
994. 双色舟弄蝶 *Barca bicolor* Oberthur 草本植物
995. 花弄蝶 *Pyrgus maculatus* Bremer 草本植物
996. 绿弄蝶 *Choaspes benjaminii*（de Niceville）草本植物
997. 黄弄蝶 *Potanthus confucius* Felder 草本植物、竹
998. 曲纹黄室弄蝶 *Potanthus flavus* Murray 草本植物、竹
999. 黄窗弄蝶 *Coladenia laxmi*（de Niceville）灌木
1000. 幽窗弄蝶 *Coladenia sheila* Evans 灌木
1001. 黑弄蝶 *Danimio tethys* Menetries 杂草
1002. 直纹稻弄蝶 *Parnara guttata* Bremer et Grey 水生植物、竹类
1003. 隐纹谷弄蝶 *Pelopidas mathias* Fabricius 水生植物、竹类
1004. 中华谷弄蝶 *Pelopidas sinensis* Mabille 草本植物
1005. 花裙陀弄蝶 *Thoressa submacula* Leech 草本植物
1006. 宽缘赭弄蝶 *Ochlodes ochracea* Bremer 草本植物
1007. 小赭弄蝶 *Ochlodes subhyalina* Bremer 草本植物
1008. 飒弄蝶 *Satarupa gopala* Moore 草本植物
1009. 曲纹袖弄蝶 *Notocrypta curvifascia* 草本植物

（二十四）绢蝶科 Parnassiidae （1 种）

1010. 冰清绢蝶 *Parnassius glacialis* Butler 草本、灌木

（二十五）眼蝶科 Satyridae （25 种）

1011. 黛眼蝶 *Lethe Diana* Butler 杂草

1012. 直带黛眼蝶 *Lethe lanaris* Fabricius 竹类

1013. 罗丹黛眼蝶 *Lethe laodamia* Leech 杂草

1014. 隐纹黛眼蝶 *Lethe marginalis* Motschulsky 杂草

1015. 连纹黛眼蝶 *Lethe syrcis* Hewitson 杂草

1016. 黑带黛眼蝶 *Lethe nigrifascia* Leech 杂草

1017. 明带黛眼蝶 *Lethe helle* Leech 杂草

1018. 古眼蝶 *Palaeonympha opalina* Butler 竹类

1019. 黄斑荫眼蝶 *Neope pulaha* Moore 杂草、禾本科

1020. 黑斑荫眼蝶 *Neope pulahoides* Leech 杂草、禾本科

1021. 网眼蝶 *Rhapcera dumicola* Oberthur 杂草、禾本科

1022. 幽矍眼蝶 *Ypthima conjuncta* Leech 杂草、禾本科

1023. 中华矍眼蝶 *Ypthima chinensis* Leech 杂草、禾本科

1024. 宁眼蝶 *Ninguta schrenkii* Menetries 杂草

1025. 红眼蝶 *Erebia alcmena* Grum 杂草

1026. 云眼蝶 *Hyponephele dura* Marshall 杂草

1027. 拟稻眉眼蝶 *Mycalesis francisca* Stoll 水生杂草、竹类

1028. 稻眉眼蝶 *Mycalesis gotama* Moore 水生杂草、竹类

1029. 白眼蝶 *Melanargla halimede* （Menetries） 水生杂草、竹类

1030. 黑纱白眼蝶 *Melanargla lugens* Honrath 水生杂草、竹类

1031. 白斑眼蝶 *Penthema adelma* Felder 竹类

1032. 蛇眼蝶 *Minois dryas* Linnaeus 水生杂草、竹类

1033. 矍眼蝶 *Ypthima motschulskyi* 水生杂草、竹类

1034. 紫线黛眼蝶 *Lethe violaceopicta* 杂草

1035. 华西黛眼蝶 *Lethe dura* 杂草

（二十六）环蝶科 Morphidae （2 种）

1036. 箭环蝶 *Stichophthalma howqua* Westwood 竹类

1037. 小箭环蝶 *Stichophthalma neumogeni* Leech 竹类

（二十七）蛱蝶科 Nympulidae （48 种）

1038. 大红蛱蝶 *Vanessa indica* Herbst 杂草、灌木

1039. 小红蛱蝶 *Vanessacardui* Linnaeus 杂草、灌木

1040. 黄钩蛱蝶 *Polygonia c-aureum* Linnaeus 杂草、灌木

1041. 黑脉蛱蝶 *Hestina assimilis* Linnaeus 灌木

1042. 孔雀蛱蝶 *Inachis io* Linnaeus 林木

1043. 紫闪蛱蝶 *Apatura iris* Linnaeus 林木
1044. 大闪蛱蝶 *Apatura schrenckii* Menetries 林木
1045. 大紫蛱蝶 *Sasakia charonda* Hewitson 林木
1046. 黑紫蛱蝶 *Sasakia funebris* Leech 灌木
1047. 婀蛱蝶 *Abrota ganga* Moore 林木
1048. 布纹蛛蛱蝶 *Araschnia burejana* Bremer 杂草、林木
1049. 曲纹蛛蛱蝶 *Araschnia doris* Leech 杂草、林木
1050. 云豹蛱蝶 *Argynnis anadyomene* Felder 草本植物
1051. 绿豹蛱蝶 *Argynnis paphia* Linnaeus 草本植物
1052. 斐豹蛱蝶 *Argyreus hyperbus*（Linnaeus）草本植物
1053. 倒钩带蛱蝶 *Athyma recurva* Leech 草本植物
1054. 绢蛱蝶 *Calinaga Buddha* Moore 林木
1055. 美目蛱蝶 *Junonia almanac*（Linnaeus） 灌木
1056. 红线蛱蝶 *Limenitis populi* Linnaeus 灌木
1057. 扬眉线蛱蝶 *Limenitis helmanni* Lederer 灌木
1058. 愁眉线蛱蝶 *Limenitis disjucta* Leech 灌木
1059. 巧克力线蛱蝶 *Limenitis ciocolatina* Poujade 灌木
1060. 横眉线蛱蝶 *Limenitis moltrechti* Kardakoff 灌木
1061. 折线蛱蝶 *Limenitis sydyi* Lederer 灌木
1062. 网蛱蝶 *Melitaea fezabel* Oberthur 灌木
1063. 黄带铠蛱蝶 *Chitoria fasciola* Leech 林木
1064. 武铠蛱蝶 *Chitoria ulupi*（Doherty）林木
1065. 嘉翠蛱蝶 *Euthalia lardama* Moore 灌木
1066. 玻璃蛱蝶 *Kaniska canace*（Linnaeus）灌木
1067. 二尾蛱蝶 *Polyura narcaea* Hewitson 灌木
1068. 中华线蛱蝶 *Patsuia sinensium* Oberthur 灌木
1069. 黄环蛱蝶 *Neptis ananta* Moore 灌木
1070. 重环蛱蝶 *Neptis alwina* Bremer 灌木
1071. 伊洛环蛱蝶 *Neptis ilos* Fruhstorfer 灌木
1072. 齿纹环蛱蝶 *Neptis armandia* Oberthur 灌木
1073. 啡环蛱蝶 *Neptis phylia* Menetries 灌木
1074. 单环蛱蝶 *Neptis rivularis* Scopoli 灌木
1075. 断环蛱蝶 *Neptis sankara* Kollar 灌木
1076. 提环蛱蝶 *Neptis thisbe* Menetries 灌木
1077. 小环蛱蝶 *Neptis sappho* pallas 灌木
1078. 中环蛱蝶 *Neptis hylas* Linnaeus 灌木
1079. 锦瑟蛱蝶 *Seokia pratti* Leech 灌木

1080. 黄帅蛱蝶 *Sephisa princes* Fixsen 栎类林木
1081. 朱蛱蝶 *Nympbalis xanthomelas* Denis 灌木
1082. 猫蛱蝶 *Timelaea albescens* Oberrthur 灌木、林木
1083. 黄钩蛱蝶 *Polygonia c-aureum* 灌木、林木
1084. 中华黄葩蛱蝶 *Limenitis sinensium* 灌木、林木
1085. 玄珠带蛱蝶 *Athyma perius* 林木

（二十八）灰蝶科 Lycaenidae （11 种）

1086. 蓝灰蝶 *Everes argi-daes* Pallas 灌木、草本
1087. 尖翅银灰蝶 *Curetis acuta* Moore 豆科草本
1088. 黑灰蝶 *Niphanda fusca* Bremer et Grey 栎类
1089. 黑俳灰蝶 *Panchala paragonsa* de Niceville 林木
1090. 珞灰蝶 *Scolitantides orion* Pallas 灌木
1091. 白灰蝶 *Phengaris atroguttata* Oberthur 灌木
1092. 豆灰蝶 *Plebejus argus* Linnaeus 灌木
1093. 玄灰蝶 *Tongeia fischery* Eversmann 灌木、草本
1094. 陕西珂灰蝶 *Cordelia kitawakii* Koiwaya 灌木、草本
1095. 琉璃灰蝶 *Celastrina argiolus* Linnaeus 豆科草本
1096. 艳灰蝶 *Favonius orientalis* Murray 豆科草本

（二十九）喙蝶科 Libytheidae （1 种）

1097. 朴喙蝶 *Libythea celtis* Laicharting 林木

（三十）珍蝶科 Acraeidae （1 种）

1098. 苎麻珍蝶 *Acraea issoria* Hiibner 苎麻

（三十一）粉蝶科 Pieridae （19 种）

1099. 菜粉蝶 *Pieris rapae* Linnaeus 十字花科
1100. 黑纹粉蝶 *Pieris melete* Menetries 十字花科
1101. 暗脉菜粉蝶 *Pieris napi* Linnaeus 十字花科
1102. 东方菜粉蝶 *Pieris canidia* Sparrman 十字花科
1103. 红襟粉蝶 *Anthocharis cardamines* Linnaeus 十字花科
1104. 绢粉蝶 *Aporia crataeg* Linnaeus 果树
1105. 酪色绢粉蝶 *Aporia potanini* Alpheraky 白花菜科
1106. 箭纹绢粉蝶 *Aporia procris* Leech 白花菜科
1107. 秦岭绢粉蝶 *Aporia tsinglingca* Verity 白花菜科
1108. 黑脉粉蝶 *Artogeia mallete* Menetries 十字花科
1109. 黄粉蝶 *Colias erate* Esper 苜蓿、豆科植物
1110. 橙黄粉蝶 *Colias electo* Linnaeus 苜蓿、豆科植物
1111. 豆粉蝶 *Colias hyale* Linnaeus 苜蓿、豆科植物
1112. 宽边黄粉蝶 *Eurema hecabe* Linnaeus 杂草

1113. 云斑粉蝶 *Pontia daplidice* Linnaeus 十字花科
1114. 黑角方粉蝶 *Dercas lycorias* Doubleday 灌木
1115. 突角小粉蝶 *Leptidea amurensis* Menetries 灌木
1116. 角翅粉蝶 *Gonepteryx rhamni* Linnaens 灌木
1117. 尖钩粉蝶 *Gonepterry xmahaguru* Gistel 灌木

（三十二）凤蝶科 Papilionidae（18 种）

1118. 燕尾凤蝶 *Papilio xuthus* Linnaeus 林木
1119. 玉带凤蝶 *Papilio polytes*（Linnaeus）林木
1120. 碧凤蝶 *Papilio bianor* Cramer 林木
1121. 兰凤蝶 *Papilio protenor* Cramer 林木
1122. 窄斑翠凤蝶 *Papilio arcturus* Westwood 林木
1123. 金凤蝶 *Papilio machaon* Linnaeus 伞形花科植物
1124. 巴黎翠凤蝶 *Papilio paris* Linnaeus 林木
1125. 升天剑凤蝶 *Pazala euroa* Leech 林木
1126. 丝带凤蝶 *Sericinus montela* Gray 灌木
1127. 金裳凤蝶 *Troides aeacus* Felder 灌木
1128. 太白虎凤蝶 *Luehdorfia taibai* Chou 灌木、林木
1129. 褐斑凤蝶 *Chilasa agestor restrictat* Leeck 灌木
1130. 麝凤蝶 *Byasa alcinous* Klug 灌木、林木
1131. 长尾麝凤蝶 *Byasa impedens*（Rothschild）灌木、林木
1132. 褐钩凤蝶 *Meandrusa sciror* Leeh 灌木、林木
1133. 红蛛凤蝶 *Pachliopta aristolochiae*（Fabricius）灌木、林木
1134. 乌克兰剑凤蝶 *Pazala tamerlana* 灌木、林木
1135. 柑橘凤蝶 *Papilio xuthus* 灌木、林木

（三十三）蚬蝶科 Riodinidae（3 种）

1136. 豹蚬蝶 *Takashia nana* Leech 草本、灌木
1137. 花蚬蝶 *Dodona eugenes* Bates 草本、灌木
1138. 黄带褐蚬蝶 *Abisara fylla*（Doubleday）草本、灌木

十七 、膜翅目 Hymenoptera（26 科 169 种）

（一）叶蜂科 Tenthredinidae（6 种）

1139. 茶叶蜂 *Caliroa camellia* Zhou et Huang 多种林木
1140. 黄翅菜叶蜂 *Athalis rosae ruficornis*（Jakovlev） 十字花科
1141. 落叶松叶蜂 *Pristiphora erichsonii*（Hartig） 落叶松
1142. 杨扁角叶蜂 *Stauronematus conpressicornis*（Fabricius） 杨
1143. 波氏锤角叶蜂 *Leptocimbex potanini* Swmenov 阔叶树
1144. 榆三节叶蜂 *Arge captiva* Smith 榆

（二）扁叶蜂科 Pamphiliidae（2 种）

1145. 松阿扁叶蜂 *Acantholyda posticalis* Matsumura 油松
1146. 中华扁叶蜂 *Pamphilus sinensis* Dong et Naito 桦
（三）树蜂科 Siricoidae（3 种）
1147. 新渡户树蜂 *Sirex mitibei* Mastumura 华山松、油松
1148. 黑顶角树蜂 *Tremex apicalis* Matsumura 杨、柳等
1149. 烟角树蜂 *Tremex fusicronis*（Fanricius） 杨、柳、榆、榉、桃、桦等
（四）茎蜂科 Cephidae（1 种）
1150. 古氏梨茎蜂 *Jarus gussakovskii* Maa 梨
（五）瘿蜂科 Cynipidae（1 种）
1151. 板栗瘿蜂 *Dryocosmus kuriphilus* Yasumatsu 板栗
（六）姬蜂科 Ichneumonidae（33 种）
1152. 螟蛉悬茧姬蜂 *Charops bicolor* Szepligeti 天敌昆虫
1153. 刺蛾姬蜂 *Chlorocryptus purpuratus* Smith 天敌昆虫
1154. 舞毒蛾墨瘤姬蜂 *Coccygomimus disparis* Viereck 天敌昆虫
1155. 蓑蛾瘤姬蜂 *Sericopimpla sagrac sauteri* Cushman 天敌昆虫
1156. 野蚕黑瘤姬蜂 *Coccygomimus luctuosus* Smith 天敌昆虫
1157. 黑斑瘦姬蜂 *Dicamptus nigropictus* Matsumura 天敌昆虫
1158. 紫瘦姬蜂 *Dictynotus purpurascens* Smith 天敌昆虫
1159. 食蚜蝇姬蜂 *Diplazon laetatorius* Fabricius 天敌昆虫
1160. 花胸姬蜂 *Gotra ochocinctus* Ashmead 天敌昆虫
1161. 喜马拉雅聚瘤姬蜂 *Gregopimpla himalayemsis* Cameron 天敌昆虫
1162. 樟蚕姬蜂 *Habronyx pyretorum* Cameron 天敌昆虫
1163. 松毛虫黑胸姬蜂 *Hypososter takagii* Matsumura 天敌昆虫
1164. 拟瘦姬蜂 *Netelia ocellaris* Thomson 天敌昆虫
1165. 夜蛾瘦姬蜂 *Ophion luteus* Linnaeus 天敌昆虫
1166. 脊腿匙鬃瘤姬蜂 *Theronia atlantae gestataor* Thunberg 天敌昆虫
1167. 黄眶离缘姬蜂 *Trathala flavo-orbitaks* Cameron 天敌昆虫
1168. 松毛虫黑点瘤姬蜂 *Xanthopimpla pedotor* Krieger 天敌昆虫
1169. 广黑点瘤姬蜂 *Xanthopimpla punctata* Fabricius 天敌昆虫
1170. 螟虫顶姬蜂 *Acropimpla persimilis*（Ashmead） 天敌昆虫虫
1171. 天蛾卡姬蜂 *Callajoppa pepsoides*（Smith） 天敌昆虫
1172. 棉铃虫齿唇姬蜂 *Campoletis chlorideae* Uchida 天敌昆虫
1173. 满点黑瘤姬蜂 *Coccygomimus aethiops*（Curtis） 天敌昆虫
1174. 细线细颚姬蜂 *Enicospilus lineolatus*（Roman） 天敌昆虫
1175. 黑斑细颚姬蜂 *Enicospilus melanocarpus* Cameron 天敌昆虫
1176. 黑纹细颚姬蜂 *Enicospilus nigropectus* Cameron 天敌昆虫
1177. 褶皱细颚姬蜂 *Enicospilus plicatus*（Brul l é ）天敌昆虫

1178. 纯斑细颚姬蜂 *Enicospilus purifenastratus*（Enderiein） 天敌昆虫
1179. 四国细颚姬蜂 *Enicospilus shikokuensis*（Uchida） 天敌昆虫
1180. 喜聚瘤姬蜂 *Gregopimpla himalayensis* Cameron 天敌昆虫
1181. 桑蟥聚瘤姬蜂 *Iseropus kuwanae*（Viereck） 天敌昆虫
1182. 蛀虫马尾姬蜂 *Megarhyssa gloriosa* Matsumura 天敌昆虫
1183. 褐斑马尾姬蜂 *Megargyssa pracelleus* Tospquunet 天敌昆虫
1184. 松毛虫棘领姬蜂 *Therion giganteum*（Linnaeus） 天敌昆虫
（七）茧蜂科 Braconidae（12 种）
1185. 螟长距茧蜂 *Macrocentrsu reninellae* Linnaeus 天敌昆虫
1186. 卷蛾长距茧蜂 *Macrocentrus resiellae* Linnaeus 天敌昆虫
1187. 两色刺足茧蜂 *Zombrus bicolor* Endelein 天敌昆虫
1188. 酱色刺足茧蜂 *Zombrus sjoestedi* Fahringer 天敌昆虫
1189. 松毛虫脊茧蜂 *Aleiodes dendrolimi*（Matsumura） 天敌昆虫
1190. 舟蛾脊茧蜂 *Aleiodes drymoniae*（Watanabe） 天敌昆虫
1191. 邻绒茧蜂 *Apanteles affinis*（Nees von Esbeck） 天敌昆虫
1192. 杨透翅蛾绒茧蜂 *Apanteles paranthrenis* You et Dang 天敌昆虫
1193. 樗蚕绒茧蜂 *Apanteles pictyoplocae* Watanabe 天敌昆虫
1194. 秦岭刻鞭茧蜂 *Coeloedes qinlingensis* Dang et Yang 天敌昆虫
1195. 赤腹茧蜂 *Iphiaulax imposter*（Scopoli） 天敌昆虫
1196. 四眼小蠹茧蜂 *Ropalophorus polygraphus* Yang 天敌昆虫
（八）蚜茧蜂科 Aphidiidae（2 种）
1197. 桃瘤蚜茧蜂 *Ephedrus persicae* Froggatt 天敌昆虫
1198. 柳柄瘤蚜茧蜂 *Lysiphlebus salicaphis*（Fitch） 天敌昆虫
（九）小蜂科 Chalcididae（7 种）
1199. 广大腿小蜂 *Brachymeria lasus* Walker 天敌昆虫
1200. 红腿小腿小蜂 *Brachymeria fonscolombei* Dafour 天敌昆虫
1201. 角头小蜂 *Dirninus hesperidum* Rossi 天敌昆虫
1202. 无脊大腿小蜂 *Brachymeria excarinata* Gahan 天敌昆虫
1203. 粉蝶大腿小蜂 *Brachymeria femorata*（Panzer）天敌昆虫
1204. 次生大腿小蜂 *Brachymeria secundaria*（Ruschka） 天敌昆虫
1205. 安氏褶翅小蜂 *Leucospis yasumatsui* Habu 天敌昆虫
（十）长尾小蜂科 Torymidae（5 种）
1206. 斑翅长尾小蜂 *Megastigmus maculipsnnis* Yasumatsu 天敌昆虫
1207. 中华螳小蜂 *Podgrion chinensis* Ashmead 天敌昆虫
1208. 栗瘿小尾小蜂 *Torymus beneficus* Yasumatus 天敌昆虫
1209. 广腹螳小蜂 *Podagrion philippinense cyanonigrum* Habu 天敌昆虫
1210. 单齿长尾小蜂 *Monodonmrus minor* Ratz 天敌昆虫

（十一）刻腹小蜂科 Ormyridae（1种）

1211. 栗瘿刻腹小蜂 *Ormyrus punctiger* Wastwood 天敌昆虫

（十二）广肩小蜂科 Eurytomidae（6种）

1212. 栗瘿广肩小蜂 *Eurytoma brunnieventris* Ratzebug 天敌昆虫

1213. 悬腹广肩小蜂 *Eurytoma appendigaster* Swedcrus 天敌昆虫

1214. 天蛾广肩小蜂 *Eurytoma manilensis* Ashmead 天敌昆虫

1215. 刺蛾广肩小蜂 *Eurytoma monemae flavescens* Wlk. 天敌昆虫

1216. 双刺广肩小蜂 *Eurytoma setigera* Mayr 天敌昆虫

1217. 甲虫广肩小蜂 *Eurytoma wachtli* Mayr 天敌昆虫

（十三）蚁小蜂科 Eucharitidae（1种）

1218. 蚁小蜂 *Eucharis adscencens* Fabuicius 天敌昆虫

1219. 蓝叶甲金小蜂 *Schizonotus latrs* Walker 天敌昆虫

1220. 杨叶甲金小蜂 *Schizonotus sieboldi* Ratz 天敌昆虫

1221. 黑青小蜂 *Dibracchys cavus* Walker 天敌昆虫

1222. 松蠹狄金小蜂 *Dinotiscus armandi* Yang 天敌昆虫

1223. 松毛虫宽缘金小蜂 *Euneura nawai*（Ashmead） 天敌昆虫

1224. 陕西宽缘金小蜂 *Pachyneuron shaanxiensis* Yang 食蚜蝇天敌昆虫

1225. 凤蝶金小蜂 *Pteromalus puparum*（Linneaus） 天敌昆虫

1226. 细角金小蜂 *Rhopalicus brevicrnis* Thomson 天敌昆虫

1227. 奇异长尾金小蜂 *Rhopalicus mirus*（Walker） 天敌昆虫

1228. 松蠹长尾金小蜂 *Roptrocerus qinlingensis* Yang 天敌昆虫

1229. 瘳氏截尾金小蜂 *Tomicobia liaoi* Yang 天敌昆虫

（十五）啮小蜂科 Tetrastichidae（3种）

1230. 吉丁啮小蜂 *Tetrastichus jinzhouicus* Liao 天敌昆虫

1231. 白蛾周氏啮小蜂 *Chouioja cunea* Yang 天敌昆虫

1232. 梨潜波蛾姬小蜂 *Pediobius pyrgo* Walker 天敌昆虫

（十六）蚜小蜂科 Aphelinidae（3种）

1233. 方索蚜小蜂 *Pteroptrix dimidiata Westwood* 天敌昆虫

1234. 桑盾蚧黄金蚜小蜂 *Aphytis proclia*（Walker） 天敌昆虫

1235. 盾蚧双色蚜小蜂 *Archenomus bicolor* Howard 天敌昆虫

（十七）跳小蜂科 Encyrtidae（6种）

1236. 粉蚧长索跳小蜂 *Anagyrus pseudococci* Girault 天敌昆虫

1237. 刷蚧长缘跳小蜂 *Chilonearus clariger* Thomson 天敌昆虫

1238. 台湾长缘跳小蜂 *Chilonearus formosus* Boh 天敌昆虫

1239. 大蛾卵跳小蜂 *Oencyrtus Kuwanae* Howard 天敌昆虫

1240. 陕西跳小蜂 *Leputomastix tsukumiensis* Tachikawa 天敌昆虫

1241. 球蚧花翅跳小蜂 *Microtery lunatus* Dalman 天敌昆虫

（十八）旋小蜂科 Eupelmidae（4 种）

1242. 舞毒蛾平腹小蜂 *Anastatus disparis* Rusch 天敌昆虫

1243. 栗瘿旋小蜂 *Eupelmus urozonus* Dalman 天敌昆虫

1244. 松毛虫短角平腹小蜂 *Mesocomys orientalis* Ferriere 天敌昆虫

1245. 尾带旋小蜂 *Eupilmus urosonus* Dalman

（十九）赤眼蜂科 Trichogrammatidae（5 种）

1246. 松毛虫赤眼蜂 *Trichogramma dendrolimi* Matsumura 天敌昆虫

1247. 暝黄赤眼蜂 *Trichogramma chilonis* Ishii 天敌昆虫

1248. 舟蛾赤眼蜂 *Trichogramma closterae* Pang & Chen 天敌昆虫

1249. 松毛虫赤眼蜂 *Trichogramma dendrolimi* Mats. 天敌昆虫

1250. 广赤眼蜂 *Trichigramma evanescens* Westw. 天敌昆虫

（二十）黑卵蜂科 Scelionidae（8 种）

1251. 草蛉黑卵蜂 *Telenomus acrobats* Giard 天敌昆虫

1252. 舟形毛虫黑卵蜂 *Telenomus kolbei* Mayr 天敌昆虫

1253. 杨扇舟蛾黑卵蜂 *Telenomus closterae* Wu et Chen 天敌昆虫

1254. 舟形毛虫黑卵蜂 *Telenomus kolbei* Mayr 天敌昆虫

1255. 天幕毛虫黑卵蜂 *Telenomus terbraus*（Ratz） 天敌昆虫

1256. 落叶松毛中心黑卵蜂 *Telenomus terbraus* Thomson 天敌昆虫

1257. 麻皮蝽沟卵蜂 *Trissolcus dricus* Kozliv 天敌昆虫

1258. 黄足沟卵蜂 *Trissolcus foavipes*（Thomsin） 天敌昆虫

（二十一）土蜂科 Scoliidae（4 种）

1259. 白毛长腹土蜂 *Campsomeris annulata* Fabricius 天敌昆虫

1260. 金毛长腹土蜂 *Campsomeris prismatica* Smith 天敌昆虫

1261. 日本土蜂 *Scolia japonica* Smith 天敌昆虫

1262. 中华土蜂 *Scolia sinensis Sauss* 天敌昆虫

（二十二）蚁科 Formicidae（19 种）

1263. 铺道蚁 *Tetramorium caespitum*（Linnaeus）

1264. 小红蚁 *Myrnica rubra*（Linnaeus）

1265. 马格丽特红蚁 *Myrmixa margaritae* Emey

1266. 皱红蚁 *Myrmica ruginodis* Nylander

1267. 中华红蚁 *Myrmica sinica* Wu et Wang

1268. 红蚁 *Myrmixa* sp.

1269. 长刺细胸蚁 *Leptothorax spinosior* Forel

1270. 暗黑盘腹蚁 *Aphaenogaster caeclliae* Viehmeyer

1271. 盘腹蚁 *Aphaenogaster* sp.

1272. 亮腹黑褐蚁 *Formica gagatoides* Ruzsky

1273. 日本黑褐蚁 *Formica japonica* Motschulsky

1274. 丝光蚁 *Formica fasca* Kinnaeus
1275. 中华红林蚁 *Formica sinensis* Wheeler
1276. 黄立毛蚁 *Paratrechina flavipes*
1277. 黑毛蚁 *Lasius niger*
1278. 黄毛蚁 *Lasius flavus*
1279. 亮毛蚁 *Lasius fuliginosus*
1280. 日本弓背蚁 *Camponotus japonicus* Mayr
1281. 广布弓背蚁 *Camponotus herculeanus*
（二十三）蜜蜂科 Apidae （14 种）
1282. 中华蜜蜂 *Apis cerna* Fabricius 访花昆虫
1283. 意大利蜜蜂 *Apis mellifera* Linnaeus 访花昆虫
1284. 杏色熊蜂 *Bombus armeniacus* Radoszkowski 访花昆虫
1285. 重黄熊蜂 *Ombus flavus* Friese 访花昆虫
1286. 仿熊蜂 *Bombus imitator* Pitioni 访花昆虫
1287. 三条熊蜂 *Bombus trifasciatus* Smith 杂草、林木访花昆虫
1288. 双色切叶蜂 *Megachie bicolor* Fabricius 访花昆虫
1289. 彩艳斑蜂 *Nomada versicolor* Smith 访花昆虫
1290. 角额壁蜂 *Osmia conifrons*（Racliszkowsku） 访花昆虫
1291. 叉壁蜂 *Osmia pedicornis* Cockerell 访花昆虫
1292. 忠拟熊蜂 *Osmia pedicornis* Cockerell 访花昆虫
1293. 角拟熊蜂 *Psythyrus cornutus*（Frison） 访花昆虫
1294. 中国四条蜂 *Tetralonia chinensis* Smith 访花昆虫
1295. 黄胸木蜂 *Xylicipa appendiculata* Smith 访花昆虫
（二十四）胡蜂科 Vespidae （6 种）
1296. 黑盾胡蜂 *Vespa bicolor bicolor* Fabricius 天敌昆虫
1297. 黄边胡蜂 *Vespa cradarinia* Smith 天敌昆虫
1298. 大胡蜂 *Vespa magnifica* Smith 天敌昆虫
1299. 金环胡蜂 *Vespa mandarinia* Smigy 天敌昆虫
1300. 黑尾胡蜂 *Vespa tropica drcalis* Smith 天敌昆虫
1301. 德国黄有蜂 *Vespula germanica*（Fabricius） 天敌昆虫
（二十五）马蜂科 Polistidae （5 种）
1302. 中华马蜂 *Polistes chinensis* Fabricius 天敌昆虫
1303. 柞蚕马蜂 *Polistes gallicus* 天敌昆虫
1304. 约马蜂 *Polistes jokahanae* Rakoszkowski 天敌昆虫
1305. 黄长脚马蜂 *Polistes rado* Szikowski 天敌昆虫
1306. 棕马蜂 *Polistes gigas*（Kirby） 天敌昆虫
（二十六）青蜂科 Chrysididae （1 种）

1307. 上海青蜂 *Chrysis shanghaiensis* Smith 天敌昆虫

十八、 双翅目 Diptera（11 科 55 种）

（一）花蝇科 Anthomyiidae（4 种）

1308. 粪种蝇 *Adia cinerella* Fallen 杂草根系

1309. 横带花蝇 *Anthomyia illocata* Walker 杂草根系

1310. 灰地种蝇 *Delia platura*（Meigen） 杂草根系

1311. 竹笋泉蝇 *Pegomyia kiangsuensis* Fan 杂草根系

（二）食蚜蝇科 Syrphidae（13 种）

1312. 黑带食蚜蝇 *Episyrphus balteatus*（de Geer）天敌昆虫，捕食蚜虫

1313. 灰带食蚜蝇 *Eristalis cerealis* Fabricius 天敌昆虫，捕食蚜虫

1314. 黑点眼食蚜蝇 *Eristalinus taphicus* Wiedemann 天敌昆虫，捕食蚜虫

1315. 暗纹斑食蚜蝇 *Eristalinus sepulchralis* Linnaeus 天敌昆虫，捕食蚜虫

1316. 斜斑黑蚜蝇 *Melanostoma mellinum* Linnaeus 天敌昆虫，捕食蚜虫

1317. 梯斑黑蚜蝇 *Melanostoma scalare* Fabricius 天敌昆虫，捕食蚜虫

1318. 大灰食蚜蝇 *Metasyrphus corollae* Fabricius 天敌昆虫，捕食蚜虫

1319. 宽带食蚜蝇 *Metasyrphus latifasciatus*（Macquart）天敌昆虫，捕食蚜虫

1320. 凹带食蚜蝇 *Metasyrphus nitens*（Zetterstedt）天敌昆虫，捕食蚜虫

1321. 斜斑鼓额食蚜蝇 *Scaeva pyrastri* Linnaeus 天敌昆虫，捕食蚜虫

1322. 月斑鼓额食蚜蝇 *Scaeva selenitica* Meigon 天敌昆虫，捕食蚜虫

1323. 细腹食蚜蝇 *Sphaerophoria Indiana* Bigot 天敌昆虫，捕食蚜虫

1324. 野食蚜蝇 *Syrphus torvus* Osten 天敌昆虫，捕食蚜虫

（三）实蝇科 Tephritidae（2 种）

1325. 山地短痣食蝇 *Actinoptera Montana* Meijere 菊科植物

1326. 四斑契实蝇 *Sphaeniscus atilius* Walker 菊科植物

（四）蝇科 Muscidae（4 种）

1327. 黑边家蝇 *Musca hervei* Villeneuve 腐食性

1328. 紫翠蝇 *Neomyia gavisa* Walker 腐食性

1329. 蓝翠蝇 *Nemyia timorensis* Widemann 腐食性

1330. 斑黑蝇 *Ophyra chalkogaster* Widemann 腐食性

（五）丽蝇科 Calliphoridae（2 种）

1331. 巨尾阿丽蝇 *Aldrichina grahami* Aldrich 腐食性

1332. 亮绿丽蝇 *Lucilia illustris*（Meigon）腐食性

（六）麻蝇科 Sarcophagidae（4 种）

1333. 舞毒蛾麻蝇 *Kramerea schuetzei* Kramer 天敌昆虫

1334. 白头亚麻蝇 *Parasarcophaga albiceps* Meigon 天敌昆虫

1335. 巨耳亚麻蝇 *Parasarcophaga macroauriculata* Ho 天敌昆虫

1336. 黄须亚麻蝇 *Parasarcophaga orchidea*（Bott.）天敌昆虫

（七）寄蝇科 Tachinidae（7种）

1337. 毛鬓腹寄蝇 *Blepharipa chaetoparafacialis* Chao 天敌昆虫

1338. 蚕饰腹寄蝇 *Blepharipa zebina* Walker 天敌昆虫

1339. 广颜寄蝇 *Eurithia anthophila* Robineau 天敌昆虫

1340. 日本追寄蝇 *Exorista japonica* Townsend 天敌昆虫

1341. 家蚕追寄蝇 *Exorista sorbilans* Wiedemann 天敌昆虫

1342. 蓝黑节寄蝇 *Pales pavida* Meigon 天敌昆虫

1343. 榆毒蛾寄蝇 *Schineria ergesina* Rondani 天敌昆虫

（八）大蚊科 Tipulidae（1种）

1344. 中华日大蚊 *Tipula sinica* Alexander 腐殖质

（九）食虫虻科 Asilidae（4种）

1345. 肿宽跗食虫虻 *Astochia virgatipes* 捕食其他昆虫

1346. 锤宽跗食虫虻 *Astochia metatarsata* 捕食其他昆虫

1347. 缘毛腹食虫虻 *Laphria fimbriata* 捕食其他昆虫

1348. 金黄毛食虫虻 *Laphria fulva* 捕食其他昆虫

（十）蜂虻科 Bombyliidae（1种）

1349. 黑翅蜂虻 *Exoprosopa tantalums* 捕食其他昆虫

（十一）虻科 Tabanidae（13种）

1350. 双斑黄虻 *Atylotus bivittateinus* 幼虫腐殖质 成虫吸血

1351. 黄绿黄虻 *Atylotus horvathai* 幼虫腐殖质 成虫吸血

1352. 中华斑虻 *Chrysops sinensisr* 幼虫腐殖质 成虫吸血

1353. 广斑虻 *Chrysops vanderwulpi* Kieffer 幼虫腐殖质 成虫吸血

1354. 土麻虻 *Haematopota turkestanica* 幼虫腐殖质 成虫吸血

1355. 中华麻虻 *Haematopota sinensis* Ricardo 幼虫腐殖质 成虫吸血

1356. 黄毛瘤虻 *Hybomitra acguetincta* 幼虫腐殖质 成虫吸血

1357. 太白山瘤虻 *Hybomitra taibaishanensis* 幼虫腐殖质 成虫吸血

1358. 峨眉山瘤虻 *Hybomitra omeishanensis* 幼虫腐殖质 成虫吸血

1359. 华广虻 *Tabannua amaenus* 幼虫腐殖质 成虫吸血

1360. 宝鸡虻 *Tabannua maojiensis* 幼虫腐殖质 成虫吸血

1361. 土灰虻 *Tabannua pallidiventris* 幼虫腐殖质 成虫吸血

1362. 秦岭虻 *Tabannua qinlingensis* 幼虫腐殖质 成虫吸血

附录 7 桑园保护区野生维管束植物名录

本名录采用《中国生物物种名录》2021 版的分类命名系统。

石松和蕨类植物 Monilophytes

1. **卷柏科** Selaginellaceae

蔓生卷柏 *Selaginella davidii* Franch.

兖州卷柏 *S. involvens* (Sw.) Spring

江南卷柏 *S. moellendorffii*Hieron.

卷柏 *S. tamariscina*(P. Beauv.) Spring

2. **木贼科** Equisetaceae

问荆 *Equisetum arvense* L.

木贼 *E. hyemale* L.

节节草 *E. ramosissimum* Desf.

3. **阴地蕨科** Botrychiaceae

蕨萁 *Botrypus virginianus* (L.) Michx.

阴地蕨 *Sceptridium ternatum* (Thunb.) Lyon

4. **碗蕨科** Dennstaedtiaceae

细毛碗蕨 *Dennstaedtia hirsuta* Sw. Mett. ex Miq.

溪洞碗蕨 *D. wilfordii* （Moore.） Christ

5. **蕨科** Pteridiaceae

蕨 *Pteridium aquilinum* var. *latiusculum*(Desv.) Underw. ex A. Heller

6. **凤尾蕨科** Pteridaceae

蜈蚣草 *Eremochloa ciliaris* (L.) Merr.

狭叶凤尾蕨 *Pteris henryi* Christ

井栏边草 *P. multifida* Poir.

7. **中国蕨科** Sinopteridaceae

银粉背蕨 *Aleuritopteris argentea* (S. G. Gmel.) Fée

野雉尾金粉蕨 *Onychium japonicum* （Thunb.） Kunze

8. **铁线蕨科** Adiantaceae

铁线蕨 *Adiantum capillus–veneris* L.

白背铁线蕨 *A. davidii* Franch.

9. **裸子蕨科** Hemionitidaceae

普通凤了蕨 *Coniogramme intermedia* Hieron.

上毛凤了蕨 *C. suprapilosa* Ching

10. 蹄盖蕨科 Athyriaceae

日本安蕨 *Anisocampium niponicum* (Mettenius) Yea C. Liu, W. L. Chiou & M. Kato

麦秆蹄盖蕨 *Athyrium fallaciosum* Milde

大叶假冷蕨 *A. atkinsonii*Bedd.

陕西蛾眉蕨 *Deparia giraldii*(Christ) X. C. Zhang

鄂西介蕨 *D. henryi* (Baker) M. Kato

黑鳞短肠蕨 *Diplazium sibiricum*(Turcz. ex Kunze) Kurata

11. 肿足蕨科 Hypodematiaceae

肿足蕨 *Hypodematium crenatum* (Forssk.) Kuhn

12. 金星蕨科 Thelypteridaceae

延羽卵果蕨 *Phegopteris decursive-pinnata* (H. C. Hall) F é e

13. 铁角蕨科 Aspleniaceae

北京铁角蕨 *Asplenium pekinense* Hance

过山蕨 *A. ruprechtii* Sa. Kurata

华中铁角蕨 *A. sarelii* Hook.

铁角蕨 *A. trichomanes* L.

14. 球子蕨科 Onocleaceae

中华荚果蕨 *Pentarhizidium intermedium*(C. Chr.) Hayata

15. 岩蕨科 Woodsiaceae

耳羽岩蕨 *Woodsia polystichoides* Eaton

陕西岩蕨 *W. shensiensis* Ching

16. 乌毛蕨科 Blechaceae

顶芽狗脊 *Woodwardia unigemmata* （Makino） Nakai

17. 鳞毛蕨科 Dryopteridaceae

贯众 *Cyrtomium fortunei* J. Sm.

黑鳞鳞毛蕨 *Dryopteris lepidopoda* Hayata

鞭叶耳蕨 *Polystichum craspedosorum* （Maxim.） Diels

革叶耳蕨 *P. neolobatum* Nakai

秦岭芽胞耳蕨 *P. submite*(Christ) Diels

戟叶耳蕨 *P. tripteron* （Kze.） Presl

秦岭芽胞耳蕨 *P. stenophyllum* Christ var. *qinlingensis* Wang Yong

18. 水龙骨科 Polypodiaceae

中华水龙骨 *Goniophlebium chinense* (Christ) X. C. Zhang

抱石莲 *Lepidogrammitis drymoglossoides* （Baker） Ching

有边瓦韦 *Lepisorus marginatus* Ching

石韦 *Pyrrosia lingua*(Thunb.) Farw.

有柄石韦 *P. petiolosa* （Christ） Ching

金鸡脚假瘤蕨 *Selliguea hastata* (Thunberg) Fraser–Jenkins

19. **槲蕨科** Drynariaceae

秦岭槲蕨 *Drynaria baronii* （Christ.） Diels

20. **苹科** Marsileaceae

苹 *Marsilea quadrifolia* L.

21. **槐叶苹科** Salviniaceae

槐叶苹 *Salvinia natans* （L.） All.

种子植物门 SPERMATOPHYTA

一、裸子植物亚门 GYMNOSPERMAE

1. **松科** Pinaceae

秦岭冷杉 *Abies chensiensis* Tiegh

巴山冷杉 *A. fargesii* Franch.

铁坚油杉 *Keteleeria davidiana* （Bertr.） Beissn

大果青杆 *Picea neoveitchii* Mast.

青杆 *P. wilsonii* Mast.

华山松 *Pinus armandii* Franch.

白皮松 *P. bungeana* Zucc. ex Endl.

马尾松 *P. massoniana* Lamb.

油松 *P. tabuliformis* Carri è re

铁杉 *Tsuga chinensis* （Franch.）E. Pritz.

2. **杉科** Taxodiaceae

杉木 *Cunninghamia lanceolata* （Lamb.） Hook.

3. **柏科** Cupressaceae

柏木 *Cupressus funebris* Endl.

刺柏 *Juniperus formosana* Hayata

圆柏 *J. chinensis* （L.） Ant.

高山柏 *J. squamata* Buch.–Ham. ex D. Don

香柏 *J. pingii var. wilsonii* (Rehder) Silba

侧柏 *Platycladus orientalis* （L.） Franch.

4. **三尖杉科** Cephalotaxaceae

三尖杉 *Cephalotaxus fortunei* Hook. f.

粗榧 *C. sinensis*(Rehder & E. H. Wilson) H. L. Li

5. **红豆杉科** Taxaceae

红豆杉 *Taxus wallichiana* var. *chinensis* (Pilg.) Florin

二、被子植物门 Angiospermae

双子叶植物纲 Dicotyledoneae

1. 三白草科 Saururaceae

蕺菜 *Houttuynia cordata* Thunb.

三白草 *Saururus chinensis* （Lour.） Baill.

2. 金粟兰科 Chrcidiphyllaceae

湖北金粟兰 *Chloranthus henryi* var. *hupehensis*(Pamp.) K. F. Wu

银线草 *C. japonicus*Siebold

多穗金粟兰 *C. multistachys* S. J. Pei

3. 杨柳科 Salicaceae

响叶杨 *Populus adenopoda* Maxim.

青杨 *P. cathayana* Rehder

山杨 *P. davidiana* Dode

冬瓜杨 *P. purdomii* Rehd.

秦岭小叶杨 *P. simonii* var. *tsinlingensis* C. Wang et C.Y.Yu

川杨 *P. szechuanica* Schneid. in Sargent

椅杨 *P. wilsonii* Schneid. in Sargent

垂柳 *Salix babylonica* L.

黄花柳 *S. caprea* L.

腺柳 *S. chaenomeloides* Kimura

川鄂柳 *S. fargesii* Burk.

甘肃柳 *S. fargesii* var. *kansuensis* (K. S. Hao ex C. F. Fang & A. K. Skvortsov) G. H. Zhu

紫枝柳 *S. heterochroma* Seemen

筐柳 *S. linearistipularis* K. S. Hao

旱柳 *S. matsudana* Koidz.

红皮柳 *S. sinopurpurea* C. Wang & C. Y. Yang

高山柳 *S. takasagoalpina* Koid.

皂柳 *S. wallichiana* Andersson

4. 胡桃科 Juglandaceae

胡桃楸 *Juglans mandshurica* Maxim.

湖北枫杨 *Platycarya hupehensis* Skan

华西枫杨 *P. macroptera* var. *insignis*(Rehder & E. H. Wilson) W. E. Manning

化香树 *P. strobilacea* Siebold & Zucc.

5. 桦木科 Betulaceae

红桦 *Betula albosinensis* Burkill

坚桦 *B. chinensis* Maxim.

亮叶桦 *B. luminifera* H. J. P. Winkl.

白桦 *B. platphylla* Sukaczev
千金榆 *Carpinus cordata* Blume
川鄂鹅耳枥 *C. hupeana* (H. J. P. Winkl.) H. J. P. Winkl.
陕西鹅耳枥 *C. shensiensis* Hu
鹅耳枥 *C. turczaninowii* Hance
华榛（山白果）*Corylus chinensis* Franch.
披针叶榛 *C. fargesii* C. K. Schneid.
刺榛 *C. ferox* Wall.
榛 *C. heterophylla* Fisch. ex Trautv.
川榛 *C. heterophylla* var. *sutchuenensis* Franch.
铁木 *Ostrya japonica* Sarg.

6. **壳斗科** Fagaceae

栗 *Castanea mollissima* Blume
茅栗 *C. seguinii* Dode
水青冈 *Fagus longipetiolata* Seemen
岩栎 *Quercus acrodonta* Seemen
麻栎 *Q. acutissima* Carruth.
槲栎 *Q. aliena* Blume
锐齿槲栎 *Q. aliena* var. *acuteserrata* Maxim. ex Wenz.
槲树 *Q. dentata* Thunb.
匙叶栎 *Q.dolicholepis* A. Camus
巴东栎 *Q. engleriana* Seemen
青冈 *Q. glauca* Thunb. in Murray
蒙古栎 *Q. mongolica Fisch. ex Ledeb.*
多脉青冈 *Q. multinervis* (W. C. Cheng & T. Hong) J. Q. Li
尖叶栎 *Q. oxyphylla* (E. H. Wilson) Hand.-Mazz.
枹栎 *Q. serrata Thunb.*
细叶青冈 *Q. shennongii* C. C. Huang & S. H. Fu
刺叶高山栎 *Q. spinosa* David ex Franch.
栓皮栎 *Q. variabilis* Blume

7. **榆科** Ulmaceae

紫弹树 *Celtis biondii* Pamp.
黑弹树 *C. bungeana* Blume
珊瑚朴 *C. julianae* Schneid. in Sarg.
朴树 *C. sinensis* Pers.
春榆 *Ulmus davidiana* var. japonica (Rehder) Nakai
大果榆（多脉榆）*U. macrocarpa* Hance

榆树 *U. pumila* L.

8. **桑科** Moraceae

构树 *Broussonetia papyrifera* （L.）L’H é r. ex Vent.

异叶榕 *Ficus heteromorpha* Hemsl.

葎草 *Humulus scandens* （Lour.） Merr.

桑 *Morus alba* L.

鸡桑 *M. australis* Poir.

华桑 *M. cathayana* Hemsl.

蒙桑 *M. mongolica* (Bureau) C. K. Schneid. in Sarg.

9. **荨麻科** Urticaceae

小赤麻 *Boehmeria spicata* (Thunb.) Thunb.

赤麻 *B. silvestrii* (Pamp.) W. T. Wang

水麻 *Debregeasia orientalis* C. J. Chen

楼梯草 *Elatostema involucratum* Franch. & Sav.

钝叶楼梯草 *E. obtusum* Wedd.

珠芽艾麻 *Laportea bulbifera* (Siebold & Zucc.) Wedd.

糯米团 *Gonostegia hirta* (Blume) Miq.

花点草 *Nanocnide japonica* Blume

墙草 *Parietaria micrantha* Ledeb.

阴地冷水花 *Pilea pumila* var. hamaoi (Makino) C. J. Chen

大叶冷水花 *P. martinii* （L é vl.） Hand.-Mazz.

透茎冷水花 *P. pumila* (L.) A. Gray

艾麻 *Laportea cuspidata* (Wedd.) Friis

宽叶荨麻 *Urtica laetevirens* Maxim.

10. **檀香科** Santalaceae

米面蓊 *Buckleya henryi* Diels

百蕊草 *Thesium chinense* Turcz.

11. **桑寄生科** Loranthaceae

槲寄生 *Viscum coloratum* （Kom.） Nakai

12. **马兜铃科** Aristolochiaceae

北马兜铃 *Aristolochia contorta* Bunge

马兜铃 *A. debilis* Siebold & Zucc.

异叶马兜铃 *A. heterophylla* Hemsl.

木通马兜铃 *A. manshuriensis* Kom.

单叶细辛 *Asarum himalaicum* Hook. f. & Thomson ex Klotzsch

细辛 *A. heterotropoides* F. Schmidt

马蹄香 *Saruma henryi* Oliv.

13. **蛇菰科** Balanophoraceae

红冬蛇菰 *Balanophora harlandii* Hook. f.

14. **蓼科** Polygonaceae

短毛金线草 *Antenoron neofiliforme* （Nakai）Ohki

赤地利 *Fagopyrum dibotrys* （D. Don） Hara

苦荞麦 *F. tataricum* （L.） Gaertn.

虎杖 *Reynoutria japonica* Houtt.

牛皮消蓼 *Fallopia cynanchoides* (Hemsl.) Haraldson

尼泊尔蓼 *Polygonum nepalensis* (Meisn.) H. Gross

萹蓄 *P. aviculare* L.

何首乌 *P. multiflorum* Thunb. Nakai

红蓼 *P. orientale* (L.) Spach

习见萹蓄 *P. plebeium* R. Br.

赤胫散 *P. runcinatum* var. sinensis (Hemsl.) Bo Li

圆穗拳参 *Bistorta macrophylla* (D. Don) Soj á k

大海拳参 *B. milletii* H. L é v.

珠芽拳参 *B. viviparum* (L.) Gray

药用大黄 *Rheum officinale* Baill.

酸模 *Rumex acetosa* L.

尼泊尔酸模 *R. nepalensis* Spreng

15. **藜科** Chenopodiaceae

千针苋 *Acroglochin persicarioides* （Poir.） Moq.

藜 *Chenopodium album* L.

小藜 *C. ficifolium* Sm.

灰绿藜 *Oxybasis glauca* (L.) S. Fuentes, Uotila & Borsch

16. **苋科** Amaranthaceae

牛膝 *Achyranthes bidentata* Blume

反枝苋 *Amaranthus retroflexus* L.

皱果苋 *A. viridis* L.

17. **商陆科** Phytoacaceae

商陆 *Phytolacca acinosa* Roxb.

18. **马齿苋科** Portulacaceae

马齿苋 *Portulaca oleracea* L.

19. **石竹科** Caryophyllaceae

无心菜 *Arenaria serpyllifolia* L.

缝瓣无心菜 *A. fimbriata* （Pritz.） Mattf.

石竹 *Dianthus chinensis* L.

瞿麦 *D. superbus* L.
鹅肠菜 *Malachium aquaticum* （L.）Moench
女娄菜 *Silene aprica* Turcz. ex Fisch. & C. A. Mey.
狗筋蔓 *S.baccifera* (L.) Roth
麦瓶草（香炉草）*S. conoidea* L.
鹤草 *S. fortunei* Vis.
漆姑草 *Sagina japonica* （Sw.） Ohwi
繁缕 *Stellaria media* （L.） Vill
腺毛繁缕 *S. menorum* Linn.
沼泽繁缕 *S. palustris* Ehrh. ex Hoffm.
伞花繁缕 *S. umbellata* Turcz.
箐姑草 *S. vestita* Kurz

20. 金鱼藻科 Ceratophyllaceae

金鱼藻 *Ceratophyllum demirsum* L.

21. 领春木科 Eupteleaceae

领春木 *Euptelea pleiospermum* Hook. f. & Thomson

22. 连香树科 Cercidiphyllaceae

连香树 *Cercidiphyllum japonicum* Siebold & Zucc.

23. 芍药科 Paeoniaceae

川赤芍 *Paeonia anomala* subsp. *veitchii* (Lynch) D. Y. Hong & K. Y. Pan
美丽芍药 *P. mairei* L é v.
草芍药 *P. obovata* Maxim.
毛叶草芍药 *P. obovata* subsp. *willmottiae* (Stapf) D. Y. Hong & K. Y. Pan

24. 毛茛科 Ranunculaceae

大麻叶乌头 *Aconitum cannabifolium* Franch. ex Finet & Gagnep.
川鄂乌头 *A. henryi* E. Pritz.
太白乌头 *A. taipeicum Hand.*-Mazz.
类叶升麻 *Actaea asiatica* H. Hara
毛果银莲花(原变种) *A. baicalensis* var. baicalensis
打破碗花花 *Anemone hupehensis* (Lemoine) Lemoine
草玉梅 *A. rivularis* Buch.-Ham. ex DC.
无距耧斗菜 *Aquilegia ecalcarata* Maxim.
秦岭耧斗菜 *A. incurvata* P. K. Hsiao
华北耧斗菜 *A.* yabeana Kitag.
铁破锣 *Beesia calthifolia* （Maxim.） Ulbr.
驴蹄草 *Caltha palustris* L.
升麻 *Cimicifuga foetida* L.

毛蕊铁线莲 *Clematis lasiandra* Maxim.

小木通 *C. armandii* Franch.

卵瓣还亮草 *Delphinium anthriscifolium* var. savatieri (Franch.) Munz

纵肋人字果 *Dichocarpum fargesii* （Franch.） W. T. Wang & P. G. Xiao

铁筷子 *Helleborus thibetanus* Franch.

白头翁 *Pulsatilla chinensis* （Bunge） Regel

茴茴蒜 *Ranunculus chinensis* Bunge

毛茛 *R. japonicus* Thunb.

石龙芮 *R. sceleratus* L.

扬子毛茛 *R. sieboldii* Miq.

黄三七 *Souliea vaginata* （Maxim.） Franch

长喙唐松草 *Thalictrum macrorhynchum* Franch.

瓣蕊唐松草 *T. petaloideum* L.

弯柱唐松草 *T. uncinulatum* Franch. ex Lecoy.

川陕金莲花 *Trollius buddae* Schipcz.

25. **木通科** Sargentodoxaceae

三叶木通 *Akebia trifoliata* （Thunb.） Koidz.

白木通 *A. trifoliata* subsp. australis (Diels) T. Shimizu

猫屎瓜 *Decaisnea insignis* (Griff.) Hook. f. & Thomson

鹰爪枫 *Holboellia coriacea* Diels

五月瓜藤 *H. angustifolia*Wall.

牛姆瓜 *H. grandiflora* R é aub.

串果藤 *Sinofranchetia chinensis* （Franch.） Hemsl.

26. **小檗科** Berberidaceae

秦岭小檗 *Berberis circumserrata* (C. K. Schneid.) C. K. Schneid.

直穗小檗 *B. dasystachya* Maxim.

松潘小檗 *B. dictyorceura* Schneid.

首阳小檗 *B. dielsiana* Fedde

置疑小檗 *B. dubia* C. K. Schneid.

假豪猪刺 *B. soulieana* C. K. Schneid.

柔毛淫羊藿 *Epimedium pubescens* Maxim.

淫羊藿 *E. brevicornu* （Sieb. et Zucc.） Maxim.

红毛七 *Caulophyllum robustum* Maxim.

阔叶十大功劳 *Mahonia bealei* (Fortune) Carr.

27. **防己科** Menispermaceae

毛木防己 *Cocculus orbiculatus* var. *mollis* (Wall. ex Hook. f. & Thomson) H. Hara

风龙 *Sinomenium acutum* （Thunb.） Rehder & E. H. Wilson

青牛胆 *Tinospora sagittata*（Oliv.）Gagnep.

28. **木兰科** Magnoliaceae

望春玉兰 *Yulania biondii* (Pamp.) D. L. Fu

玉兰 *Y. denudata* (Desr.) D. L. Fu

武当玉兰 *Y. sprengeri* (Pamp.) D. L. Fu

29. **五味子科** Schisandraceae

华中五味子 *Schisandra sphenanthera* Rehder & E. H. Wilson

30. **水青树科** Tetracentraceae

水青树 *Tetracentron sinense* Oliv.

31. **樟科** Lauraceae

野黄桂 *Cinnamomum jensenianum*Hand.–Mazz.

山胡椒 *Lindera glauca* (Sieb. et Zucc.) Bl.

三桠乌药 *L. obtusiloba* Blume

乌药 *L. aggregata* (Sims) Kosterm.

秦岭木姜子 *Litsea tsinlingensis* Yen C. Yang & P. H. Huang

32. **罂粟科** Papaveraceae

白屈菜 *Chelidonium majus* L.

陕西紫堇 *Corydalis shensiana* Lid é n ex C. Y. Wu, H. Chuang & Z. Y. Su

紫堇 *C. edulis* Maxim.

尿罐草 *C. moupinensis* Franch.

蛇果黄堇 *C. ophiocarpa* Hook. f. & Thomson

大叶紫堇 *C. temulifolia* Franch.

秃疮花 *Dicranostigma leptopodum*（Maxim.）Fedde.

荷青花 *Hylomecon japonica*（Thunb.）Prantl et Kundig

小果博落回 *Macleaya microcarpa*（Maxim.）Fedde.

柱果绿绒蒿 *Meconopsis oliveriana* Franch. & Prain ex Prain

33. **十字花科** Cruciferae

硬毛南芥 *Arabis hirsuta*（L.）Scop.

垂果南芥 *Catolobus pendulus*(L.) Al–Shehbaz

荠 *Capsella bursa–pastoris*（L.）Medic.

光头山碎米荠 *Cardamine engleriana* O. E. Schulz

碎米荠 *C. occulta* Hornem.

白花碎米荠 *C. leucantha*（Tausch）O. E. Schulz

大叶碎米荠 *C. macrophylla* Willd.

播娘蒿 *Descurainia sophia*（L.）Webb ex Prantl

独行菜 *Lepidium apetalum* Willd.

蔊菜 *Rorippa indica*（*Linn.*）Hiern

焊菜 *R. indica*（L.）Hiern

垂果大蒜芥 *Sisymbrium heteromallum*.C.A.Mey

菥蓂 *Thlaspi arvense* L.

34. **景天科** Crassulaceae

轮叶八宝 *Hylotelephium verticillatum* (L.) H. Ohba

瓦松 *Orostachya fimbriatus*（Turcz.）A. Berger

菱叶红景天（白三七）*Rhodiola yunnanensis* (Franch.) S. H. Fu

费菜（景天三七）*Phedimus aizoon* (L.) Hart

乳毛费菜 *Phedimus aizoon* var. *scabrus (Maximowicz) H. Ohba et al.*

大苞景天 *Sedum oligospermum* Maire

细叶景天 *S. elatinoides* Franch.

凹叶景天 *S. emarginatum* Migo

山飘风 *S. majus* (Hemsley) Migo

佛甲菜 *S. lineare* Thunb.

平叶景天 *S. planifolium* K.T.Fu

垂盆草 *S. sarmentosum* Bunge

繁缕景天（火焰草）*S. stellariifolium* Franch.

35. **虎耳草科** Saxifragaceae

落新妇（红升麻）*Astibe chinensis*（Maxim.）Franch. & Sav.

多花落新妇 *A. rivularis* var. *myriantha* (Diels) J. T. Pan

秦岭岩白菜 *Bergenia scopulosa* T. P. Wang

秦岭金腰 *Chrysosplenium biondianum* Engl.

大叶金腰 *C. macrophyllum* Oliv.

毛金腰 *C. pilosum* Maxim.

异色溲疏 *Deutzia vilmorinae* Lem. et Bois

冠盖绣球 *Hydrangea anomala* D. Don

莼兰绣球 *H. longipes* Franch.

锈毛绣球 *H. longipes* var. *fulvescens* (Rehder) W. T. Wang ex C. F. Wei

蜡莲绣球 *H. strigosa* Rehd.

挂苦绣球 *H. xanthoneura* Diels

鸡肫梅花草 *Parnassia wightiana* Wall. ex Wight & Arn.

扯根菜 *Penthorum chinense* Pursh.

山梅花 *Philadelphus incanus* Koehne

渐尖茶藨子(原变种) *Ribes takare* var. *takare* D. Don

华蔓茶藨子 *R. fasciculatum* var. *chinense* Maxim.

冰川茶藨子 *R. glaciale* Wall.

宝兴茶藨子 *R. moupinense* Franch.

鬼灯檠（索骨丹）*Rodgersia podophylla* A. Gray
球茎虎耳草 *Saxifraga sibirica* var. *bockiana* Engl.
虎耳草 *S. stolonifera* Curtis
黄水枝 *Tiarella polyphylla* D. Don

36. 海桐花科 Pittosporaceae

柄果海桐 *Pittosporum podocarpum* Gagnep.
线叶柄果海桐 *P. podocarpum* var. *neriifolium* Rehd.
秦岭海桐 *P. qinlingense* Y. Ren & X. Liu
崖花子 *P. truncatum* Pritz.

37. 金缕梅科 Hamamelidaceae

枫香树 *Liquidambar formosana* Hance
山白树 *Sinowilsonia henryi* Hemsl.

38. 杜仲科 Eucommiaceae

杜仲 *Eucommia ulmoides* Oliv.

39. 蔷薇科 Rosaceae

龙牙草 *Agrimonia pilosa* Ledeb.
唐棣 *Amelanchier sinica* (C. K. Schneid.) Chun
假升麻 *Aruncus sylvester* Kostel. ex Maxim.
尖叶栒子 *Cotoneaster acuminatus* Lindl.
密毛灰栒子 *C. acutifolius* var. *villosulus* Rehder & E. H. Wilson
川康栒子 *C. ambiguus* Rehder & E. H. Wilson
细枝栒子 *C. tenuipes* Rehder & E. H. Wilson
平枝栒子 *C. horizontalis* Decne.
水栒子 *C. multiflorus* Bunge in Ledeb.
湖北山楂 *Crataegus hupehensis* Sarg.
蛇莓 *Duchesnea indica* (Andrews) Teschem.
东方草莓 *Fragaria corymbosa* A. Los
纤细草莓 *F. gracilis* Lozinsk.
黄毛草莓 *F. nilgerrensis* Schlecht. ex J. Gay
东方草莓 *F. orientalis* Lozinsk.
五叶草莓 *F. pentaphylla* Losinsk.
路边青 *Geum aleppicum* Jacq.
柔毛路边青 *G. japonicum* subsp. chinense F. Bolle
棣棠 *Kerria japonica* （L.） DC.
臭樱 *Maddenia hypoleuca* (Koehne) J. Wen
山荆子 *Malus baccata* （L.） Borkh.
湖北海棠 *M. hupehensis* （Pamp.） Rehder

陇东海棠 *M. kansuensis* (Batalin) C. K. Schneid

毛山荆子 *M. baccata* var. *mandshurica* (Maxim.) C. K. Schneid.

中华绣线梅 *Neillia sinensis* Oliv.

皱叶委陵菜 *Potentila ancistrifolia* Bunge

白毛银露梅 *P. glabra* subsp. *mandshurica* (Maxim.) Hand.–Mazz.

委陵菜 *P. chinensis* Ser.

狼牙委陵菜 *P. cryptotaeniae* Maxim.

翻白草 *P. discolor* Bunge

莓叶委陵菜 *P. fragarioides* L.

蛇含委陵菜 *P. kleiniana* Wight & Arn.

多茎委陵菜 *P. multicaulis* Bge.

山桃（毛桃）*Prunus davidiana* (Carri è re) Franch.

盘腺樱桃 *P. discadenia* Koehne in Sarg.

微毛樱桃 *P. clarofolia* C. K. Schneid.

多毛樱桃 *P. polytricha* Koehne in Sarg.

托叶樱桃 *P. stipulacea* Maxim.

毛樱桃 *P. tomentosa* Thunb.

细齿稠李 *P. obtusata*Koehne in Sarg.

橉木 *P. buergeriana* (Miq.) Y ü et Ku

火棘 *Pyracantha fortuneana* （Maxim.） Li

复伞房蔷薇 *Rosa brunonii* Lindl.

伞房蔷薇 *R. corymbulosa* Rolfe

陕西蔷薇 *R. giraldii* Cr é p.

卵果蔷薇 *R. helenae* Rehder & E. H. Wilson in Sarg.

粉团蔷薇 *R. multiflora* var. *cathayensis* Rehder & E. H. Wilson in Sarg.

峨眉蔷薇 *R. omeiensis* Rolfe

缫丝花 *R. roxburghii* Tratt.

悬钩子蔷薇 *R. rubus* L é v. & Vaniot

钝叶蔷薇 *R. sertata* Rolfe

扁刺蔷薇 *R.sweginzowii* Koehne

秀丽莓 *Rubus amabilis* Focke

插田泡 *R. coreanus* var. *tomentosus* Card.

弓茎悬钩子 *R. flosculosus* Focke

白叶莓 *R. innominatus* S. Moore

喜阴悬钩子 *R. mesogaeus* Focke ex Diels

陕西悬钩子 *R. piluliferus* Focke

针刺悬钩子 *R. pungens* var. *indefensus* Focke

隐瓣山莓草 *Sibbaldia procumbens* subsp. *aphanopetala* (Hand.-Mazz.) T. T. Yu & C. L. Li
地榆 *Sanguisorba officinalis* L.
水榆花楸 *Sorbus alnifolia* (Siebold & Zucc.) C. Koch
石灰花楸 *S. folgneri* (C. K. Schneid.) Rehder
湖北花楸 *S. hupehensis* C. K. Schneid.
陕甘花楸 *S. koehneana* C. K. Schneid.
毛果绣球绣线菊 *Spiraea blumei* var. *pubicarpa* W. C. Cheng
华北绣线菊 *S. fritschiana* Schneid.
大叶华北绣线菊 *S. fritschiana* var. *angulata* (Fritsch ex C. K. Schneid.) Rehder
渐尖叶粉花绣线菊 *S. japonica* var. *acuminata* Franch.
蒙古绣线菊 *S. lasiocarpa* Kar. & Kir.
细枝绣线菊 *S. myrtilloides* Rehder
南川绣线菊 *S. rosthornii* E. Pritz. ex Diels

40. 豆科 Leguminosae

合欢 *Albizzia julibrissin* Durazz
山槐 *Albizia kalkora* (Roxb.) Prain
两型豆 *Amphicarpaea bracteata subsp. edgeworthii* (Benth.) H. Ohashi
云实 *Biancaea decapetala* (Roth) O. Deg.
太白山笐子梢 *Campylotropis macrocarpa* var. *hupehensis* (Pamp.) Iokawa & H. Ohashi
笐子梢 *C. macrocarpa* （Bunge）Rehder
紫荆 *Cercis chinensis* Bunge
小花香槐 *Cladrastis delavayi* (Franch.) Prain
香槐 *C. wilsonii* Takeda
大金刚藤 *Dalbergia dyeriana* Prain ex Harms
黄檀 *D. hupeana* Hance
长柄山蚂蝗 *D. podocarpum* DC.
皂荚 *Gleditsia sinensis* Lam.
野大豆 *Glycine soja* Siebold & Zucc.
米口袋 *Gueldenstaedtia verna* (Georgi) Boriss.
多花木蓝 *Indigofera amblyantha* Craib.
铁扫帚 *I. bungeana* subsp. bungeana
河北木蓝 *I. bungeana* Walp.
长萼鸡眼草 *Kummerowia stipulacea* （Maxim.） Makino
山黧豆 *Lathyrus quinquenervius* （Miq.） Litv.
胡枝子 *Lespedeza bicolor* Turcz.
绿叶胡枝子 *L. buergeri* Miq.
截叶铁扫帚 *L. cuneata* (Dum. Cours.) G. Don

兴安胡枝子 *L. davurica* （Laxm.） Schindl.

美丽胡枝子 *L. thunbergii* subsp. *formosa*(Vogel) H. Ohashi

百脉根 *Lotus corniculatus* L.

天蓝苜蓿 *Medicago lupulina* L.

小苜蓿 *M. minima* （L.） Bartal.

草木樨（僻汉草）*Melilotus officinalis* (L.) Pall.

葛 *Pueraria montana* var. *lobata* (Willd.) Maesen & S. M. Almeida ex Sanjappa & Predeep

苦参 *Sophora flavescens* Aiton

槐 *S. japonicum* var. *japonicum*

广布野豌豆 *Vicia cracca* L.

大叶野豌豆 *V. pseudo-orobus* Fisch. & C. A. Mey.

野豌豆 *V. sepium* L.

歪头菜 *V. unijuga* A. Br.

41. 酢浆草科 Oxalidaceae

白花酢浆草 *Oxalis acetosella* L.

酢浆草 *O. corniculata* L.

山酢浆草 *O. griffithii* Edgew. & Hook. f.

42. 牻牛儿苗科 Geraniaceae

湖北老鹳草 *Geranium rosthornii* R. Knuth

鼠掌老鹳草 *G. sibiricum* L.

老鹳草 *G. wilfordii* Maxim.

43. 芸香科 Rutaceae

吴茱萸 *Tetradium ruticarpum* (A. Juss.) T. G. Hartley

川黄檗 *Phellodendron chinense* C. K. Schneid.

枳 *Citrus trifoliata* L..

黑果茵芋 *Skimmia melanocarpa* Rehder & E. H. Wilson

竹叶花椒 *Zanthoxylum armatum* DC.

花椒 *Z. bungeanum* Maxim.

异叶花椒 *Z. dimorphophyllum* Hemsl.

刺异叶花椒 *Z. dimorphophyllum* var. *spinifolium* Rehder & E. H. Wilson

狭叶花椒 *Z. stenophyllum* Hemsl.

44. 苦木科 Simaroubaceae

臭椿 *Ailanthus altissima* （Mill.） Swingle

刺臭椿 *A. vilmoriniana* Dode

苦木 *Picrasma quassioides* （D. Don） Benn.

45. 楝科 Meliaceae

楝 *Melia azedarach* L.

香椿 *Toona sinensis* (Juss.) Roem.

46. **远志科** Polygalaceae

瓜子金 *Polygala japonica* Houtt.

西伯利亚远志 *P. sibirica* L.

47. **大戟科** Euphorbiaceae

铁苋菜 *Acalypha australis* L.

裂苞铁苋菜 *A. supera* Forssk.

山麻秆 *Alchornea davidii* Franch.

毛丹麻秆 *Discocleidion rufescens* （Franch.） Pax & K. Hoffm.

泽漆 *Euphorbia helioscopia* L.

地锦草 *E. humifusa* Willd. ex Schltdl.

大戟 *E. pekinensis* Rupr.

湖北大戟 *E. hylonoma* Hand.-Mazz.

雀儿舌头 *Leptopus chinensis* （Bunge） Pojark.

一叶萩 *Securinega suffruticosa* (Pall.) Baill.

油桐 *Vernicia fordii* （Hemsl.） Airy-Shaw

48. **黄杨科** Buxaceae

黄杨 *Buxus sinica* (Rehder & E. H. Wilson) M. Cheng

49. **马桑科** Coriariaceae

马桑 *Coriaria nepalensis* Wall.

50. **漆树科** Anacardiaceae

毛黄栌 *Cotinus coggygria* var. *pubescens* Engl.

粉背黄栌 *C. coggygria* var. *glaucophylla* C.Y.wu

黄连木 *Pistacia chinensis* Bunge

盐肤木 *Rhus chinensis* Mill.

青麸杨 *R. potaninii* Maxim.

红麸杨 *R. punjabensis* var. *sinica* （Diels）Rehder & E. H. Wilson

野漆 *Toxicodendron succedaneum* （L.） Kuntze

漆 *T. vernicifluum* （Stokes） F. A. Barkley

51. **冬青科** Aquifoliaceae

珊瑚冬青 *Ilex corallina* Franch.

狭叶冬青 *I.fargesii* Franch.

猫儿刺 *I. pernyi* Franch.

尾叶冬青 *I. wilsonii* Loes.

云南冬青 *I. yunnanensis* Franch.

52. **卫矛科** Celastraceae

苦皮藤 *Celastrus angulatus* Maxim.

灰叶南蛇藤 *C. glaucophyllus* Rehder & E. H. Wilson.

粉背南蛇藤 *C. hypoleucus*（Oliv.）Warb. ex Loes.

南蛇藤 *C. orbiculatus* Thunb.

短梗南蛇藤 *C. rosthornianus* Loes.

刺果卫矛 *Euonymus acanthocarpus* Franch.

卫矛 *E. alatus*（Thunb.）Sieb.

角翅卫矛 *E. cornutus* Hemsl.

扶芳藤 *E. fortunei*（Turcz.）Hand.-Mazz.

纤齿卫矛 *E. giraldii* Loes. ex Diels

白杜 *E. maackii* Rupr

栓翅卫矛 *E. phellomanus* Loes. ex Diels

疣点卫矛 *E. verrucosoides* Loes.

53. 省沽油科 Staphyleaceae

省沽油 *Staphylea bumalda* DC.

膀胱果 *S. holocarpa* Hemsl.

54. 槭树科 Aceraceae

小叶青皮槭 *Acer cappadocicum* subsp. *sinicum* (Rehder) HandelMazzetti

青榨槭 *A. davidii* Franch.

茶条槭 *A. tataricum* subsp. *ginnala* (Maxim.) Wesmael

深灰槭 *A. giraldii* Pax

血皮槭 *A. griseum*（Franch.）Pax in Engler

葛萝槭 *A. davidii* subsp. *grosseri* (Pax) P. C. DeJong.

建始槭 *A. henryi* Pax

重齿槭 *A. duplicatoserratum* Hayata

庙台槭 *A. miaotaiense* Tsoong

蜡枝槭 *A. ceriferum* Rehder in Sargent

金钱槭 *Dipteronia sinensis* Oliv.

55. 七叶树科 Hippocastanceae

七叶树 *Aesculus chinensis* Bunge.

56. 无患子科 Sapindaceae

栾 *Koelreuteria paniculata* Laxm.

无患子 *Sapindus mukorossi* Gaertn.

57. 清风藤科 Sabiaceae

泡花树 *Meliosma cuneifolia* Franch.

柔毛泡花树 *M. myriantha* var. *pilosa* (Lecomte) Law

鄂西清风藤 *Sabia campanulata* subsp. *ritchieae* (Rehder & E. H. Wilson) Y. F. Wu

58. **凤仙花科** Balsaminaceae

裂距凤仙花 *Impatiens fissicornis* Maxim.

水金凤 *I. noli-tangere* L.

陇南凤仙花 *I. potaninii* Maxim.

窄萼凤仙花 *I. stenospeala* Pritz. ex Diels

59. **鼠李科** Rhamnaceae

黄背勾儿茶 *Berchemia flavescens* （Wall.） Brongn.

多花勾儿茶 *B. floribunda* （Wall.） Brongn.

勾儿茶 *B. sinica* C. K. Schneid.

北枳椇 *Hovenia dulcis* Thunb.

刺鼠李 *Rhamnus dumetorum* C. K. Schneid. in Sarg.

薄叶鼠李 *R. leptophylla* C. K. Schneid.

皱叶鼠李 *R. rugulosa* Hemsl. ex Forbes & Hemsl.

甘青鼠李 *R. tangutica*J. J. Vassil.

冻绿 *R. utilis* Decne.

酸枣 *Ziziphus jujuba* var. *spinosa* （Bunge） Hu ex H. F. Chou

60. **葡萄科** Vitaceae

乌头叶蛇葡萄 *Ampelopsis aconitifolia* Bunge

蓝果蛇葡萄 *A. bodinieri* (H. L é v. & Vaniot) Rehder

三裂蛇葡萄 *A. delavayana* Planch.

大叶蛇葡萄 *A. megalophylla* Diels & Gilg

乌蔹莓 *Causonis japonica* (Thunb.) Raf.

尖叶乌蔹莓 *Cayratia japonica* var. *pseudotrifolia* (W. T. Wang) C. L. Li

三叶地锦 *Parthenocissus semicordata* (Wall.) Planch.

地锦 *P. tricuspidata* (Siebold & Zucc.) Planch.

桦叶葡萄 *Vitis betulifolia* Diels & Gilg

毛葡萄 *V. heyneana* Roem. & Schult.

61. **椴树科** Tiliaceae

扁担杆 *Grewia biloba* G. Don

华椴 *Tilia chinensis* Maxim.

红皮椴 *T. paucicostata* var. *dictyoneura* (V. Engl. ex C. K. Schneid.) H. T. Chang & E. W. Miao

粉椴 *T. oliveri* Szyszyl.

62. **锦葵科** Malvaceae

苘麻 *Abutilon theophrasti* Medicus

63. **猕猴桃科** Actinidiaceae

软枣猕猴桃 *Actinidia arguta* (Siebold & Zucc.) Planch. ex Miq.

中华猕猴桃 *A. chinensis Planch.*

狗枣猕猴桃 *A. kolomikta* (Maxim. & Rupr.) Maxim.

黑蕊猕猴桃 *A. melanandra* Franch.

葛枣猕猴桃 *A. polygama* (Siebold & Zucc.) Maxim.

猕猴桃藤山柳 *Clematoclethra scandens subsp. actinidioides* (Maxim.) Y. C. Tang & Q. Y. Xiang

繁花藤山柳 *C.* scandens subsp. hemsleyi (Baill.) Y. C. Tang & Q. Y. Xiang

64. **山茶科** Theaceae

陕西紫茎 *Stewartia sinensis var. shensiensis* (Hung T. Chang) Ming & J. Li ex J. Li

紫茎 *S. sinensis* Rehder & E. H. Wilson

65. **藤黄科** Guttiferae

黄海棠 *Hypericum ascyron* L.

赶山鞭 *H. attenuatum* Fisch. ex Choisy

贯叶连翘 *H. perforatum* L.

突脉金丝桃 *H. przewalskii* Maxim.

66. **堇菜科** Violaceae

鸡腿堇菜 *Viola acuminata* Ledeb.

双花堇菜 *V. biflora* L.

深圆齿堇菜 *V. davidii* Franch.

犁头草 *V. japonica* Langsd. ex DC.

紫花地丁 *V. philippica* Cav.

67. **大风子科** Flacourtiaceae

山拐枣 *Poliothyrsis sinensis* Oliv.

68. **旌节花科** Stachyuraceae

中国旌节花 *Stachyurus chinensis* Franch.

69. **秋海棠科** Begoniaceae

花叶秋海棠 *Begonia cathayana* Hemsl.

70. **瑞香科** Thymelaeaceae

芫花 *Daphne genkwa* Siebold & Zucc.

黄瑞香 *D. giraldii* Nitsche

乌饭瑞香 *D. myrtilloides* Nitsche Beitr.

71. **胡颓子科** Elaeagnaceae

长叶胡颓子 *Elaeagnus bockii* Diels

宜昌胡颓子 *E. henryi* Warb. ex Diels

披针叶胡颓子 *E. lanceolata* Warb.

木半夏 *E. multiflora* Thunb.. in Murray

牛奶子 *E. umbellata* Thunb.

72. **千屈菜科** Lythraceae

千屈菜 *Lythrum salicaria* L.

节节菜 *Rotala indica* （Willd.） Koehne

73. **八角枫科** Alangiaceae

八角枫 *Alangium chinense* （Lour.） Harms

瓜木 *A. platanifolium* (Siebold & Zucc.) Harms

74. **柳叶菜科** Onagraceae

高山露珠草 *Circaea alpina* L.

露珠草 *C. cordata Royle*

细籽柳叶菜 *Epilobium minutiflorum* Hausskn.

柳叶菜 *E. hirsutum* L.

丁香蓼 *Ludwigia prostrata* Roxb.

75. **五加科** Araliaceae

楤木 *Aralia elata*(Miq.) Seem.

短柄五加 *Eleutherococcus brachypus* (Harms) Nakai

红毛五加 *E. giraldii* (Harms) Nakai

蜀五加 *E. leucorrhizus var. setchuenensis* (Harms ex Diels) C. B. Shang & J. Y. Huang

尼泊尔常春藤 *Hedera nepalensis* var. *sinensis* （Tobl.） Rehd.

刺楸 *Kalopanax septemlobus* （Thunb.） Koidz.

异叶梁王茶 *Metapanax davidii* (Franch.) J. Wen ex Frodin

秀丽假人参 *Panax pseudo-ginseng* var. *elegantior* （Burkill） G. Hoo et C. J. Tseng

羽叶三七 *P. pseudo-ginseng* var. *bipinnatifidus* （Seem.） Li

大叶三七 *P. pseudo-ginseng* var. *japonicus* （C. A. Mey.） Hoo et Tseng

通脱木 *Tetrapanax papyrifer* （Hook.） K. Koch

76. **伞形科** Umbelliferae

东北羊角芹 *Aegopodium alpestre* Ledeb.

重齿当归 *Angelica biserrata* (R. H. Shan & C. C. Yuan) C. C. Yuan & R. H. Shan

疏叶当归 *A. laxifoliata* Diels

当归 *A. sinensis* （Oliv.） Diels

秦岭当归 *A. tsinlingensis* K. T. Fu

峨参 *Anthriscus sylvestris* （L.） Hoffm.

大叶柴胡 *Bupleurum longiradiatum* var. *porphyranthum* Shan et Y. Li

马尾柴胡 *B. microcephalum* Diels

蛇床 *Cnidium monnieri* （L.）Spreng.

辛加山蛇床 *C. sinchianum* K. T. Fu

鸭儿芹 *Cryptotaenia japonica* Hassk.

野胡萝卜 *Daucus carota* L.

水芹 *Oenanthe javanica* (Blume) DC.

谷生茴芹 *Pimpinella valleculosa* K. T. Fu

长序变豆菜 *Sanicula elongata* K. T. Fu
太白变豆菜 *S. giraldii* H. Wolff
直刺变豆菜 *S. orthacantha* S. Moore
小窃衣 *Torilis japonica*（Houtt.）DC.
窃衣 *T. scabra*（Thunb.）DC.

77. **山茱萸科** Cornaceae

沙梾 *Cornus bretschneideri* L. Henry
灯台树 *C. controversa* Hemsl.
红椋子 *C. hemsleyi* C. K. Schneid. & Wangerin
四照花 *C. kousa* subsp. *chinensis* (Osborn) Q. Y. Xiang
山茱萸 *C. officinalis* Sieb. & Zucc.
梾木 *C. macrophylla* Wall.
小梾木 *Cornus quinquenervis* Franch.
毛梾 *C. walteri* Wangerin
中华青荚叶 *Helwingia chinensis* Batalin.
青荚叶 *H. japonica* (Thunb.) F. Dietr.

78. **鹿蹄草科** Pyrolaceae

喜冬草 *Chimaphila japonica* Miq.
圆叶鹿蹄草 *Pyrola rotundifolia* L.
皱叶鹿蹄草 *P. rugosa* Andres

79. **杜鹃花科** Eriaceae

毛肋杜鹃 Rhododendron pubicostatum T. L. Ming
烈香杜鹃 *R. anthopogonoides* Maxim.
头花杜鹃 *R. capitatum* Maxim.
秀雅杜鹃 *R. concinnum* Hemsl.
麻花杜鹃 *R. maculiferum* Franch.
照山白 *R. micranthum* Turcz.
太白杜鹃 *R. purdomii* Rehder & E. H. Wilson
山光杜鹃 *R. oreodoxa* Franch.
四川杜鹃 *R. sutchuenense* Franch.

80. **紫金牛科** Myrsinaceae

铁仔 *Myrsine africana* L.

81. **报春花科** Primulaceae

莲叶点地梅 *Androsace henryi* Oliv.
点地梅 *A. umbellata*（Lour.）Merr.
假报春 *Cortusa matthioli* Linnaeus
狼尾花 *Lysimachia barystachys* Bunge

过路黄 *L. christinae* Hance

矮桃 *L. clethroides* Duby

距萼过路黄 *L. crista-galli* Pamp. ex Hand. - Mazz.

点腺过路黄 *L. hemsleyana* Maxim. ex Oliv.

腺药珍珠菜 *L. stenosepala* Hemsl.

齿萼报春 *Primula odontocalyx* （Franch.） Pax

堇菜报春 *P. violaris* W. W. Sm. & H. R. Fletcher

82. **柿树科** Ebenaceae

柿 *Diospyros kaki* Thunb.

君迁子 *D. lotus* L.

83. **山矾科** Symplocaceae

白檀 *Symplocos paniculata* (Thunb.) Miq.

84. **安息香科** Styraceae

野茉莉 *Styrax japonicus* Siebold & Zucc.

85. **木犀科** Oleaceae

流苏树 *Chionanthus retusus* Lindl. & Paxton

秦连翘 *Forsythia giraldiana* Lingelsh.

连翘 *F. suspensa* （Thunb.） Vahl

白蜡树 *Fraxinus chinensis* Roxb.

秦岭梣 *F. paxiana* Lingelsh.

花曲柳 *Fraxinus chinensis* subsp. *rhynchophylla* (Hance) E. Murray

水曲柳 *F. mandschurica* Rupr.

探春花 *Jasminum floridum* Bunge

迎春花 *J. nudiflorum* Lindl.

蜡子树 *Ligustrum leucanthum* (S. Moore) P. S. Green

女贞（大叶女贞）*L. lucidum* W. T. Aiton

水蜡树 *L. obtusifolium* Siebold & Zucc.

小叶巧玲花 *Syringa pubescens* subsp. *microphylla* (Diels)M.C.Chang & X.L.Chen

羽叶丁香 *S. pinnatifolia* Hemsl.

巧玲花 *S. pubescens* Turcz.

辽东丁香 *S.* villosa subsp. wolfii (C. K. Schneid.) J. Y. Chen & D. Y. Hong

86. **马钱科** Loganiaceae

巴东醉鱼草 *Buddleja albiflora* Hemsl.

大叶醉鱼草 *B. davidii* Franch.

密蒙花 *B. officinalis* Maxim.

87. **龙胆科** Gentianaceae

秦艽 *Gentiana macrophylla* Pall.

红花龙胆 *G. rbodantha* Franch.

鳞叶龙胆（小龙胆）*G. squarrosa* Ledeb.

笔龙胆 *G.. zollingeri* Fawc.

卵萼花锚 *Halenia elliptica* D. Don

翼萼蔓 *Pterygocalyx volubilis* Maxim.

獐牙菜 *Swertia bimaculata* (Siebold & Zucc.) Hook. f. & Thomson ex C. B. Clarke

北方獐牙菜 *S. diluta*（Turcz.）Benth. et Hook. f.

贵州獐牙菜 *Swertia kouitchensis* Franch.

双蝴蝶（肺形草）*Tripterospermum chinense*（Migo）Harry Sm.

88. 夹竹桃科 Apocynaceae

络石 *Trachelospermum jasminoides*（Lindl.）Lem.

89. 萝藦科 Asclepiadaceae

秦岭藤 *Biondia chinensis* Schltr.

牛皮消 *Cynanchum auriculatum* Royle ex Wight

白首乌 *C. bungei* Decne. in A. DC.

大理白前 *C. forrestii* Schltr.

峨眉牛皮消 *C. giraldii* Schltr.

徐长卿 *C. paniculatum*（Bunge.）Kitag.

华萝藦 *Metaplexis hemsleyana* Oliv.

萝藦（奶浆藤）*M. japonica*（Thunb.）Makino.

杠柳（香加皮）*Periploca sepium* Bunge

90. 旋花科 Convolvulaceae

打碗花 *Calystegia hederacea* Wall.

长裂旋花 *Calystegia sepium* (Linn.) R. Br. var. *japonica* (Choisy) Makino

旋花 *C. sepium*（L.）R. Br.

菟丝子 *Cuscuta chinensis* Lam.

金灯藤 *C. japonica* Choisy in Zoll.

91. 花荵科 Polemoniaceae

中华花荵 *Polemonium chinense* (Brand) Brand

92. 紫草科 Boraginaceae

多苞斑种草 *Bothriospermum secundum* Maxim.

柔弱斑种草 *B. zeylanicum* (J. Jacq.) Druce

琉璃草 *Cynoglossum furcatum* Wall. in Roxb.

梓木草 *Lithospermum zollingeri* A. DC.

短蕊车前紫草 *Sinojohnstonia moupinensis*（Franch.）W. T. Wang

附地菜 *Trigonotis peduncularis* (Trevis.) Benth. ex Baker & S. Moore

93. **马鞭草科** Verbenaceae

老鸦糊 *Callicarpa giraldii* Hesse ex Rehd.

窄叶紫珠 *C. membranacea* Hung T. Chang

光果莸 *Caryopteris tangutica* Maxim.

三花莸 *Schnabelia terniflora* (Maxim.) P. D. Cantino

臭牡丹 *Clerodendrum bungei* Stend.

海州常山 *C. trichotomum* Thunb.

狐臭柴 *Premna puberula* Pamp.

马鞭草 *Verbena officinalis* L.

黄荆 *Vitex negundo* L.

94. **唇形科** Labiatae

藿香 *Agastache rugosa* (Fisch. & C. A. Mey.) Kuntze

筋骨草 *Ajuae ciliata* Bunge

水棘针 *Amethystea caerulea* L.

灯笼草 *Clinopodium polycephalum* (Vaniot) C. Y. Wu & S. J. Hsuan ex P. S. Hsu

日本活血丹 *Glechoma grandis* （A. Gary） Kupr.

活血丹 *G. longituba* （Nakai） Kupr.

拟缺香茶菜 *Isodon excisoides* (Y. Z. Sun ex C. H. Hu) H. Hara

鄂西香茶菜 *I. henryi* (Hemsl.) Kudô

显脉香茶菜 *I. nervosus* (Hemsl.) Kudô

夏至草 *Lagopsia supina* （Steph.） Ik.-Gal.

野芝麻 *Lamium barbatum* Siebold & Zucc.

益母草 *Leonurus japonicus* Houtt.

斜萼草 *Loxocalyx urticifolius* Hemsl.

地笋 *Lycopus lucidus* Turcz. ex Benth.

薄荷 *Mentha haplocalyx* Briq.

荆芥 *Nepeta cataria* L.

大花糙苏 *Phlomoides megalantha* (Diels) Kamelin & Makhm.

柴续断 *P. szechuanensis* (C. Y. Wu) Kamelin & Makhm.

糙苏 *P. umbrosa* (Turcz.) Kamelin & Makhm.

夏枯草 *Prunella vulgaris* L.

掌叶石蚕 *Rubiteucris palmata* （Benth.） Kudo

鄂西鼠尾草 *Salvia maximowicziana* Hemsl.

光萼血见愁 *Teucrium viscidum* var. leiocalyx C. Y. Wu & S. Chow

秦岭香科科 *T. tsinlingense* C. Y. Wu & S. Chow

95. **茄科** Solanaceae

挂金灯 *Alkekengi officinarum* var. francheti (Mast.) R. J. Wang

曼陀罗 *Datura stramonium* L.

枸杞 *Lycium chinense* Mill.

白英 *Solanum lyratum* Thunb. ex Murray

龙葵 *S. nigrum* L.

96. **玄参科** Scrophulariaceae

短腺小米草 *Euphrasia regelii* Wettst.

四川沟酸浆 *Erythranthe szechuanensis* (Y. Y. Pai) G. L. Nesom

宽叶母草 *Lindernia nummulariifolia* (D. Don) Wettst.

通泉草 *Mazus pumilus* (Burm. f.) Steenis

山罗花 *Melampyrum roseum* Maxim.

毛泡桐 *Paulownia tomentosa* （Thunb.） Steud.

扭盔马先蒿 *Pedicularis davidii* Franch.

藓生马先蒿 *P. musciola* Maxim.

返顾马先蒿 *P. resupinata* L.

山西马先蒿 *P. shanxiensis* P. C. Tsoong

穗花马先蒿 *Pedicularis spicata* Pall.

地黄 *Rehmannia glutinosa* （*Gaertn.*） Libosch. ex Fisch. & C. A. Mey.

松蒿 *Phtheirospermum japonicum* （Thunb.） Kanitz.

玄参 *Scrophularia ningpoensis* Hemsl.

北水苦荬 *Veronica anagallis-aquatica* L.

婆婆纳 *V. polita* Fries

疏花婆婆纳 *V. laxa* Benth.

水蔓菁 *Pseudolysimachion linariifolium* subsp. dilatatum (Nakai & Kitag.) D. Y. Hong

小婆婆纳 *V. serpyllifolia* L.

水苦荬 *V. undulata* Wall. ex Jack in Roxb.

草本威灵仙 *Veronicastrum sibiricum* （L.） Pennell

97. **紫葳科** Bignoniaceae

灰楸 *Catalpa fargesii* Bureau

98. **列当科** robanchaceae

丁座草 Xylanche himalaica (Hook. f. & Thomson) Beck

列当 *Orobanche coerulescens* Steph.

99. **苦苣苔科** Gesneriaceae

珊瑚苣苔 *Corallodiscus lanuginosus* (Wall. ex A. DC.) B. L. Burtt

吊石苣苔 *Lysionotus pauciflorus* Maxim.

100. **透骨草科** Phrymataceae

透骨草 *Phryma leptostachya* subsp. asiatica (Hara) Kitam.

101. **车前科** Plantaginaceae

车前 *Plantago asiatica* L.

平车前 *P. depressa* Willd.

大车前 *P. major* L.

102. **茜草科** Rubiaceae

车轴草 *Asperlla odorata* Linn.

六叶葎 Galium hoffmeisteri (Klotzsch) Ehrend. & Schönb.-Tem. ex R. R. Mill

四叶葎 *G. bungei* Steud.

显脉拉拉藤 *G. kinuta* Nakai & H. Hara

林猪殃殃 *G. paradoxum* Maxim.

山猪殃殃 Galium dahuricum var. lasiocarpum (Makino) Nakai

鸡屎藤 *Paederia foetida* L.

茜草（小血藤）*Rubia cordifolia* L.

金剑草 R. *alata* Wall. in Roxb.

金线茜草 *R. membranacea* Diels.

103. **忍冬科** Caprifoliaceae

蓪梗花 *Abelia engleriana* （Graebn.） Rehd.

双盾木 *Dipelta floribunda* Maxim.

淡红忍冬 *Lonicera acuminata* Wall

刚毛忍冬 *L. hispida* Pall. ex Roem. & Schult.

须蕊忍冬 *L. chrysantha* var. koehneana (Rehder) Q. E. Yang

金银忍冬 *L. maackii* （Rupr.） Maxim.

红脉忍冬 *L. nervosa* Maxim.

细毡毛忍冬 *L. similis* Hemsl.

苦糖果 *L. fragrantissima* var. lancifolia (Rehder) Q. E. Yang

盘叶忍冬 *L. tragophylla* Hemsl.

亮叶忍冬 *L. ligustrina* var. yunnanensis Franch.

接骨草 *Sambucus javanica* Reinw. ex Blume

唐古特忍冬 *L. tangutica* Maxim

接骨木 *S. williamsii* Hance

穿心莛子藨 *Triosteum himalayanum* Wall.

莛子藨 *T. pinnatifidum* Maxim.

桦叶荚蒾 *Viburnum betulifolium* Batalin

醉鱼草状荚蒾 *V. buddleifolium* C. H. Wright

荚蒾 *V. dilatatum* Thunb.

宜昌荚蒾 *V. erosum* Thunb.

红荚蒾 *V. erubescens* Wall.

聚花荚蒾 *V. glomeratum* Maxim.

甘肃荚蒾 *V. kansuense* Batalin

桦叶荚蒾 *V. betulifolium* Batalin

104. **败酱科** Valerianaceae

异叶败酱（墓头回）*Patrinia heterophylla* Bunge

少蕊败酱 *P. monandra* C. B. Clarke

岩败酱 *P. rupestris*（Pall.）Juss.

柔垂缬草 *Valeriana flaccidissima* Maxim.

长序缬草 *V. hardwickii* Wall.

蜘蛛香 *V. jatajansi* Tones

缬草 *V. officinalia* L.

105. **川续断科** Dipsacaceae

川续断 *Dipsacus* asper Wall.

日本续断 *D. japonicus* Miq.

双参 *Triplostegia glandulifera* Wall. ex DC.

106. **葫芦科** Cucurbitaceae

绞股蓝 *Gynostemma pentaphyllum*（Thunb.）Makino

赤瓟 *Thladiantha dubia* Bunge

南赤瓟 *T. nudiflora* Hemsl. ex Forbes & Hemsl.

鄂赤瓟 *T. oliveri* Cogn. ex Mottet

长毛赤瓟 *T. villosula* Cogn.

中华栝楼 *Trichosanthes rosthornii* Harms

107. **桔梗科** Campanulaceae

杏叶沙参 *Adenophora petiolata* subsp. *hunanensis* (Nannfeldt) D. Y. Hong & S. Ge Nannf

细叶沙参 *A. capillaris* subsp. *paniculata* (Nannfeldt) D. Y. Hong & S. Ge

沙参 *A. stricta* Miq.

多歧沙参 *A. potaninii* subsp. wawreana (Zahlbr.) S. Ge & D. Y. Hong

紫斑风铃草 *Campanula punctata* Lam.

党参 *Codonopsis pilosula*（Franch.）Nannf.

秦岭党参 *C. tsinlingensis* Pax & K. Hoffm.

桔梗 *Platycodon grandiflorus*（Jacq.）A. DC.

108. **菊科** Compositae

云南蓍 *Achillea wilsoniana* (Heimerl ex Hand.-Mazz.) Heimerl.

和尚菜 *Adenocaulon himalaicum* Edgew.

宽穗兔儿风 *Ainsliaea latifolia*(D.Don)Sch.Bip. (D.Don) Sch.Bip

长穗兔儿风 *A. henryi* Diels

黄腺香青 *Anaphalis aureopunctata* Lingelsh. & Borza

淡黄香青 *A naphalis flavescens* Hand.–Mazz.
珠光香青 *A. margaritacea* （L.） Benth. & Hook. f.
线叶珠光香青 *A. margaritacea* var. angustifolia (Franch. & Sav.) Hayata
牛蒡 *Arctium lappa* L.
黄花蒿 *Artemisia annua* L.
艾 *A. argyi* H. L é v. & Vaniot
暗绿蒿 *A. atrovirens* Hand.–Mazz.
茵陈蒿 *A. capillaris* Thunb.
侧蒿 *A. deversa* Diels
牡蒿 *A. japonica* Thunb.
野艾蒿 *A. lavandulaefolia* DC.
魁蒿 *A. princeps* Pamp.
猪毛蒿 *A. scoparia* Waldst. & Kit.
牛尾蒿 *A. dubia* Wall. ex Besser
灰苞蒿 *A. roxburghiana* Bess.
白莲蒿 *A.* stechmanniana Besser
阴地蒿 *A. sylvatica* Maxim.
三脉紫菀 *Aster ageratoides* Turcz.
阿尔泰狗娃花 *A. altaicus* Willd.
翼柄紫菀 *A. alatipes* Hemsl.
小舌紫菀 *A. albescens* （DC.） Wall. ex Koehne
马兰 *A. indicus* L.
全叶马兰 *A. pekinensis* (Hance) F. H. Chen
甘川紫菀 *A. smithianus* Hand.–Mazz.
紫菀 *A. tataricus* L. f.
婆婆针 *Bidens bipinnata* L.
小花鬼针草 *B. parviflora* Willd.
鬼针草 *B. pilosa* var. *radiata* Sch.–Bip.
狼杷草 *B. tripartita* L.
天名精 *Carpesium abrotanoides* L.
烟管头草 *C. cernuum* L.
小花金挖耳 *C. minum* Hemsl.
四川天名精 *C. szechuanense* F. H. Chen & C. M. Hu
刺儿菜 *Cirsium arvense* var. integrifolium Wimm. & Grab.
大刺儿菜 *C.* arvense var. setosum (Willd.) Ledeb.
线叶蓟 *Cirsium lineare* (Thunb.) Sch.–Bip
魁蓟 *C. leo* Nakai & Kitag.

烟管蓟 *C. pendulum* Fisch. ex DC.

甘菊 *Chrysanthemum lavandulifolium* (Fisch. ex Trautv.) Makino

野菊 *Chrysanthemum indicum* Linnaeus

笔管草 Equisetum ramosissimum subsp. debile (Roxb. ex Vaucher) Á. Löve & D. Löve

飞蓬 *Erigeron acer* L.

香丝草 *E. bonariensis* L.

小蓬草 *E. canadensis* L.

一年蓬 *E. annuus* （L.） Pers.

佩兰 *Eupatorium fortunei* Turcz.

白头婆 *E. japonicum* Thunb. in Murray

中华苦荬菜 Ixeris chinensis (Thunb.) Nakai

细叶小苦荬 *I. gracilis* （DC.） Shih

尖裂假还阳参 *Crepidiastrum sonchifolium* (Maximowicz) Pak & Kawano

三角叶须弥菊 *Himalaiella deltoidea* (Candolle) Raab-Straube

林生假福王草 *Lactuca diversifolia* Vant.

山莴苣 L. sibirica (L.) Benth. ex Maxim.

毛脉翅果菊 *L. raddeana* Maxim.

大丁草 *Leibnitzia anandria* （L.）Turcz.

薄雪火绒草 *Leontopodium japonicum* Miq.

太白山橐吾 *Ligularia dolichobotrys* Diels

蹄叶橐吾 *L. fischeri* （Ledeb.） Turcz.

两似蟹甲草 *Parasenecio ambiguus* (Y. Ling) Y. L. Chen

耳叶蟹甲草 *P. auriculatus* (DC.) H. Koyama

耳翼蟹甲草 *P. otopteryx* (Hand.-Mazz.) Y. L. Chen

太白山蟹甲草 *P. pilgerianus* (Diels) Y. L. Chen

蛛毛蟹甲草 *P. roborowskii* （Maxim.）Y. L. Chen

华帚菊 *Pertya sinensis* Oliv.

毛连菜 *Picris hieracioides* L.

鼠曲草 *Pseudognaphalium affine (D. Don) Anderb.*

秋鼠曲草 *P. hypoleucum* (DC.) Hilliard & B. L. Burtt

丝棉草 *P. luteoalbum* (L.) Hilliard & B. L. Burtt

多裂耳菊 *Nabalus tatarinowii* subsp. *macrantha* (Stebbins) N. Kilian

盘果菊 Nabalus tatarinowii (Maxim.) Nakai

华漏芦 *Rhaponticum chinense* (S. Moore) L. Martins & Hidalgo

光叶风毛菊 *Saussurea glabrescens* (Hand.-Mazz.) Y. S. Chen

四川风毛菊 *S. dutaillyana* Franch.

洋县风毛菊 *S. kungii* Y. Ling

川陕风毛菊 *S. licentiana* Hand.-Mazz.
深裂风毛菊 *S. paucijuga* Y. Ling
尾尖风毛菊 *S. saligna* Franch.
千里光 *Senecio scandens* Buch.-Ham. ex D. Don
豨莶 *Siegesbeckia orientalis* L.
腺梗豨莶 *S. pubescens* Makino
华蟹甲 *Sinacalia tangutica* （Maxim.） B. Nord.
蒲儿根 *Sinosenecio oldhamianus* （Maxim.） B. Nord.
苦苣菜 *Sonchus oleraceus* L.
兔儿伞 *Syneilesis aconitifolia*（Bge.）Maxim.
川甘蒲公英 *Taraxacum lugubre* Dahlst.
蒲公英 *T. mongolicum* Hand.-Mazz.
药用蒲公英 *T. officinale* Wigg.
华蒲公英 *T. sinicum* Kitag.
款冬 *Tussilago farfara* L.
黄鹌菜 *Youngi japonica* （L.） DC.
单子叶植物纲 Monocotyledoneae

109. 禾本科 Gramineae

华北剪股颖 *Agrostis. clavata* Trin.
小花剪股颖 *A. myriantha* Steud.
看麦娘 *Alopecurus aequalis* Sobel.
荩草 *Arthraxon hispidus* （Thunb.） Makino
野燕麦 *Avena fatua* L.
巴山木竹 *Arundinaria fargesii* E. G. Camus
雀麦 *Bromus japonicus* Thunb.
疏花雀麦 *B. remotiflorus* （Steud.） Ohwi
野青茅 *Deyeuxia pyramidalis* (Host) Veldkamp
马唐 *Digitaria* sanguinalis (L.) Scop.
披碱草 *Elymus dahuricus* Turcz. ex Griseb.
纤毛披碱草 *E. ciliaris* (Trinius ex Bunge) Tzvelev
日本纤毛草 *E. ciliaris* var. *hackelianus* (Honda) G. Zhu & S. L. Chen
黑穗画眉草 *Eragrostis nigra* Nees ex Steud.
画眉草 *E. pilosa* （L.）P. Beauv.
多秆画眉草 *E. multicaulis* Steud.
龙头箭竹 *Fargesia dracocephala* T. P. Yi
秦岭箭竹 *F. qinlingensis* Yi et J. X. Shao
羊茅 *Festuca ovina* L.

猬草 *Hystrix duthiei* (Stapf ex Hook. f.) Bor

白茅 *Imperata cylindrica* (L.) Raeusch.

广序臭草 *Melica onoei* Franch. & Sav

芒 *Miscanthus sinensis* Andersson.

求米草 *Oplismenus undulatifolius*（Ard.）Roem. & Schult.

显子草 *Phaenosperma globosa* Munro et Benth.

鬼蜡烛 *Phleum paniculatum* Huds.

芦苇 *Phragmites australis* (Cav.) Trin. ex Steud.

早熟禾 *Poa annua* L.

白顶早熟禾 *P. acroleuca* Steud.

久内早熟禾 *P. hisauchii* Honda

草地早熟禾 *P. pratensis* L.

硬质早熟禾 *P. sphondylodes* Trin.

东瀛鹅观草 *Roegneria mayebarana* (Honda) Ohwi

金色狗尾草 *Setaria* pumila (Poir.) Roem. & Schult.

狗尾草 *S. viridis*（L.）P. Beauv.

110. **莎草科** Cyperaceae

团穗薹草 *Carex agglomerata* C. B. Clarke

卷柱头薹草 *C. bostrychostigma* Maxim.

丝叶薹草 *C. capilliformis* Franch.

二形鳞薹草 *C. dimorpholepis* Steud.

秦岭薹草 *C. diplodon* Nelmes.

签草 *C. doniana* Spreng.

长安薹草 *C. heudesii* H. L é v. & Vaniot

日本薹草 *C. japonica* Thunb.

黄囊薹草 *C. korshinskii* Kom.

膨囊薹草 *C. lehmanii* Drejer

青绿薹草 *C. leucochlora* Bge.

舌叶薹草 *C. ligulata* Nees in Wight

长嘴薹草 *C. longerostrata* C. A. Mey.

翼果薹草 *C. neurocarpa* Maxim.

峨眉薹草 *C. omeiensis* Tang

柄状薹草 *C. pediformis* C. A. Mey.

类白穗薹草 *C. polyschoenoides* K. T. Fu

似皱果薹草 *Carex pseudodispalata* K. T. Fu

川滇薹草 *C. schneideri* Nelmes

宽叶薹草 *C. siderosticta* Hance

无刺鳞水蜈蚣 *Kyllinga brevifolia* var. *leiolepis* (Franch. & Sav.) H. Hara

异型莎草 *Cyperus difformis* L.

牛毛毡 *Eleocharis yokoscensis* (Franch. & Sav.) Tang & F. T. Wang

两歧飘拂草 *Fimbristylis dichotoma* （L.） Vahl

砖子苗 Cyperus cyperoides (L.) Kuntze

111. 天南星科 Araceae

菖蒲 *Acorus calamus* L.

灯台莲 *Arisaema* bockii Engler

象南星 *A. elephas* Buchet

一把伞南星 *A.* erubescens (Wall.) Schott

天南星 *A.* heterophyllum Blume.

花南星 *A. lobatum* Engl.

半夏 *Pinellia ternata* (Thunb.) Ten. ex Breitenb.

独角莲（白附子）Sauromatum giganteum (Engl.) Cusimano & Hett.

112. 浮萍科 Lemnaceae

浮萍 *Lemna minor* L.

紫萍 *Spirodela polyrrhiza* （L.） Schleid.

113. 鸭跖草科 Commelinaceae

鸭跖草 *Commelina communis* L.

竹叶子 *Streptolirion volubile* Edgew.

114. 灯心草科 Juncaceae

翅茎灯芯草 *Juncus alatus* Franch. & Sav.

葱状灯芯草 *J. allioides* Franch.

小灯心草 *J. bufonis* Linn.

星花灯芯草 *J. diastrophanthus* Buchen.

灯芯草 *J. effusus* L.

扁茎灯芯草 *J. gracillimus* (Buchenau) V. I. Krecz. & Gontsch. in Komarov

片髓灯芯草 *J. inflexus* L.

单枝灯芯草 *J. potaninii* Buchenau

分枝丝灯芯草 *J. luzuliformis* Franch.

假灯心草 *J. setchuensis* Buchen var. *effusoides* Buchen.

多花地杨梅 *Luzula multiflora* (Ehrh.) Lej.

散序地杨梅 *Luzula effusa* Buchenau.

多花地杨梅 *L.multiflora* (Ehrh.) Lej.

115. 百合科 Liliaceae

无毛肺筋草 *Aletris glabra* Bureau & Franch.

肺筋草 *A. spicata* （Thunb.） Franch.

大花韭 *Allium macranthum* Baker

薤白 *A. macrostemon* Bunge

卵叶山葱 *A. ovalifolium* Hand.–Mazz.

野韭 *A. ramosum* L.

茖葱 *A. victorialis* L.

羊齿天门冬 *Asparagus filicinus* D. Don

开口箭 *Campylandra chinensis* (Baker) M. N. Tamura et al.

七筋姑 *Clintonia udensis* Trautv. & C. A. Mey.

万寿竹 *D. cantoniense* （Lour.） Merr.

少花万寿竹 *D.* Baker ex S. Moore

萱草 *Hemerocallis fulva* （L.） L.

紫玉簪 *Hosta albomarginata* (Hook.) Ohwi

百合 *Lilium brownii* var. *viridulum* Baker

绿花百合 *L. fargesii* Franch.

云南大百合 *Cardiocrinum giganteum* var. yunnanense (Leichtlin ex Elwes) Stearn

山麦冬 *Liriope spicata* （Thunb.） Lour.

西藏洼瓣花 *Lloydia tibetica* Baker ex Oliv.

舞鹤草 *Maianthemum bifolium* （L.） F. W. Schmidt

麦冬 *Ophiopogon japonicus* （L. f.） Ker–Gawl.

具柄重楼 *Paris fargesii* var. *petiolata* (Baker ex C.H.Wright) Wang et Tang

七叶一枝花 *P. polyphylla* Sm.

北重楼 *P. verticillata* M.–Bieb.

卷叶黄精 *Polygonatum cirhifolium* （Wall.） Royle

多花黄精 *P. cyrtonema* Hua

细根茎黄精 *P. gracile* P. Y. Li

玉竹 *P. odoratum* （Mill.） Druce.

轮叶黄精 *P. verticillatum* （L.） All.

吉祥草 *Reineckia carnea* (Andrews) Kunth

管花鹿药 *Maianthemum henryi* (Baker) LaFrankie

鹿药 *M. japonicum* (A. Gray) LaFrankie

合瓣鹿药 *M. tubiferum* (Batalin) LaFrankie

托柄菝葜 *Smilax discotis* Warb.

土茯苓 *S. glabra* Roxb.

防己叶菝葜 *S. menispermoidea* A. DC.

小叶菝葜 *S. microphylla* C. H. Wright

牛尾菜 *S. riparia* A. DC.

鞘柄菝葜 *S. stans* Maxim.

扭柄花 *Streptopus obtusatus* Fassett

宽叶油点草 *Tricyrtis latifolia* Maxim.

油点草 *T. maculata* Miq.

延龄草 *Trillium tschonoskii* Maxim

藜芦 *Veratrum nigrum* L.

116. **薯蓣科** Dioscoreaceae

黄独 *Dioscorea bulbifera* Linn.

穿龙薯蓣 *D. nipponica* Makino

柴黄姜 *D. nipponica* subsp. rosthornii (Prain & Burkill) C. T. Ting

薯蓣 *D.* polystachya Turcz.

盾叶薯蓣 *D. zingiberensis* C. H. Wringt

117. **鸢尾科** Iridaceae

射干 *Belamcanda chinensis* （L.）Redout é

锐果鸢尾 *Iris goniocarpa* Baker.

马蔺 *I. lactea* Pall.

鸢尾 *I. tectorum* Maxim

黄花鸢尾 *I. wilsonii* C. H. Wright

118. **兰科** Orchidaceae

白及 *Bletilla striata* (Thunb. ex A. Murray) Rchb. f.

弧距虾脊兰 *Calanthe arcuata* Rolfe

流苏虾脊兰 *C. alpina* Hook. f. ex Lindl.

三棱虾脊兰 *C. tricarinata* Lindl.

银兰 *Cephalanthera erecta* （Thunb.） Bl.

凹舌兰 *Dactylorhiza viridis* (L.) R. M. Bateman, Pridgeon & M. W. Chase

杜鹃兰 *Cremastra appendiculata* (D. Don) Makino

绿花杓兰 *Cypripedium henryi* Rolfe

扇脉杓兰 *C. japonicum* Thunb.

大叶火烧兰 *Epipactis mairei* Schltr.

毛萼山珊瑚 *Galeola lindleyana* (Hook. f. & Thomson) Rchb. F.

天麻 *Gastrodia elata* Bl.

大花斑叶兰 *Goodyera biflora* (Lindl.) Hook.

羊耳蒜 *Liparis campylostalix* Rchb. f.

沼兰 Malaxis monophyllos (L.) Sw

绶草 *Spiranthes sinensis* (Pers.) Ames

附录 8 桑园保护区大型真菌名录

子囊菌亚门 Ascomycotina

1. 地舌科 Geoglossaceae

（1）地锤属 *Cudonia* Fries

黄地锤菌 *Cudonia lutea* (Peck) Sacc. 用途：未知。

（2）锤舌菌属 *Leotia* Genus.

凋萎锤舌菌 *Leotia marcida* Pers. 用途：未知。

（3）地勺属 *Spathularia* Pers. ex Fries

地匙菌 *Spathularia flavida* Pers.

2. 蜡钉菌科 Helotiaceae

（1）蜡钉菌属 *Helotium* Fries

小孢黄蜡钉菌 *Helotium citrinum* (Hedw.) Fr 用途：未知。

橘色柔膜菌 *Helotium serotinum* (Pers.) Fr 用途：未知。

3. 盘菌科 Pezizaceae

（1）侧盘菌属 *Otidea* Fuck.

兔耳状侧盘菌 *Otidea leporina* (Batsch) Fuck. 用途：未知。

（2）毛盘属 *Scutellinia* (Cke.) Lamb.

红毛盾盘菌 *Scutellinia scutellata* (L.) Lambotte 用途：未知。

4. 马鞍菌科 Helvellaceae

（1）马鞍菌属 *Helvella* Linn. ex Fries

钩基马鞍菌 *Helvella infula* Fr 用途：未知。

5. 羊肚菌科 Morchellaceae

（1）羊肚菌属 *Morchella* Dill. ex Pers.

羊肚菌 *Morchella esculenta* (L.) Pers. 用途：可食。

担子菌亚门 Basidiomycotina

6. 木耳科 Auriculariaceae

（1）木耳属 *Auricularia* Bull. ex Mérat

木耳 *Auricularia auricula* (Linn. ex Hook.) Underw. 用途：可食。

7. 银耳科 Tremellaceae

（1）黑耳属 *Exidia* Fries

黑耳 *Exidia glandulosa* (Bull.) Fries 有毒。

（2）焰耳属 *Phlogiotis* Quél.

焰耳 *Phlogiotis helvelloides* (DC. ex Fries) Martin 用途：未知。

8. **花耳科** Dacrymycetaceae

（1）胶角属 *Calocera* Fries

胶角菌 *Calocera cornea* (Batsch ex Fries) Fries 用途：未知。

（2）假花耳属 *Dacryopinax* Martin

匙盖假花耳 *Dacryopinax spathularia* (Schwein.) G.W. Martin 用途：未知。

（3）花耳属 *Dacrymyces* Nees. ex Fries

掌状花耳小型变种 *Dacrymyces palmatus* (Schwein.) Burt. 用途：未知。

9. **革菌科** Thelephorceae

（1）锈革属 *Hymenochaete* L é v.

红锈革 *Hymenochaete mougeotii* (Fries) Cooke 用途：未知。

（2）革菌属 *Thelephora* Ehrh. ex Fries

掌状革菌 *Thelephora palmate* (Scop.) Fries 用途：未知。

10. **珊瑚菌科** Clavariaceae

（1）珊瑚菌属 *Clavaria* Vaill. ex Fries

豆芽菌 *Clavaria* fragilis Holmsk. 用途：可食。

11. **冠瑚菌科** Clavicoronceae

（1）冠瑚菌属 *Clavicorona* Doty

杯冠瑚菌 *Clavicorona pyxidata* (Pers.) Doty 用途：未知。

12. **鸡油菌科** Cantharellaceae

（1）鸡油菌属 *Cantharellus* Adans. ex Fries

红鸡油菌 *Cantharellus cinnabarinus* (Schwein.) Schwein. 用途：可食。

（2）喇叭菌属 *Craterellus* Pers.

灰号角 *Craterella cornucopioides* (L.) Pers.（未定科属） 用途：可食。

13. **齿菌科** Hydnaceae

（1）耳匙菌属 *Auriscalpium* Gray

耳匙菌 *Auriscalpium vulgare* Gray 用途：未知。

（2）齿菌属 *Hydnum* Linn. ex Fries em. Pat.

卷缘齿菌 *Hydnum repandum* L. 用途：药食两用。

（3）齿耳属 *Steccherinum* Gray

卷须齿耳 *Steccherinum cirrhatum* (Pers.) Teng 用途：未知。

14. **猴头菌科** Hericiaceae

（1）猴头菌属 *Hericium* Pers.

猬状猴头菌 *Hericium erinaceus* (Bull.) Pers. 用途：药食两用。

15. **多孔菌科** Polyporaceae

（1）蹴孔属 *Coltricia* Mich. ex Gray

蹴孔菌 *Coltricia perennis* (Linn. ex Fries) Murr. 用途：未知。

（2）大孔属 *Favolus* Fries em. Ames

漏斗大孔菌 *Favolus arcularius* (Batsh ex Fries) Ames 用途：药用。

（3）针孔属 *Inonotus* Karst.

小针孔菌 *Inonotus nodulosus* (Fr.) Pilat 用途：药用。

（4）多孔属 *Polyporus* Mich. ex Fries

黄多孔菌 *Polyporus elegans* (Bull.) Fries 用途：未知。

小褐多孔菌 *Polyporus blanchetianus* Berk. et Mont. 用途：未知。

黑柄仙盏 *Polyporus melanopus* (Sw.) Fries 用途：未知。

猪苓 *Polyporus umbellatus* (Pers.) Fries 用途：药用。

（5）云芝属 *Polystictus* Fries

云芝 *Polystictus versicolor* (Linn.) Fries 用途：未知。

（6）褐层孔属 *Pyropolyporus* Murr.

木蹄 *Pyropolyporus fomemtarius* (Linn.ex Fries) Teng 用途：药用。

（7）栓菌属 *Trametes* Fries

毛栓菌 *Trametes hirsute* (Wulf. ex Fries) Pilat. 用途：药用。

红栓菌 *Trametes cirnabarina* (Jacq.) Fries 用途：药用。

16. **灵芝科** Ganodermataceae

（1）灵芝属 *Ganoderma* Karst.

树舌 *Elfvingia lobata* (Schwein.) Murrill 用途：药用。

平盖灵芝 *Ganoderma applanatum* (Pers.) Pat. 用途：药用。

17. **牛肝菌科** Boletaceae

（1）疣柄牛肝属 *Leccinum* Gray

褐疣柄牛肝菌 *Leccinum scabrum* (Bull.) Gray 用途：可食。

（2）粉末牛肝属 *Pulveroboletus* Murr.

黄粉末牛肝菌 *Pulveroboletus ravenelii* (Berk. & M.A. Curtis) Murrill 用途：未知。

还有一个拉丁学名：*Boletus ravenelii* Berk. & M.A. Curtis

（3）乳牛肝属 *Suillus* Mich. ex Gray

点柄乳牛肝菌 *Suillus granulatus* (L.) Roussel 用途：可食。

褐环乳牛肝菌 *Suillus luteus* (L.) Roussel 用途：可食。

厚环乳牛肝菌 / 厚环粘盖牛肝菌 *Suillus grevillei* (Klotzsch) Singer 用途：可食。

灰乳牛肝菌 *Suillus viscidus* (L.) Roussel 用途：可食。

18. **松塔牛肝菌科** Strobilomycetaceae

（1）松塔牛肝属 *Strobilomyces* Brek.

松塔牛肝菌 *Strobilomyces strobilaceus* (Scop.) Berk. 用途：可食。

19. **蜡伞科** Hygrophoraceae

（1）蜡伞属 *Hygrophorus* Fries

橙红蜡伞 *Hygrophorus cantharellus* (Schwein.) Fr. 用途：可食。

20. **丝盖伞科** Inocybaceae

（1）丝盖伞属 *Inocybe*

污白丝盖伞 *Inocybe geophylla* (Fr.) P. Kumm. 有毒。

21. **红菇科** Russulaceae

（1）乳菇属 *Lactarius* DC. ex Gray

红汁乳菇 *Lactarius hatsudake* Nobuj.Tanake 用途：可食。

（2）红菇属 *Russula* Pers. ex Gray

铜绿红菇 *Russula aeruginea* Fr 用途：可食。

黄菇 *Russula lutea* (Huds.) Fries 用途：未知。

苦红菇 *Russula fellea* (Fr.) Fr. 用途：未知。

22. **侧耳科** Pleurotaceae

（1）香菇属 *Lentinus* Fries

香菇 *Lentinus edodes* (Berk.) Pegler. 用途：可食。

（2）革耳属 *Panus* Fries

革耳 *Panus rudis* Fries 用途：未知。（同黄菇）

（3）侧耳属 *Pleurotus* (Fries) Qu é l.

小白侧耳 *Pleurotus ostreatus* (Jacq.) P. Kumm. 用途：药食两用。

（4）裂褶菌属 *Schizophyllum* Fries

裂褶菌 *Schizophyllum commune* Fr 用途：药食两用。

23. **白蘑科** Tricholomataceae

（1）假蜜环菌属 *Armillariella* (Karst.) Karst.

蜜环菌 *Armillariella mellea* (Vahl) P. Karst. 用途：可食。

（2）环菌属 *Clitocybe* (Fries) Kumm.

亚白环菌 *Clitocybe catina* (Fries) Qu é l. 用途：未知。

（3）冬菇属 *Flammulina* Karst.

冬菇 *Collybia veluticeps* Rea 用途：可食。另一学名：*Collybia velutipes* (Curtis) P. Kumm.

（4）蜡蘑属 *Laccaria* Berk. et Br.

红蜡蘑 *Laccaria laccata* (Scop.) Cooke 用途：可食。

（5）微皮伞属 *Marasmiellus* Sing.

白微皮伞 *Marasmiellus albus-corticis* (Secr.) Sing. 用途：未知。无该种，但有其他种

24. **口蘑科** Omphalotaceae

（1）金钱菌属 *Rhodocollybia*

乳酪粉金钱菌 *Rhodocollybia butyracea* (Bull.) Lennox 用途：可食。

金盖褐环柄菇 *Phaeolepiota aurea* (Matt.) Maire 用途：未知。

25. **鹅膏菌科** Amanitaceae

（1）鹅膏属 *Amanita* Pers.

橙盖伞 *Amanita caesarea* (Scop.) Pers. 用途：可食。

26. **球盖菇科** Strophariaceae

（1）沿丝伞属 *Naematoloma* Karst.

簇生黄韧伞 *Naematoloma fasciculare* (Huds.) P. Karst. 有毒。

（2）球盖菇属 *Stropharia*

皱环球盖菇 *Stropharia rugosoannulata* f. lutea Hongo 用途：可食。

（3）鳞伞属 *Pholiota*

粘盖环锈伞 *Pholiota lubrica* (Pers.) Singer 用途：未知。

27. **鬼伞科** Psathyrellaceae

（1）鬼伞属 *Corprinus* Pers. ex Gray

小假鬼伞 *Pseudocoprinus disseminatus* (Pers.) Kühner 有毒。

（2）拟鬼伞属 *Coprinopsis*

鹊拟鬼伞 *Coprinopsis picacea* (Bull.) Redhead, Vilgalys & Moncalvo 有毒。

28. **鬼笔科** Phallaceae

（1）竹荪属 *Dictyophora* Desv.

黄裙竹荪 *Phallus multicolor* (Berk. & Broome) Cooke 有毒，可药用。鬼笔科鬼笔属

29. **笼头菌科** Clathraceae

（1）尾花菌属 *Anthurus* Kalchbr.

爪哇尾花菌 *Anthurus javanicus* (Penz.) Cunn. 有毒。

30. **灰包科** Lycoperdaceae

（1）马勃属 *Calvatia* Fries

大马勃 *Lycoperdon colossus* A. Kawam. 用途：药食两用。

（2）灰包属 *Lycoperdon* Pers.

黑刺马勃 *Lycoperdon fuligineum* Berk. & M.A. Curtis 用途：药用。

香港马勃 *Lycoperdon hongkongense* Berk. & M.A. Curtis 用途：药用。

粒皮马勃 *Lycoperdon umbrinum* Hornem. 用途：药用。

31. **硬皮马勃科** Sclerodermataceae

（1）硬皮马勃属 Scleroderma

大孢硬皮马勃 *Scleroderma bovista* Fr. 用途：药食两用。

32. **硬皮地星科** Astraeaceae

（1）硬皮地星属 *Astraeus* Morg.

硬皮地星 *Astraeus hygrometricus* (Pers.) Morgan. 用途：药用。

33. **地星科** Geastruaceae

（1）地星属 *Geastrum* Pers.

尖顶地星 *Geastrum triplex* (Jungh.) Fisch. 用途：药用。

陕西桑园国家级自然保护区综合科学考察报告评审意见

2021 年 12 月 1 日，陕西桑园国家级自然保护区管理局组织西北大学、陕西师范大学、西安植物园、陕西省自然保护区与野生动植物管理站等单位专家在西安召开了“陕西桑园国家级自然保护区综合科学考察报告”（以下简称“科考报告”）评审会，与会专家听取了科考承担单位中国林业科学研究院林业新技术研究所的汇报，审阅了科考报告及图件，对相关问题进行了质询，形成以下意见：

1. 本次科考方法科学，内容全面，结果准确，图表规范，补充和完善了保护区物种名录，更新了生物多样性数据库，为进一步提升保护成效提供了科学依据。

2. 本次科考新增了脊椎动物记录 131 种、植物 11 种、昆虫 9 种、大型真菌 9 种；对大熊猫分布及种群数量进行了重新统计。分析了羚牛、林麝等 11 个物种的空间利用、种群及多度分布，为物种及栖息地保护提供了重要资料。

3. 本次科考评估了保护区在基础设施、能力建设、社区共管等方面的现状，总结了自然资源和生物多样性保护方面的成效，发现了保护物种空间格局、栖息地威胁、能力建设和社区关系等方面的问题，为后续保护对策和项目设计提供参考。

专家组一致同意通过评审，建议按照专家组意见修改完善。

桑园保护区综合科学考察及报告评审会

专家组组长：

时间：2021 年 12 月 1 日

陕西桑园国家级自然保护区综合科学考察报告
评审会专家组名单

名称	单位	职称	签字
李保国	西北大学	教授	
岳　明	西安植物园	教授	
于晓平	陕西师范大学	教授	
叶新平	陕西师范大学	教授	
马西寅	陕西省自然保护区与野生动植物管理站	高工	

附图 1 陕西桑园国家级自然保护区地理位置图

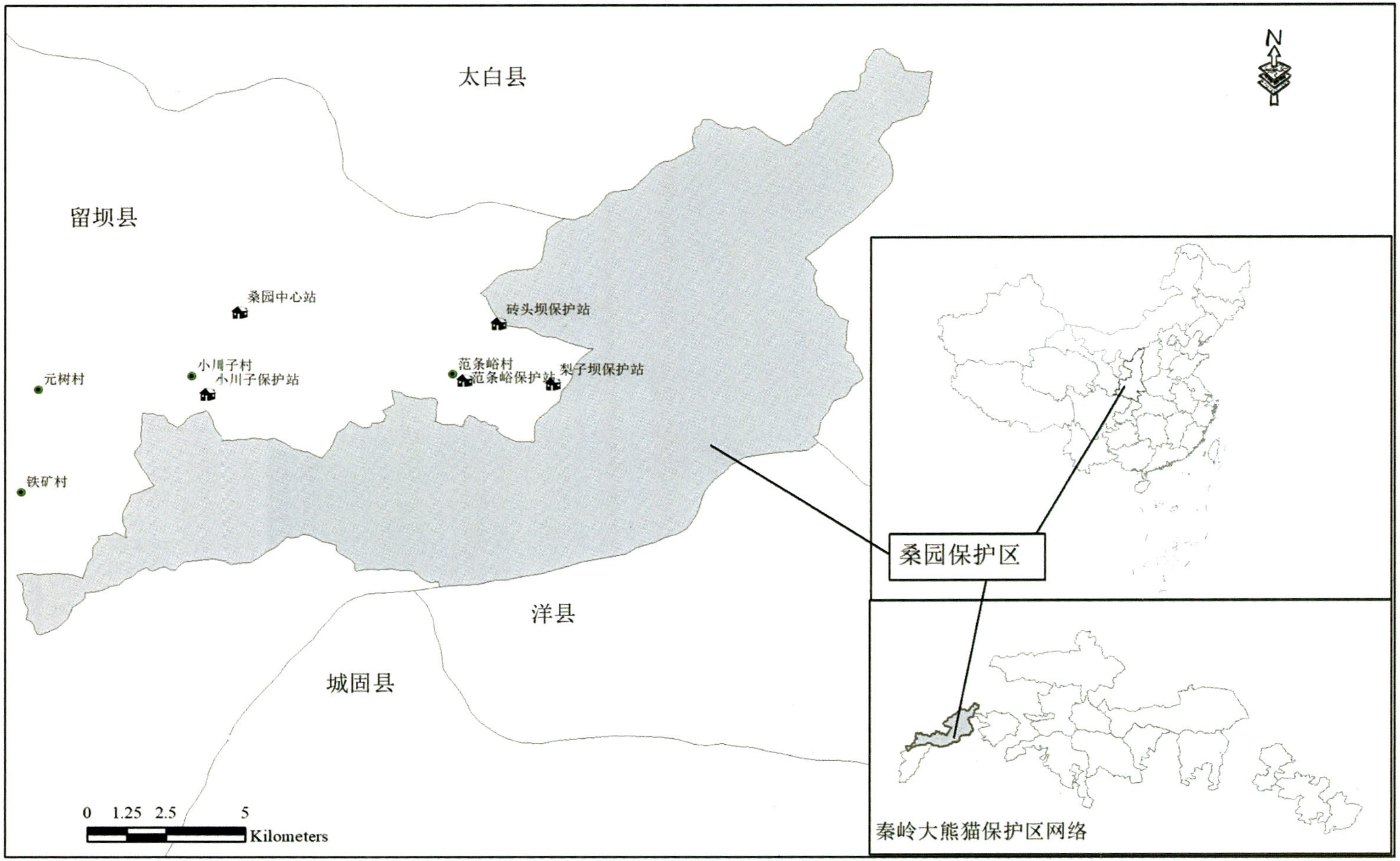

附图 6　桑园保护区植被分布图

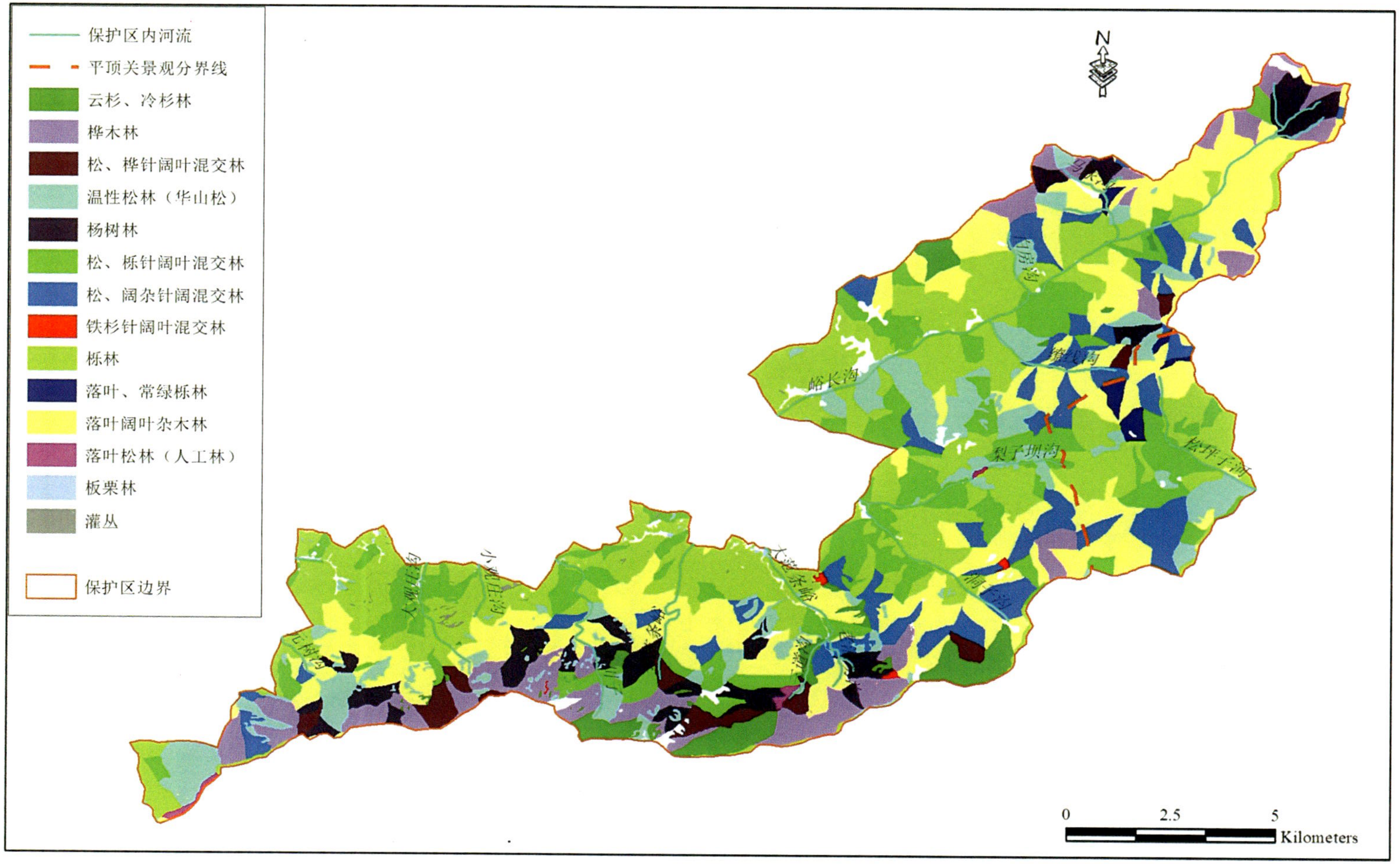

附图 7　桑园保护区大熊猫主食竹分布图

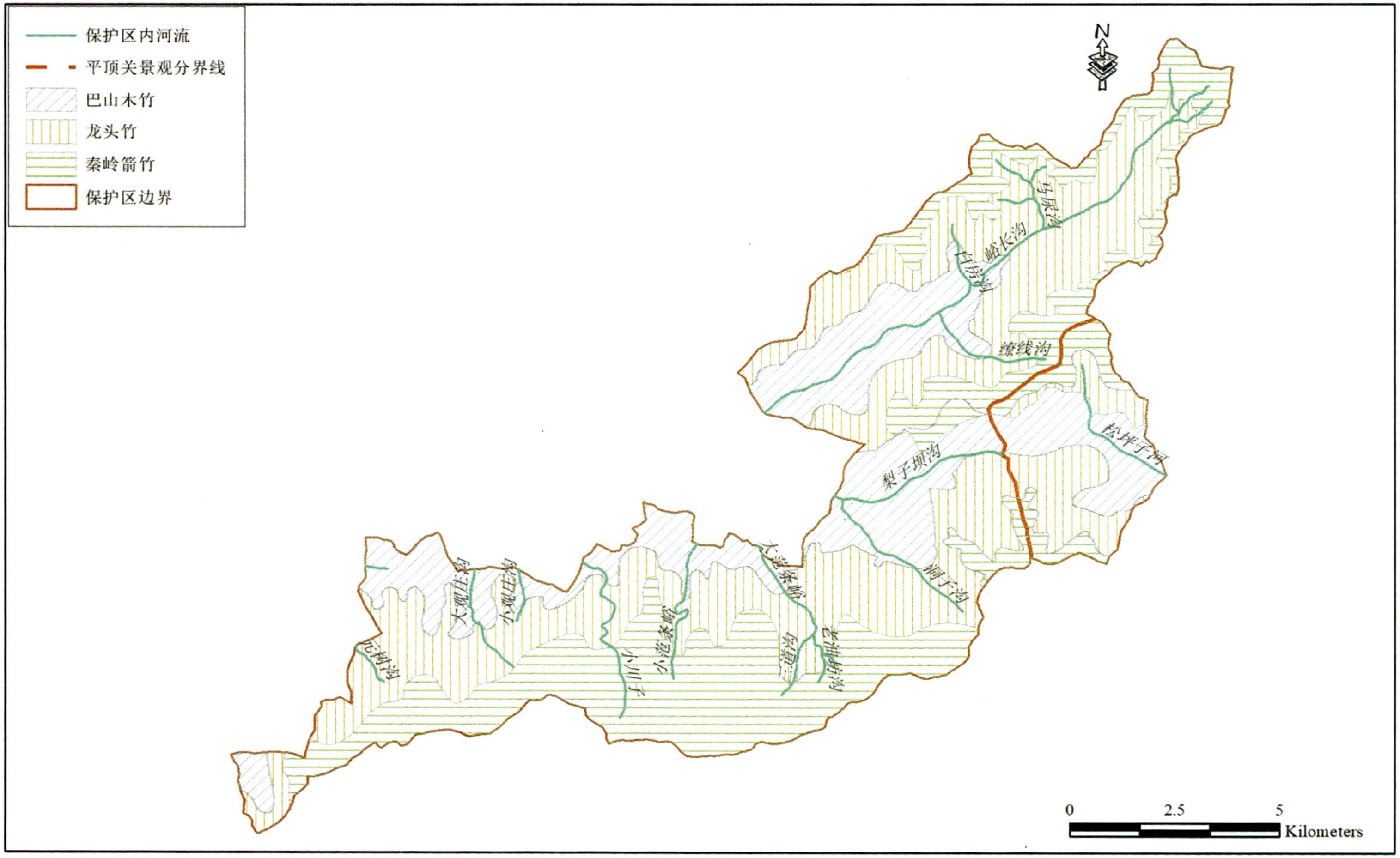

附图 8 桑园保护区旅游资源分布图